国家出版基金项目
NATIONAL PUBLICATION FOUNDATION

"十四五"时期
国家重点出版物出版专项规划项目·重大出版工程

空间科学与技术研究丛书

软件定义与天地一体化网络

SOFTWARE DEFINED AND SPACE-TERRESTRIAL INTEGRATED NETWORK

王春锋　张　杰　编著

北京理工大学出版社
BEIJING INSTITUTE OF TECHNOLOGY PRESS

图书在版编目（CIP）数据

软件定义与天地一体化网络 / 王春锋，张杰编著
. -- 北京：北京理工大学出版社，2022.4
 ISBN 978 - 7 - 5763 - 1253 - 9

Ⅰ.①软… Ⅱ.①王…②张… Ⅲ.①计算机网络—
研究 Ⅳ.①TP393

中国版本图书馆 CIP 数据核字（2022）第 061527 号

出版发行 / 北京理工大学出版社有限责任公司

社　　址 / 北京市海淀区中关村南大街 5 号

邮　　编 / 100081

电　　话 / （010）68914775（总编室）
　　　　　（010）82562903（教材售后服务热线）
　　　　　（010）68944723（其他图书服务热线）

网　　址 / http：//www.bitpress.com.cn

经　　销 / 全国各地新华书店

印　　刷 / 三河市华骏印务包装有限公司

开　　本 / 710 毫米 × 1000 毫米　1/16

印　　张 / 27.25　　　　　　　　　　　　责任编辑 / 李玉昌

字　　数 / 415 千字　　　　　　　　　　　文案编辑 / 李玉昌

版　　次 / 2022 年 4 月第 1 版　2022 年 4 月第 1 次印刷　　责任校对 / 刘亚男

定　　价 / 126.00 元　　　　　　　　　　责任印制 / 李志强

前　言

随着 SpaceX 星链卫星互联网星座的发射和应用，激发了全球卫星互联网，尤其是天地一天化网络的研究热潮。天地一体化网络具有战略性、基础性和不可替代性的重要意义。软件定义与天地一体化网络（Space – Ground Integrated Network，SGIN）是软件定义网络技术与卫星网络技术的结合，天地一体化网络包括天基骨干网络、天基接入网络、地面骨干网络。地面骨干网络通过高速光纤网络组建，并应用软件定义技术实现地面节点互联互通。天地一体化网络的核心是软件定义卫星网络，软件定义卫星网络技术就是要打造一个开放架构的卫星网络系统，通过与地面网络技术结合，卫星能够在地面通过软件上注等方式增强或改变卫星系统功能，并灵活地实现星间和星地组网，实现天地协同，能够完成多种不同的空间任务，可以为用户提供业务需求编排的网络业务服务功能。

天地一体化网络是综合空、天、地各类网络和系统各自的优势，通过高效的天地协同为用户提供服务。利用天地协同星地各个工作模块，增强业务的处理能力；利用软件定义、虚拟化、边缘计算等技术实现空、天、地一体化网络的宽窄带业务灵活适应性，并完成广泛的覆盖范围、全局的协作能力、对信息的智能处理，以及实现对任务的高效处理。

天地一体化网络的特点是异构性和复杂性，涉及通信、导航等多种功能的异构卫星，以及卫星网络、深空网络、空天飞行器及地面有线和无线网络设施，通过星间和星地链路将地面、海上、空中和深空中的用户、飞行器及各种通信平台互联互通，具有多功能融合、组成结构动态可变、运行状态复杂、信息交换处理一体化等功能特点。

作者（第一作者）1993 年加入西安大唐电信技术有限公司，成为大唐电信创业技术骨干，从程控交换机设备开发做起，一直到空间信息网络研究，目前工作于钱学森空间技术实验室，希望做的一点点研究能对相关领域从业者有所帮助。

本书主要介绍软件定义网络技术及其在天地一体化网络中的应用等内容。全书共分 13 章，各个章节的基本内容如下：

第 1 章从软件定义网络 SDN 架构的产生背景谈起，进而延伸到这种技术的基本特征，介绍软件定义网络 SDN 协议及软件定义网络 SDN 中需要的两种基本网络设备，即软件定义网络 SDN 交换机和控制器，以及与设备相关的接口协议。详细介绍包括 Floodlight 控制器在内的 6 种开源软件系统，并进行了比较。

第 2 章介绍 SDN 协议相关标准，包括 OpenFlow 协议、OF – CONFIG 协议标准、NETCONF 协议标准及 P4 语言规范。

第 3 章介绍软件定义网络安全技术，阐述了 SDN 安全架构的挑战，详细说明了针对控制器的安全威胁、针对网络应用的安全威胁、针对策略的安全威胁、软件定义网络安全应对方法和安全设计总体架构、安全控制器设计、针对接口协议的安全威胁应对方法、应用安全威胁应对方法、策略冲突应对方法，包括基于 SDN 架构的 DDoS 攻击检测方法、基于软件定义网络的防火墙系统、基于软件定义网络的接入网安全系统。

第 4 章介绍了软件定义光网络 SDON 的基本概念、软件定义光网络 SDON 的体系架构、软件定义光网络 SDON 的主要技术特征、软件定义光网络 SDON 的关键使能技术、软件定义光网络 SDON 的发展前瞻和面临挑战。阐述了软件定义光网络 SDON 的分层与功能模型，介绍了传输平面的 OXC 技术、OADM 技术、ROADM 技术、硬件协议代理模块技术、控制平面的层次化控制结构、软件定义光网络 SDON 多层网络控制架构及软件定义光网络 SDON 多域网络控制架构。

第 5 章介绍了软件定义卫星网络 SDSN 系统，阐述了软件定义卫星网络 SDSN 架构、软件定义卫星网络 SDSN 交换系统、软件定义卫星网络 SDSN 控制器及软件定义卫星网络 SDSN 切换系统。

第 6 章介绍了软件定义卫星网络切换技术，包括低轨道移动卫星通信中的切换、高轨卫星系统自适应切换及算法、卫星通信相关标准、卫星网络切换策略、移动 IP 和 IEEE 802.21 等卫星网络切换协议，以及软件定义卫星网络切换和切换移动管理方案。

第 7 章介绍了天地一体化网络国内外进展，包括宽带卫星通信系统、移动卫星通信系统，以及包括 SpaceX 星链在内的 5 种国外天地一体化信息网络系统。

第 8 章介绍了天地一体化网络，包括天地一体化网络技术、天地一体化网络体系架构、系统顶层架构、天基骨干传输网络架构技术、低轨接入网络架构及技术。

第 9 章介绍了天地一体化网络 5G 融合，包括天地一体化网络 5G 融合体系架构、卫星网络与 5G 网络融合系统业务分析、天基接入与 5G 融合架构设计、基于软件定义及虚拟化天地一体化网络融合设计，以及 LEO 星座接入与 5G 网络融合设计。

第 10 章介绍了天地一体化网络安全，包括网络安全协议、内生安全总体架构，从内生安全技术、路由多层级安全技术、终端安全接入技术、恶意流量筛选清洗技术等四方面说明安全方案。

第 11 章介绍了天地一体化网络星载交换技术，主要介绍 MPLS 交换技术和信道化交换技术。

第 12 章介绍天地一体化网络边缘计算，包括边缘计算等相关概念、卫星网络移动边缘计算、基于微服务的卫星移动边缘计算、渗透计算及其在边缘计算中的应用，以及边缘计算能源效率分析和设计。

第 13 章介绍了 6G 及未来网络技术，6G 技术主要介绍了 6G 愿景、潜在应用及部分技术研究方向，未来网络技术主要介绍了智能超表面技术及应用。

在本书的写作过程中，非常荣幸能够与北京邮电大学张杰教授合作，并且张杰教授完成了第 1 章和第 4 章内容的撰写，在此表示衷心的感谢！同时，得到了郁小松老师的支持，在此表示深深的谢意！本书得到了科技部国家重点研发计划项目"基于全维可定义的天地协同移动通信技术研究（2020YFB1804800）"等多个项目的资助，作者对上述项目的支持单位表示衷心的感谢！作者还要感谢清华大学匡麟玲教授教授、浙江大学之江实验室张兴明教授、北京邮电大学陶小峰教授，以及中国空间技术研究和中国电子科技集团电子科学院等一起合作的同事、朋友的大力支持。最后感谢一下我的家人，特别是我的父母，把爱全给了我，把世界给了我，从此不知心中苦与累。

王春锋

2022 年 2 月于北京

wangchunfeng@qxslab.cn

目　录

第 1 章

软件定义网络概述

1.1 软件定义网络（SDN）简介

云计算和大数据时代的到来，深刻改变着人们的生产和生活方式，互联网迎来了加速度裂变式的新一轮革命。然而，随着互联网业务的蓬勃发展，信息系统越来越庞大，基于 IP 的传统网络架构和模式越发复杂，其管理、控制和业务迁移难度大，已无法满足简单、高效、灵活、通用等业务承载的需求，并且无法适应云和数据中心开放式架构的部署，成为互联网快速发展的"瓶颈"。目前网络架构的缺陷主要表现为以下三个方面：

（1）管理运维复杂

由于 IP 技术缺乏管理运维方面的设计，网络在部署一个全局业务策略时，需要逐一配置每台设备。这种管理模式很难随着网络规模的扩大和新业务的引入，实现对业务的高效管理和对故障的快速排除。

（2）网络创新困难

由于 IP 网络采用"垂直集成"的模式，控制平面和数据平面深度耦合，并且在分布式网络控制机制下，导致任何一个新技术的引入都严重依赖现网设备，并且需要多个设备同步更新，使得新技术的部署周期较长（通常需要 3~5 年），严重制约网络的演进发展。

（3）设备日益臃肿

由于路由器等是承担数据处理转发的主要设备，其结构和功能日趋复杂，承载的功能不断扩展，如分组过滤、区分服务、多播、QoS、流量工程等，路由器转发单元已经变得臃肿不堪，实现的复杂度显著增加。

近年来，业界一直在探索相关技术方案来提升网络的灵活性，众多研究机构和学者纷纷投身于研发新的网络架构中，其目标是打破网络的封闭架构，增强网络的灵活配置和可编程能力。新的网络架构的首要目标是为路由器等网络设备"减负"，将其从复杂的功能中解脱出来，还必须支持用户自定义功能，满足未来网络个性化演进发展的需要。多年的可编程网络的相关技术的研究，为软件定义网络（Software Defined Network，SDN）的产生提供了可参考的理论依据，SDN技术应运而生。

本章将从 SDN 网络架构的产生背景谈起，进而延伸到这种技术的基本特征，详细介绍 SDN 网络中需要的两种网络设备——SDN 交换机和控制器，以及与设备相关的接口协议。希望读者通过这一章的详尽介绍，能够对软件定义网络的概念及实现原理有初步的了解及认识。

■ 1.2　SDN 概述

软件定义网络的概念最初是由美国斯坦福大学 Clean Slate 研究组提出的，他们发明了一种新型的网络架构，其设计初衷是解决无法利用现有网络中的大规模真实流量和丰富应用进行试验的问题，研究如何提高网络的速度、可靠性、能效性和安全性等问题。随着研究的深入，SDN 逐渐得到了学术界和工业界的广泛认可，成为未来互联网发展的主流发展方向。据悉，SDN 市场已于 2013 年达到约 2 亿美元的产值，到 2016 年达到 20 亿美元，市场需求确保 SDN 有足够的发展空间。由此可见，SDN 具有广阔的发展前景和巨大的研究价值。

软件定义网络的基本思想是把当前 IP 网络互联节点中决定报文如何转发的复杂控制逻辑从交换机/路由器分离出来，就是把网络设备的控制平面与网络设备本身相分离，以开放软件模式的控制平面取代传统嵌入式封闭的控制平面，形成一种可以通过软件编程定义的网络。SDN 采用集中式控制器来控制管理整个网络，使得网络架构和流量可以得到快速、高效和灵活掌控，以便通过软件编程实现硬件对数据转发规则的控制，最终达到对流量进行自由操控的目的，并且允许网络可编程。形象地说，SDN 实现了计算机网络如同计算机（PC）般可编程操控，可以创建方便管理的网络虚拟化层，从而为核心网络搭建了良好的控制平台。SDN 良好的开放性和灵活性给网络带来了巨大的变革，尤其是 SDN 技术的出现，彻底颠覆了云和数据中心传统的运作管理模式，并且很好地为云和数据中心提供服务，满足开放性、扩展性等性能要求。

现有网络中，对流量的控制和转发都依赖于网络设备实现，并且设备中集成了与业务特性紧耦合的操作系统和专用硬件，这些操作系统和专用硬件都是各个厂家自己开发和设计的。而在 SDN 网络中，网络设备只负责单纯的数据转发，可以采用通用的硬件；而原来负责控制的操作系统将提炼为独立的网络操作系统，负责对不同业务特性进行适配，而且网络操作系统和业务特性及硬件设备之间的通信都可以通过编程实现。传统网络和 SDN 的网络架构如图 1-1 所示。

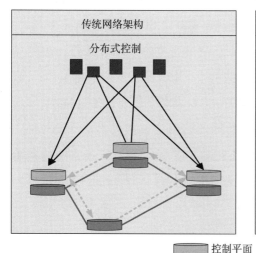
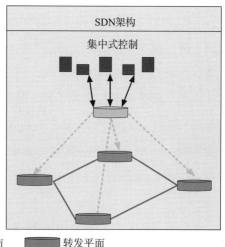

图 1-1　传统网络和 SDN 的网络架构

随着 SDN 的发展，越来越多的厂商加入 SDN 的研究行列，由于不同行业对 SDN 有着彼此不同的需求，出现了许多各具特征的 SDN 定义，本节通过对 SDN 网络的产生背景及技术特征的说明，希望能够使读者对 SDN 有一定简单的认识，以便下面更深入地学习这种网络体系的相关知识。

SDN 所形成的开放的网络架构是对传统电信网络的颠覆性变革，其所提供的标准化的开放接口，解决了多厂家、多域和多技术的问题，具有提高资源利用率、缩短业务部署周期和灵活服务的优点。SDN 为城域核心网网络架构带来变革，促使设备虚拟化，同时，将提升核心网络的智能性。但目前由于技术和成本等多方面原因，其尚处于探索和试验阶段，距离规模部署商用尚有较长时间。

开放网络基金协会（ONF）等新兴组织开展了 SDN 的研究，为提供开放、可编程的网络环境做出了技术支持。SDN 旨在实现开放的网络互联和网络行为的软件定义，从而支持未来各种新型网络体系结构和新型业务的创新。当前，实现网络可软件定义的目标已经成为支持未来网络技术创新和体系演进的重要方向之一。而在 SDN 架构下，在网络中直接串行防火墙、IPS 等传统方式不再适合解决网络安全问题，需要研究 SDN 网络安全防护框架需求，梳理 SDN 控制安全、应用安全、物理网络安全、芯片安全、管理安全、第三方开放安全、安全策略架构等关键问题。

SDN 作为重要技术标准化方向，日益受到国内外标准化组织的重视。ITU－T、IETF、ONF、ETSI 等多个国际标准化组织已展开了 SDN 标准的制定工作。在国内，通信标准化协会、工信部电信研究院等对 SDN 进行标准化工作。2013 年，通信标准化协会就未来网络架构、网络虚拟化等技术方向开展标准化工作，启动 SDN 架构、SDN 安全标准化工作。结合 ITU－T 未来网络标准化推进情况，以及自身研究情况，适时参与或牵头相关国际标准的制定。积极参加 SDN 网络安全国际会议，参与国际标准化的制定。还在软件定义的下一代接入网的需求、商业应用等方面提交文稿，推动软件定义的下一代接入网标准项目的研讨和开发。

通信业目前有几大 SDN 相关标准：

◇ 2013 - 2465T - YD《基于 SDN 的 IP RAN 网络技术要求》，2014 年完成。主要起草单位：中国电信集团公司、华为技术有限公司、中兴通讯股份有限公司、中国联合网络通信集团有限公司、武汉邮电科学研究院、南京爱立信熊猫通信有限公司、上海贝尔股份有限公司、杭州华三通信技术有限公司。

◇ 2013 - 2468T - YD《支持 OpenFlow 协议的网络设备技术要求以太网交换机》，2014 年完成。主要起草单位：工业和信息化部电信研究院、中国移动通信集团公司、中国联合网络通信集团有限公司、上海贝尔股份有限公司。

◇ 2013 - 2469T - YD《支持 OpenFlow 协议的网络设备测试方法以太网交换

机》，2014 年完成。主要起草单位：工业和信息化部电信研究院、中国移动通信集团公司、中国联合网络通信集团有限公司、上海贝尔股份有限公司。

由于全球许多国家都十分重视未来网络体系架构的研究，本节主要介绍开放网络基金协会对 SDN 网络的标准化工作，以及当前通信行业中几大针对 SDN 的标准，作者希望通过对 SDN 行业标准的整体把控，让读者开始熟悉这种网络架构的标准体系，更好地思考未来 SDN 的发展方向。

随着 SDN 热潮的到来，各种 SDN 的相关产品不断涌现。由于控制功能从网络设备中脱离出来，通过中央控制器就可以实现网络的可编程，因此，需要一个"傻瓜"式的只需要完成数据转发功能的交换机，这就是 SDN 交换机概念的提出。可以发现，SDN 交换机只是负责网络中数据的高速转发，而关于转发决策的转发表信息则是来自控制器，交换机完全忽略了控制逻辑是如何实现的，只需要关注基于表项的数据处理。SDN 交换机需要在控制器的管理下进行工作，与交换机相关的设备状态和控制器下发的指令都需要经过南向接口进行传达，从而才能实现统一的集中式的控制。而当前形势下，最知名的南向协议莫过于 ONF 组织提出的 OpenFlow 协议，同时，这一协议经过多年的发展优化，也得到了业内的广泛认可。因此，目前提到的 SDN 交换机的典型代表也是 OpenFlow 交换机，有些情况下对二者甚至不加以区分。

顾名思义，交换机最核心的工作就是"交换"，即完成数据信息从设备入端口到设备出端口的转发。它的工作过程可以被总结为下面的过程：设备入端口收到的相关数据包被交换机解析出来之后，将其中所包含的网络信息与设备中保存的转发表进行匹配，成功匹配后，将数据通过背板传送到设备出端口上。因而在 SDN 网络中，单纯负责数据的高速转发功能的基础设施层的设备都可以被统一称作 SDN 交换机。同时，作为网络设备中的转发平面，交换机需要支持的最基本的功能有以下几种，其中包含转发决策、背板、输出链路调度等。

按照对 OpenFlow 的支持程度，OpenFlow 交换机可以分为两类：专用的 OpenFlow 交换机和支持 OpenFlow 的交换机。专用的 OpenFlow 交换机是专门为支持 OpenFlow 而设计的，它不支持现有的商用交换机上的正常处理流程，所有经过该交换机的数据都按照 OpenFlow 的模式进行转发。专用的 OpenFlow 交换机中不再具有控制逻辑，因此，专用的 OpenFlow 交换机是用来在端口间转发数据包的一个简单的路径部件。支持 OpenFlow 的交换机是在商业交换机的基础上添加流表、安全通道和 OpenFlow 协议来获得 OpenFlow 特性的交换机。其既具有常用的商业交换机的转发模块，又具有 OpenFlow 的转发逻辑，因此，支持 OpenFlow 的交换机可以采用两种不同的方式处理接收到的数据包。

按照 OpenFlow 交换机的发展程度来分，OpenFlow 交换机也可以分为两类："Type0" 交换机和 "Type1" 交换机。"Type0" 交换机仅仅支持十元组及以下四个操作：转发这个流的数据包给一个给定的端口（或者几个端口）；压缩并转发这个流的数据包给控制器；丢弃这个流的数据包；通过交换机的正常处理流程来转发这个流的数据包。显然，"Type0" 交换机的这些功能是不能满足复杂试验要求的，因此我们定义 "Type1" 交换机来支持更多的功能，从而支持复杂的网络试验。"Type1" 交换机将具有一个新的功能集合。

目前，基于软件实现的 OpenFlow 交换机主要有两个版本：部署于 Linux 系统的基于用户空间的软件 OpenFlow 交换机及同样部署于 Linux 系统的基于内核空间的软件 OpenFlow 交换机。前者操作简单，便于修改，但是美中不足的是性能较差；后者速度较快，提供了虚拟化的功能，但是实际的修改和操作过程相对复杂。另外，很多网络硬件厂商也相继推出了有很强竞争力的支持 OpenFlow 标准的硬件交换机。

作为 OpenFlow 交换机中的典型代表，OVS（OpenVSwitch）一经推出，就在市面上产生了重要的影响。它是一个软件实现的虚拟交换机，目前可以和 KVM、Xen 等多种虚拟化平台整合，工作原理与物理交换机的类似。其两端与物理网卡和多张虚拟网卡相连接，在内部有一张映射表，根据表中的 MAC 地址寻找相匹配的链路进行数据转发。从虚拟机发出的数据包通过虚拟网卡，根据定好的处理规则决定数据包的处理方式，继而转发到虚拟交换机，OVS 将根据自身记忆存储的流表与数据包进行匹配，这点与其他虚拟交换机不同，匹配成功后，按照指令执行操作，匹配不成功，则将数据包发送给控制器等待其他流表的下发。OVS 的核心组成部分为 OpenFlow 协议及数据转发通路。数据转发通路主要用于执行数据的交换工作，负责从设备入端口接收数据包并依据流表信息对其进行管理（例如，将其转发至出端口、丢弃或者进行数据包修改），OVS 提供了两种数据转发通路：一种是完全工作在用户态的慢速通道，另一种则是利用了专门的 Linux 内核模块的快速通道；OpenFlow 协议支持用于实现交换策略，即通过增加、删除、修改流表项的方式告诉数据转发通路针对不同的数据流采用不同的动作。

▓ 1.3　SDN 控制器

SDN 打破了原有的网络体系架构，以其更加灵活智能的特点对产业链格局产生了深刻的影响。作为 SDN 的"大脑"，控制器位于网络中的控制平面，集中管理网络中所有设备，虚拟整个网络为资源池，根据用户不同的需求及全局网络拓扑，灵活、动态地分配资源。它具有网络的全局视图，负责管理整个网络：对基础设施层，通过标准的南向协议与设备进行通信；对应用层，通过开放的北向接口向上层提供对网络资源的控制能力。为了满足网络运行的可靠性和有效性，必须使用高性能的控制器，以避免控制器成为 SDN 发展的"瓶颈"。因此，随着 SDN 商用化的逐步发展，越来越多的机构投入 SDN 应用中，其中有很多推出了自己的 SDN 控制器，当前主流的开源 SDN 控制器主要有 NOX、POX、Floodlight、OpenContrail、Ryu、ONOS、OpenDaylight 等，这些控制器在工业界和学术界有着相当重要的地位。

1. NOX/POX 控制器

NOX 和 POX 均为斯坦福大学先后创建的开源 SDN 控制器。其中，NOX 是于 2008 年设计的，是具有里程碑意义的第一个开源 SDN 控制器。NOX 基于 OpenFlow 1.0 协议，其底层模块使用 C ++ 编程语言开发，上层应用使用 C ++ 和 Python 编程语言共同实现。基于 NOX 扩展的控制器也被网络运营者和设备提供者广泛地应用于 SDN 的商用化的实验与测试中。POX 是 2011 年推出的，完全使用 Python 语言实现的控制器。相比于 NOX，POX 采用相同的编程模式和时事件处理机制，在此基础上，添加了对多线程事件的处理。简单易懂的原理及较强的可扩展性使 POX 被研究人员广泛地接收与使用。

2. Floodlight 控制器

Floodlight 是由 Big Switch Networks 公司开发的基于 Java 语言的开源 SDN 控制器，其在 Apache 2.0 的开源标准软件许可下可以免费使用，当前支持的南向协议为 OpenFlow 1.0 协议。Floodlight 的整体框架图如图 1 - 2 所示。

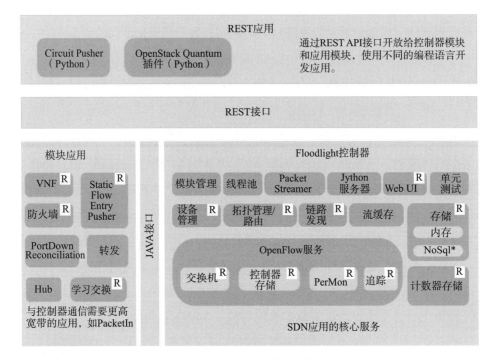

图 1-2 Floodlight 整体架构图

Floodlight 与 Big Switch Networks 开发的商用控制器 Big Switch Controller 的 API 接口完全兼容,具有较好的可移植性。Floodlight 的日常开发与维护工作主要由其开源社区进行支持。Floodlight 控制器为模块化的结构,可直接实现数据的转发、底层网络拓扑的发现、路径信息的计算等基本功能。而且,Floodlight 通过向用户提供 Web UI 管理界面,使用户能够通过管理界面来管理网络资源,包括查看连接到控制器上的交换机信息、主机信息、实时的底层网络拓扑信息等。Floodlight 总体分为三部分:控制器模块、应用模块和 REST 应用,针对 Floodlight 控制器的北向,通常使用 Java 接口或者 REST API 方式进行通信。Floodlight 开源控制器可以提供和 OpenFlow 交换机的互操作,并且界面友好,操作简单,得到了 SDN 研究者的广泛支持。

3. OpenContrail 控制器

OpenContrail 是基于 C++的 SDN 开源控制器。该控制器针对网络虚拟化提供了基本组件,同时,提供了一套扩展 API 来配置、收集和分析网络系统中的数据。OpenContrail 可以与虚拟机管理程序协同工作，并支持 OpenStack 技术。OpenContrail 控制器可以应用在不同的网络场景中。例如云计算网络，主要有企业和运营商私有云、云服务提供商的基础设施即服务（IaaS）和虚拟专用云（VPC）；以及在运营商网络中可以为运营商边界网络提供增值服务的网络功能虚拟化（NFV）。

OpenContrail 主要由控制器和虚拟路由器构成。控制器主要由配置节点、分析节点、控制节点三个组件构成。配置节点既可以将高层级的服务数据模型组件转化成相应低层级的组件，又可以向应用层提供北向应用程序接口（API）；分析节点则是通过收集、存储并分析物理网络环境与虚拟网络环境的信息，将数据抽象化，最终以恰当的形式供应用层使用；控制节点实现了逻辑集中的控制平面，为了保证网络状态的持续性及一致性，需要在控制节点之间及控制节点与网络设备之间进行通信，与其他控制节点的通信需要使用 BGP 协议。OpenContrail 控制器使用开放的北向接口与上层业务通信，使用 BGP、Netconf 协议与下层物理设备通信。虚拟路由器是一个转发平面，以软件的形式部署在网络环境中，负责转发虚拟机之间的数据包，从而将数据中心中的物理路由器和交换机扩展为一个虚拟的覆盖网络。

4. Ryu 控制器

Ryu 是由日本最大的电信服务提供商 NTT 主导开发的基于 Python 语言的开源控制器，它提供了丰富的 API 接口，支持 v1.0、v1.2、v1.3 等多个版本的 Open-Flow 协议。Ryu 提供了大量的组件供上层应用调用，其架构和主要组件如图 1 - 3 所示。

Ryu 的组件之间是相互独立的，OF - CONF、NETCONF 等组件主要提供了对 OpenFlow 交换机的控制能力，Topology 用于对 SDN 网络的拓扑进行管理，OF REST 提供了上层的 API 接口，OpenStack Quantum 实现了与 OpenStack 云管理平台的对接。尤其值得说明的是，Ryu 控制器是基于组件的框架，这些组件以 Python 模块的形式存在。Ryu 能够与云平台进行融合，提供下层网络资源的调度能力，在云计算服务中得到了很好的应用，同时，也为运营商网络提供了新的创新思路。

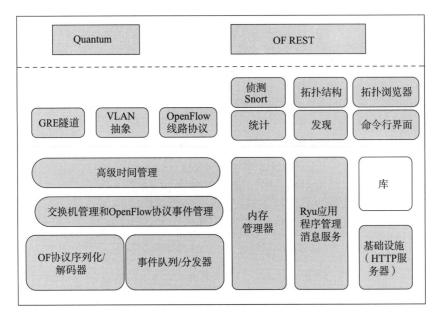

图 1-3 Ryu 架构图

5. ONOS 控制器

ONOS(Open Network Operating System) 是由 ON.Lab 使用 Java 及 Apache 实现发布的首款开源的 SDN 网络操作系统，主要面向服务提供商和企业骨干网。ONOS 的设计宗旨是满足实现可靠性强、性能好、灵活度高的网络需求，以及创建一个运营商级的开源 SDN 网络操作系统。此外，ONOS 的北向接口抽象层和 API 接口支持简单的应用开发，而通过南向接口抽象层和接口则可以管控 OpenFlow 或者传统设备。相对于 OpenDaylight 的复杂开发过程来说，ONOS 更易于研究和开发，而且 ONOS 是根据服务提供者的特点和需求进行软件架构设计的，因此在未来的光网络发展中，ONOS 将具有更加广阔的前景。

ONOS 架构如图 1-4 所示，具体由应用层、北向核心接口层、分布式核心层、南向核心接口层、适配层、设备层六部分构成。其中，南向核心接口层和适配层可以合起来称作南向抽象层，它是连接 ONOS 核心层与设备层的重要桥梁。ONOS 的北向接口抽象层将应用与网络细节隔离，同时，网络操作系统又与应用隔离，从业务角度看，提高了应用开发速度。

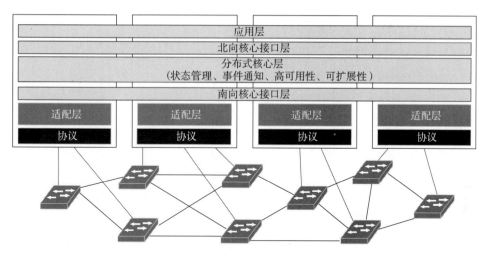

图 1-4　ONOS 整体架构

ONOS 可以作为服务部署在集群和服务器上，在每个服务器上运行相同的
ONOS 软件，因此，ONOS 服务器故障时，可以快速地进行故障切换，这就是分
布式核心平台所具有的特色性能。分布式核心平台是 ONOS 架构特征的关键，它
为用户创建了一个可靠性极高的环境，将 SDN 控制器特征提升到运营商级别，
这一点是 ONOS 的最大亮点。南向抽象层由网络单元构成，它将每个网络单元表
示为通用格式的对象。通过这个抽象层，分布式核心平台可以维护网络单元的状
态，而不需要知道底层设备的具体细节。

6. OpenDaylight 控制器

OpenDaylight 项目是由 Linux 协会联合业内 18 家企业（包括 Cisco、Juniper、
Broadcom 等多家传统网络公司）在 2013 年年初创立的，旨在推出一个开源的、
通用的 SDN 平台。目前已经发布了四个版本：Hydrogen、Helium、Lithium 和
Beryllium。作为 SDN 架构的核心组件，OpenDaylight 的目标是降低网络运营的复
杂度，扩展现有网络架构中硬件的生命期，同时，还能够支持 SDN 新业务和新能
力的创新。OpenDaylight 开源项目提供了开放的北向 API，同时支持包括 OpenFlow
在内的多种南向接口协议，底层支持传统交换机和 OpenFlow 交换机。OpenDaylight
拥有一套模块化、可插拔且极为灵活的控制器，能够部署在任何支持 Java 的平台上。

OpenDaylight 的整体架构如图 1-5 所示。OpenDaylight 架构中，通过插件的

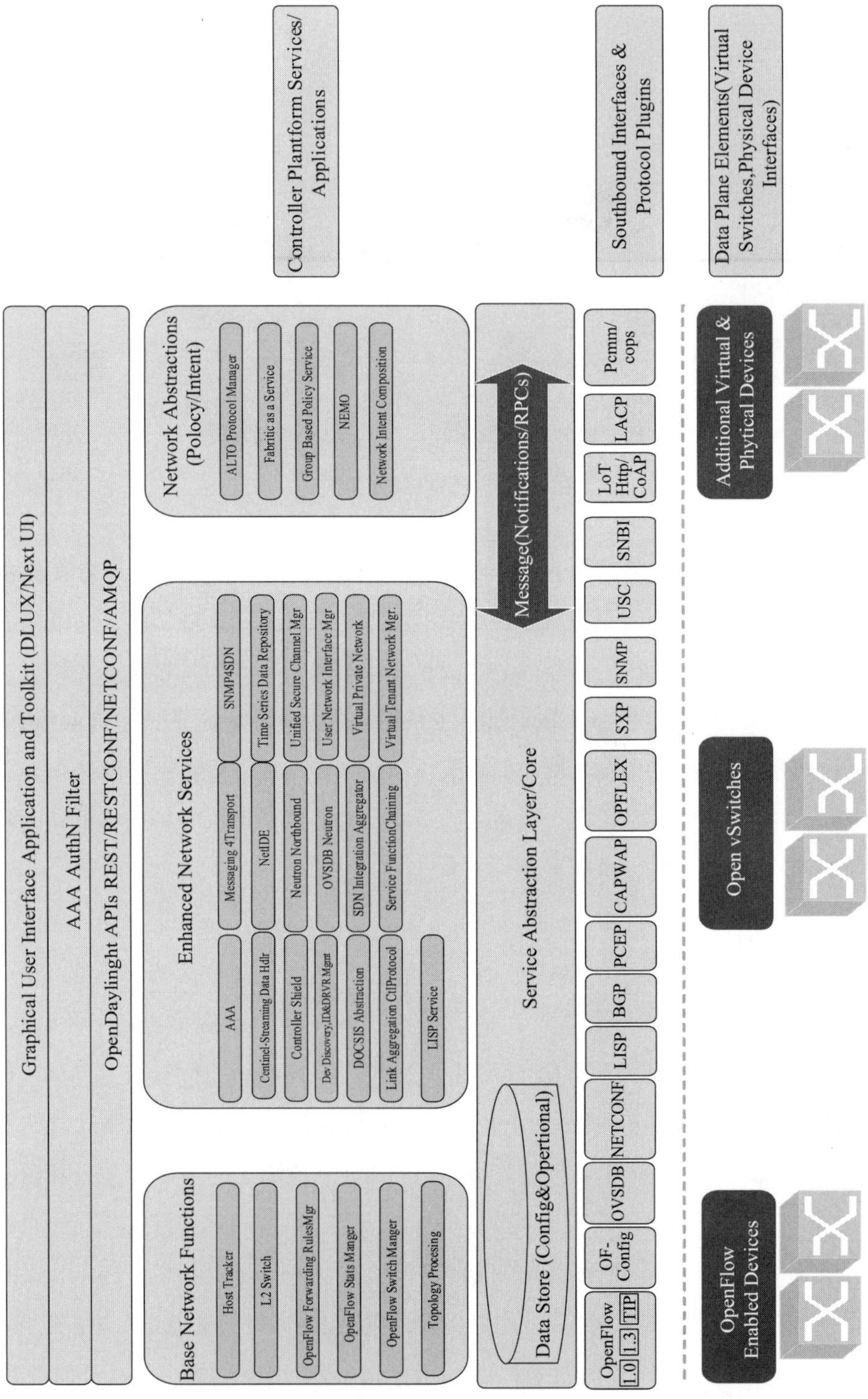

图1-5　OpenDaylight整体架构图

方式支持包括 OpenFlow 1.0、OpenFlow 1.3、BGP、OVSDB、NETCONF 等多种南向协议。服务抽象层（SAL）一方面支持多种南向协议，并为模块和应用支持一致性的服务；另一方面将来自上层的调用转换为适合底层网络设备的协议格式。在 SAL 之上，OpenDaylight 提供了网络服务的基本功能和拓展功能，基本网络服务功能主要包括拓扑管理、状态管理、主机监测，以及最短路径转发功能，同时，还提供了一些拓展的网络服务功能。但 OpenDaylight 是基于成员企业的发展，其未来的发展很大层面受到设备商的制约。

7. 控制器相关比较

目前主流控制器的原理架构已经在前面进行了详细的介绍，并且针对 Open-Daylight 控制器的功能模块进行了细致的分析，本小节将针对不同控制器在研究背景、支持的南向协议，以及对多线程、OpenStack 及平台的支持上给出表 1 - 1 所列的对比结果。

表 1 - 1　主流开源控制器对比

控制器	NOX	POX	Floodlight	OpenContrail
开发语言	C ++	Python	Java	C ++
开发团队	Nicira	Nicira	Big Switch	Juniper
支持的南向协议	OpenFlow 1.0	OpenFlow 1.0	OpenFlow 1.0	BGP、XMPP
多线程支持	否	是	是	是
OpenStack 支持	否	否	是	是
多平台支持	Linux	Linux	Linux/Win	Linux

控制器	Ryu	ONOS	OpenDaylight
开发语言	Python	Java	Java
开发团队	NTT	ON. Lab	Juniper
支持的南向协议	OF1.0、OF1.2、OF1.3、OF1.4、NET-CONF、sFLOW、OF - CONF、OVSDB	OpenFlow、OVSDB、BGP_LS、OSPF、PCEP、NETCONF、SNMP、ISIS	OF1.0、OF1.3、OVS-DB、NETCONF、SNMP、BGP、LISP、PCEP
多线程支持	是	是	是
OpenStack 支持	是	是	是
多平台支持	Linux	Linux	Linux/Win

通过对表 1 - 1 对比结果的详细分析，可以得到如下的几点结论：

◇ 当前主流控制器的开发语言基于 C ++ 、Java、Python，三者应用广泛程度不相上下。基于 C ++ 开发的控制器有良好的处理性能，基于 Java 开发的控制器有丰富的应用程序接口，基于 Pyhton 开发的控制器能更加灵活地进行网络编程。

◇ 最早出现的 NOX 控制器不支持多线程，这个结果可想而知，刚实现控制器的时候还不能完善地考虑线程方面的问题，但随着技术的不断发展，为了使 SDN 控制器的响应速度加快，控制器开始在线程方面进行了改善，实现了多线程在控制器上的支持，这更便于管理数据中心内部复杂的网络情况。

◇ 与控制器在多线程方面的支持相似，早期发展的控制器也是不能实现对 OpenStack 平台的支持的。但是由于 SDN 与 OpenStack 的结合可以更好地调度分配资源，整合计算、存储和网络，快速实现自动部署和故障排除，降低了云数据中心的运营成本，因此后来发展的控制器都逐渐开始实现对 OpenStack 云平台的支持。

◇ 控制器开始支持多种南向协议，最先开始出现的 NOX、POX、Floodlight 控制器都只是支持 OpenFlow 1.0 协议，这造成了在实际部署过程中的困难及运营成本的加大。之后的控制器开始考虑到对多种南向协议适配的问题，可以发现，Ryu、OpenDaylight、ONOS 控制器都实现了对 BGP、NETCONF、SNMP 等多种协议的支持，这使得控制器能够更加灵活地支持多种底层设备，二者之间的信息交互更加便捷。

▓ 1.4　SDN 接口

SDN 控制器是网络的大脑，负责对底层转发设备的集中统一控制，同时，向上层业务提供网络能力，因此，从技术上看，控制器需要实现对南向的网络控制及北向的业务支撑。SDN 控制器对网络的控制主要通过南向接口协议实现，包括链路发现、拓扑管理、策略制定、表项下发等；控制器向上层业务开放的能力主要通过北向接口实现，使得业务应用能够便利地调用底层的网络资源和能力，同时，控制器能够全局把控整个网络的资源状态，对资源进行统一调度。因此，在这一小节中，将主要介绍控制器中使用的南北向接口协议，使读者对接口能够有更加详尽的了解。

1. 南向接口

当前，最知名的南向接口莫过于 ONF 倡导的 OpenFlow 协议。作为一个开放的协议，OpenFlow 突破了传统网络设备厂商对设备能力接口的壁垒，经过多年的发展，在业界的共同努力下，当前已经日臻完善，能够全面解决 SDN 网络中面临的各种问题。然而，随着 SDN 网络的不断发展，最近比较受运营商追捧的协议逐步演变成 NETCONF 协议，这个协议因其适用于任何设备架构的特点，开始被开发人员重视起来。

比较来看，NETCONF 协议是一个配置协议，而 OpenFlow 只是在流表中指定数据包如何通过路由传入。OpenFlow 拥有特定的设备体系结构，其设备必须以一个标准的架构建立，没有专有功能，以确保厂商能够开发依附 OpenFlow 标准的白盒交换机，这种交换机不支持传统交换机和路由器用来确定网络路径的路由协议，所有有关数据包路径的信息都来自路由器。但是 NETCONF 设备可以支持这样的路由协议。客观来看，两种协议有着各自的特点，都能实现控制器对下层设备的管理控制，具体实现中使用哪一种协议取决于控制器和设备支持的南向接口形式，以此来保障技术的可靠性。

（1）OpenFlow 协议

OpenFlow 起源于斯坦福大学的 Clean Slate 项目组。Clean Slate 项目的最终目的是要重新发明因特网，旨在改变设计已略显不合时宜，并且难以进化发展的现有网络基础架构。在 2006 年，斯坦福的学生 Martin Casado 领导了一个关于网络安全与管理的项目 Ethane，该项目试图通过一个集中式的控制器，让网络管理员可以方便地定义基于网络流的安全控制策略，并将这些安全策略应用到各种网络设备中，从而实现对整个网络通信的安全控制。受此项目的启发，Martin 和他的导师 Nick McKeown 教授发现，如果将 Ethane 的设计更一般化，将传统网络设备的数据转发和路由控制两个功能模块相分离，通过集中式的控制器以标准化的接口对各种网络设备进行管理和配置，那么这将为网络资源的设计、管理和使用提供更多的可能性，从而更容易推动网络的革新与发展。于是，他们便提出了 OpenFlow 的概念，并且 Nick McKeown 等人于 2008 年在 *ACM SIGCOMM* 上发表了

题为 *OpenFlow：Enabling Innovation in Campus Networks* 的论文，首次详细地介绍了 OpenFlow 的概念。自 2009 年年初发布第一个版本（v1.0）以来，OpenFlow 规范已经经历了 1.1、1.2、1.3、1.4 及 1.5 版本。

（2）NETCONF 协议

NETCONF（Network Configuration Protocol，网络配置协议）是一种基于 XML 的网络管理协议，由 RFC 6241 定义，提供了一种可编程的、对网络设备进行配置和管理的方法，通过 SSL 或传输层这样安全、面向连接的协议，使用远程过程调用（Remote Procedure Calls，RPC）方式进行传输。用户可以通过该协议设置参数、获取参数值、获取统计信息等。NETCONF 具有强大的过滤能力，而且每一个数据项都有一个固定的元素名称和位置，这使得同一厂商的不同设备具有相同的访问方式和结果呈现方式，不同厂商之间的设备也可以通过映射 XML 得到相同的效果，因此，它在第三方软件的开发上非常便利，很容易开发出在混合不同厂商、不同设备的环境下的特殊定制的网管软件。在这样的网管软件的协助下，使用 NETCONF 功能会使网络设备的配置、管理工作变得更简单、更高效。

NETCONF 协议定义了多个数据存储或多套配置数据，正在运行的配置数据存储包含当前设备正在使用的配置信息。一些设备还存储启动配置数据，不过和运行中配置数据分离开来。除了配置数据，设备还储存状态数据和信息，如包统计数据、运行中设备收集的其他数据。控制软件可以读取这些数据，但是不能写入。候选配置数据存储是一个可选的设备性能，如果启用，它包含一组配置数据，控制器能用来更新正在运行的数据存储，以及修改设备操作。

控制器首先需要给设备发送 hello 信息，这时它们之间会交换一组"特性"，完成这种能力集的交互之后，设备才会处理控制器发送的其他请求。这组"特性"包括一些信息，如 NETCONF 协议版本支持列表、备选数据是否存在、运行中的数据存储可修改的方式。除此之外，"特性"在 NETCONF RFC 中定义，开发人员可以通过遵循 RFC 中描述的规范格式添加额外的"特性"。

NETCONF 协议的命令集由读取、修改设备配置数据，以及读取状态数据的一系列命令组成。命令通过 RPC 进行沟通，并以 RPC 回复来应答。一个 RPC 回复必须响应一个 RPC 才能返回。一个配置操作必须由一系列 RPC 组成，每个都有与其对应的应答 RPC。所选择的传输协议必须保证 RPC 按发送顺序传递给设备，而且应答必须按照发起 RPC 的顺序被接收。除了从控制器向设备发送命令外，设备也可以发出通知来告知控制器设备上的一些事件。

2. 北向接口

SDN 北向接口是通过控制器向上层业务应用开放的接口，其目标是使得业务应用能够便利地调用底层的网络资源和能力。通过北向接口，网络业务的开发者能以软件编程的形式调用各种网络资源；同时，上层的网络资源管理系统可以通过控制器的北向接口全局监控整个网络的资源状态，并对资源进行统一调度。因为北向接口是直接为业务应用服务的，因此，其设计需要密切联系业务应用需求，具有多样化的特征。同时，北向接口的设计是否合理、便捷，以便能被业务应用广泛调用，会直接影响到 SDN 控制器厂商的市场前景。

与南向接口不同，北向接口方面还缺少业界公认的标准，因此，北向接口的协议制定成为当前 SDN 领域竞争的焦点，不同的参与者或者从用户角度出发，或者从运营角度出发，或者从产品能力角度出发提出了很多方案。据悉，目前至少有 20 种控制器，每种控制器会对外提供北向接口用于上层应用开发和资源编排。虽然北向接口标准当前还很难达成共识，但是充分的开放性、便捷性、灵活性将是衡量接口优劣的重要标准，例如，REST API 就是上层业务应用的开发者比较喜欢的接口形式。部分传统的网络设备厂商在其现有设备上提供了编程接口供业务应用直接调用，也可被视作北向接口之一，其目的是在不改变其现有设备架构的条件下提升配置管理灵活性，应对开放协议的竞争。

虽然目前北向接口并没有一个统一的标准，但 ONF 正在进行的北向接口标准相关研究工作中已经确定将使用 REST 风格的接口。同时，目前的北向接口实现普遍采用 REST 接口，即控制器作为一个 Web 服务提供者，通过 REST 风格的接口向上层业务应用开放，使得业务应用能够便利地调用底层的网络资源，我们几乎可以认为，不同厂商实现的北向接口在接口标准上可能存在差异，但一定是 REST 风格的接口。REST 是当前 Web 服务常用的一种设计风格，其核心是对资源的标识和获取。资源是指 Web 服务的提供者所拥有的实际物理资源，由 URI（统一资源标识符）来指定。例如，当 SDN 控制器向上层应用提供 REST 接口时，那么它就相当于提供了一个 Web 服务，它所拥有的交换节点、端口等则是其资源，通过 URI 标识。而上层应用通过操作资源的表现形式来操作资源。资源的表现形式则是 XML、HTML 或任何其他格式。对资源的操作包括获取、创建、修改和删除资源，这些操作正好对应 HTTP 协议提供的 GET、POST、PUT 和 DE-LETE 方法。也就是说，当上层应用使用 GET 方法通过某个交换机的 URI 向控制器发出请求时，控制器将返回此交换机的信息，而使用 POST 方法加上业务的 URI 则可以创建新的业务。

SDN 网络中的接口具有开放性，以控制器为逻辑中心，南向负责与数据层通信，实现数据网络中控制平面与数据平面的分离，其中以 ONF 提出的 OpenFlow 协议和 IETF 提出的 NETCONF 协议为典型代表；北向负责与应用层通信，处理用户协同工作问题。由此可见，SDN 接口是连接 SDN 底层与用户应用之间的重要纽带，决定了 SDN 的实际能力与价值，直接影响了整个 SDN 未来的发展方向。

■ 1.5 软件定义无线网络技术

随着智能手机、平板电脑和移动云服务越来越受欢迎，对无线网络动态服务的需求越来越大。这种需求为网络体系结构创造了新的需求，如管理和配置的灵活性、适应性和供应商独立性等。为了满足这些要求，软件定义无线网络（Soft-ware – Defined Wireless Networking，SDWN）是一种具有成本效益的有效解决方案。SDWN 将数据平面与控制平面解耦，从而实现了网络控制的直接可编程性和对无线应用程序的底层基础架构的抽象。通过 SDWN 技术，我们可以创建一个可满足用户不同需求的服务交付平台，诸如支持大量用户、频繁的移动性、细粒度的测量和控制及实时适应等问题都需要由未来的 SDWN 架构来解决。

移动网络中的软件设计与互联网 SDN 有根本不同。移动网络主要需要关注复杂无线环境中的无线接入问题，而互联网则需要处理数据包转发问题。SDWN 体系结构中引入的灵活性为新的资源管理概念和方法提供了许多机会。

SDWN 的主要思想是将集中的方法适应无线环境，从而提供支持规则的灵活定义和拓扑变化的机会。典型的 SDWN 网络由控制器设备、接收器节点和其他几个节点组成。控制器从节点收集信息，维护网络的连接关系表示，并为每个数据流建立路由路径。接收器是唯一直接连接到控制器的节点，它作为节点的网关。在实现中，接收器与网络协调器一致，其协议栈相当于一个通用节点的协议栈。

通用节点的堆栈分为三部分：转发层、聚合层（AGGR）、网络操作系统（NOS）。MAC 层向转发层提供传入的数据包，以标识数据包的类型。六种不同类型的数据包定义如下：①数据：由应用层生成（传递）；②信标：网络中所有节点定期发送；③报告：包含节点的邻居列表；④规则请求：接收到没有处理信息的数据包时生成（即路径）；⑤规则响应：由控制器生成，作为对规则请求的响应；⑥开放路径：用于跨不同节点设置单个规则。

当转发层接收到非信标包时，它会被发送到 NOS，在适当的数据结构中搜索相应的规则。流表存储来自控制器的所有规则。对于每个规则，都可以执行三种类型的操作：转发到节点、修改数据包或删除它。如果数据包与表中的任何规则都不匹配，则会向控制器发送规则请求。

传统的无线网络资源利用率低，创新困难，将 SDN 核心思想引入无线网络，形成软件定义无线网络。SDWN 迅速成为新的研究热点。与传统无线网络体系结构相比，SDWN 具有网络资源优化、异构网络融合、可控性更好、网络创新更高效、演进更顺畅等优点。

1.6 软件定义网络测试技术

软件定义网络（SDN）将交换机的控制平面与其数据平面分离，并使用集中控制器控制所有交换机。具体来说，在控制器上运行的网络控制策略会被转换为低级流项。因此，转发行为可以通过集中控制策略表达，这使运营商能够有效地安排流程，并设计更灵活的服务质量策略。

当今的网络中，交换机中的负载平衡和优先级队列被用来支持各种服务质量（QoS）功能，并对特定类型的流量提供优先处理。传统上，网络运营商使用"跟踪器"来解决负载平衡和 QoS 问题。但是，SDN 中基于 OpenFlow 的通用交换机并不支持这些工具。此外，跟踪器还存在潜在的问题，由于负载平衡机制平衡流到不同的路径，因此这些工具不可能发送单一类型的探测包来查找流的转发路径并测量延迟。因此，在测量其延迟之前，需要跟踪流的实际转发路径，并且需要共同考虑路径跟踪和延迟测量。为此，提出了流跟踪来寻找任意流路径并测量 OpenFlow 中的流延迟。

为了实现基于流的测量，流跟踪通过充分利用 SDN 的优势，结合路径跟踪和延迟测量，同时，为了准确地跟踪路径，流跟踪需要监控所有流表通过集中式控制器。有些文献讨论了 SDN 测试方法，基于无源流表收集方法可以减少控制平面的开销，在获得了所有的流表之后，设计一种低开销的路径跟踪算法，该算法模拟了物理交换机的转发行为来查找流路径。同时，引入了流跟踪作为 SDN 的实时网络路径跟踪和延迟测量工具，与早期使用数据平面探测包来获取路径的工作不同，流轨迹以零成本计算路径，并通过使用关系表查询算法而有更短的响应时间。通过在交换机中安装临时测量规则，流跟踪使用户能够测量其数据包的实时传输延迟。此外，流跟踪使用开放流协议，这意味着流跟踪可以直接部署在一个真实的网络中，而不修改物理交换机。其基本设计理念是为网络运营商提供一个方便的路径跟踪和测量工具，使他们能够更方便地管理网络，该设计原则也是 SDN 测试技术的目的。

■ 1.7 本章小结

SDN 是一种新兴的网络架构，属于下一代网络技术研究范畴，它既可以继承现有网络技术，也可不依赖于现有网络技术而独立发展；既顺从当前新的应用趋势，也符合控制、转发分离的思想，目的是对现有复杂的网络控制面进行抽象简化，使控制面能够独立创新发展，从而使得网络面向应用可编程化。作者在本章首先对现有网络架构的缺陷进行了简单分析，提出 SDN 这种网络架构出现的必要性，从而满足互联网的快速发展；其次，在传统网络的基础上，将 SDN 网络与传统网络进行了技术特点上的对比，突出了 SDN 这种新型网络架构的三点技术特征：可编程、集中式的控制方式及控制平面与数据平面的分离，正是由于这些特点，使得 SDN 能够更加快速地发展；最后介绍了在这种网络架构的具体实现上需要读者进行考虑的控制器、交换机及接口协议的相关知识。作者希望能够通过本章的针对 SDN 网络基础知识的解释，读者能够对这种新型的网络体系架构有初步的了解，以便后续章节的学习，并且通过这些方向的拓展让读者了解当前的网络发展趋势，把握通信行业的风向。

第 2 章
SDN 协议相关标准

■ 2.1 OpenFlow 协议

2.1.1 OpenFlow 基本原理

SDN 是一种网络架构的理念，是一个框架，它不规定任何具体的技术实现。而 OpenFlow 是一个具体的协议，这个协议实现了 SDN 这个框架中的一部分，即南向接口，而且除了 OpenFlow，也可能存在别的同样功能的协议来完成相似的工作。也就是说，SDN 是独一无二的，但是 OpenFlow 有竞争者，不是 SDN 的全部。当然，OpenFlow 是现在 SDN 框架内最有影响力的一个协议。

基于 OpenFlow 实现 SDN(Software Defined Network)。在 SDN 中，交换设备的数据转发层和控制层是分离的，因此，网络协议和交换策略的升级只需要改动控制层。OpenFlow 在 OpenFlow 交换机上实现数据转发，而在控制器上实现数据的转发控制，从而实现了数据转发层和控制层的分离。基于 OpenFlow 实现 SDN，则在网络中实现了软硬件的分离以及底层硬件的虚拟化，从而为网络的发展提供了一个良好的发展平台。

OpenFlow 网络由 OpenFlow 交换机、FlowVisor 和 Controller 三部分组成。OpenFlow 网络的结构示意图如图 2 – 1 所示。

1. OpenFlow 交换机

每个 OF 交换机（switch）都有一张流表，进行包查找和转发。交换机可以

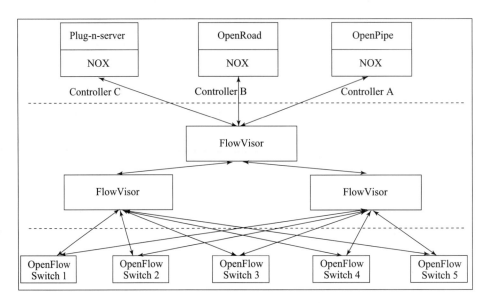

图 2-1　OpenFlow 网络结构示意图

通过 OF 协议经一个安全通道连接到外部控制器（controller），对流表进行查询和管理。图 2-2 展示了这一过程。

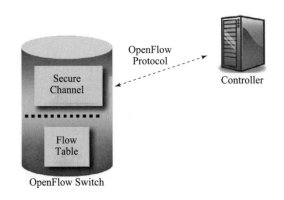

图 2-2　OpenFlow 交换机通过安全通道连接到控制器

流表包括包头域（header filed，匹配包头多个域）、活动计数器（counters）、0 个或多个执行操作（actions）。对每一个包进行查找，如果匹配，则执行相关策略，否则，通过安全通道将包转发到控制器，由控制器来决策相关行为。流表项可以将包转发到一个或者多个接口。

2. 流表

流表是交换机进行转发策略控制的核心数据结构。交换芯片通过查找流表表项来决策对进入交换机的网络流量采取合适的行为。每个表项包括三个域：包头域（header field）、计数器（counters）、操作（actions）。

3. 包头域

包头域包括 12 个域，见表 2 - 1，包括进入接口，以太网源地址、目的地址、类型，VLAN ID，VLAN 优先级，IP 源地址、目的地址、协议、ToS 位，TCP/UDP 目标端口、源端口。每一个域包括一个确定值或者所有值（any），更准确的匹配可以通过掩码实现。

表 2 - 1　包头域

域	位	应用	备注
进入接口		所有分组	
以太网源地址	48	使能端口所有分组	
以太网目的地址	48	使能端口所有分组	
以太网类型	16	使能端口所有分组	
VLAN ID	12	以太网类型 0x8100 所有分组	
VLAN 优先级	3	以太网类型 0x8100 所有分组	VLAN PCP 域
IP 源地址	32	所有 IP 和 ARP 包	
IP 目的地址	32	所有 IP 和 ARP 包	
IP 协议	8	所有 IP、IP over 以太网、ARP 包	
IP ToS 位	6	所有包	
传输源端口/ICMP 类型	16	所有 TCP UDP ICMP 包	低 8 bit 用于 ICMP
传输目的端口/ICMP 类型	16	所有 TCP UDP ICMP 包	低 8 bit 用于 ICMP

4. 计数器

计数器可以针对每个表、每个流、每个端口、每个队列来维护。用来统计流量的一些信息，例如活动表项、查找次数、发送包数等。统计信息所需要的计数器见表 2 - 2。

表 2-2 统计信息需要的计数器

计数器	Bits
每个表	
活动端口（Active Entries）	32
分组查表（Packet Lookups）	64
分组匹配（Packet Matches）	64
每个流	
接收的分组	64
接收的字节	64
持续时间（Duration）/s	32
持续时间（Duration）/ns	32
每个端口	
接收分组	64
传输分组	64
接收字节	64
传输字节	64
接收丢弃包	64
传输丢弃包	64
接收错误	64
传输错误	64
接收帧对齐错误	64
接收帧对齐错误	64
接收 CRC 校验错误	64
碰撞	64
每个队列	
传输分组	64
传输字节	64
传输帧对齐错误	64

5. 操作（action）

每个表项对应到 0 个或者多个操作，如果没有转发操作，则默认丢弃。多个操作的执行需要依照优先级顺序依次进行，但对包的发送不保证顺序。另外，交换机可以对不支持的操作返回错误（unspported flow error）。

操作可以分为两种类型：必备操作（Required Actions）和可选操作（Optional Actions），必备操作是默认支持的，交换机需要通知控制器它支持的可选操作。

（1）必备操作

➤ 必备操作——转发（Forward）

ALL，转发到所有出口（不包括入口）。

CONTROLLER，封装并转发给控制器。

LOCAL，转发给本地网络栈。

TABLE，对要发出的包执行流表中的操作。

IN_PORT，从入口发出。

➤ 必备操作——丢弃（Drop）

没有明确指明处理操作的表项，所匹配的所有网包默认丢弃。

（2）可选操作

➤ 可选操作——转发

NORMAL，按照传统交换机的 2 层或 3 层进行转发处理。

表 2-3　VLAN 处理

操作	位	描述
设置 VLAN ID	12	如果没有 VLAN，用规定的 VLAN ID 增加一个新头部，优先级 = 0；如果有 VLAN，VLAN ID 用指定值代替
设置 VLAN 优先级	3	如果没有 VLAN，用规定的优先级增加一个新头部，VLAN ID = 0；如果有 VLAN，优先级用指定值代替
去掉 VLAN Header		如果有 VLAN，去掉 VLAN Header

FLOOD，通过最小生成树从出口泛洪发出。注意，不包括入口。

➤ 可选操作——入队（Enqueue）

将包转发到绑定到某个端口的队列中。

➤ 可选操作——修改域（Modify – field）

修改包头内容，具体的行为见表2 – 4。

表2 – 4　修改域行为

操作	位	描述
设置 VLAN ID	12	如果没有 VLAN，用规定的 VLAN ID 增加一个新头部，优先级 = 0；如果有 VLAN，VLAN ID 用指定值代替
设置 VLAN 优先级	3	如果没有 VLAN，用规定的优先级增加一个新头部，VLAN ID = 0；如果有 VLAN，优先级用指定值代替
去掉 VLAN Header		如果有 VLAN，去掉 VLAN Header
修改以太网源 MAC 地址	48	用新值代替源以太网 MAC 地址
修改以太网目的 MAC 地址	48	用新值代替目的以太网 MAC 地址
修改 IPv4 源地址	32	用新值代替源 IP 地址，更新 IP 校验和
修改 IPv4 目的地址	32	用新值代替目的 IP 地址，更新 IP 校验和
修改 IPv4 ToS 位	6s	用新值代替 IP ToS 域
修改传输源端口	16	用新值代替 TCP/UDP 源端口号
修改传输目的端口	16	用新值代替 TCP/UDP 目的端口号

6. 匹配

每个包按照优先级依次去匹配流表中表项，匹配包的优先级最高的表项即为匹配结果。一旦匹配成功，对应的计数器将更新；如果没能找到匹配的表项，则转发给控制器。总体匹配流程如图2 – 3所示，具体包头解析匹配过程如图2 – 4所示。

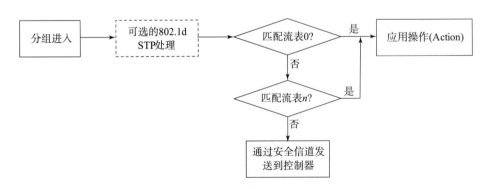

图2 – 3　总体匹配流程

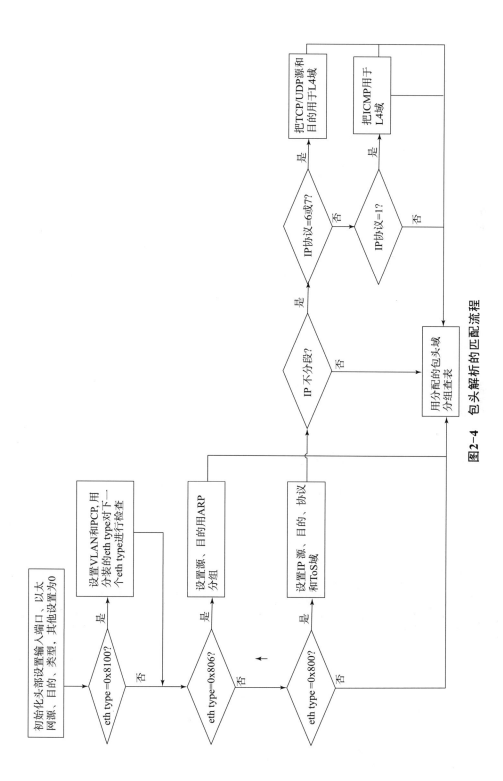

图 2-4　包头解析的匹配流程

2.1.2 安全通道

安全通道用来连接交换机和控制器，所有安全通道必须遵守 OF 协议。控制器可以配置、管理交换机及接收交换机的事件信息，并通过交换机发出网包等。

2.1.2.1 OpenFlow 协议

OpenFlow 协议支持三种消息类型：controller – to – switch、asynchronous（异步）和 symmetric（对称），每一类消息又有多个子消息类型。controller – to – switch 消息由控制器发起，用来管理或获取 switch 状态；asynchronous 消息由 switch 发起，用来将网络事件或交换机状态变化更新到控制器；symmetric 消息可由交换机或控制器发起。

1. controller – to – switch 消息

由控制器（controller）发起，可能需要或不需要来自交换机的应答消息。包括 Features、Configuration、Modify – state、Read – state、Send – packet、Barrier 等。

Features：

在建立传输层安全会话（Transport Layer Security Session）的时候，控制器发送 feature 请求消息给交换机，交换机需要应答自身支持的功能。

Configuration：

控制器设置或查询交换机上的配置信息。交换机仅需要应答查询消息。

Modify – state：

控制器管理交换机流表项和端口状态等。

Read – state：

控制器向交换机请求一些诸如流、网包等统计信息。

Send – packet：

控制器通过交换机指定端口发出网包。

Barrier：

控制器确保消息依赖满足，或接收完成操作的通知。

2. asynchronous 消息

asynchronous 不需要控制器请求发起，主要用于交换机向控制器通知状态变化等事件信息。主要消息包括 Packet – in、Flow – removed、Port – status、Error 等。

Packet – in：

交换机收到一个网包，在流表中没有匹配项，则发送 Packet – in 消息给控制器。如果交换机缓存足够多，网包被临时放在缓存中，网包的部分内容（默认 128 B）和在交换机缓存中的序号也一同发给控制器；如果交换机缓存不足以存储网包，则将整个网包作为消息的附带内容发给控制器。

Flow – removed：

交换机中的流表项因为超时或修改等原因被删除掉，会触发 Flow – removed 消息。

Port – status：

交换机端口状态发生变化时（例如 down 掉），触发 Port – status 消息。

Error：

交换机通过 Error 消息来通知控制器发生的问题。

3. symmetric 消息

symmetric 消息也不必通过请求建立，包括 Hello、Echo、Vendor 等。

Hello：

交换机和控制器用来建立连接。

Echo：

交换机和控制器均可以向对方发出 Echo 消息，接收者则需要回复 Echo reply。该消息用来测量延迟、是否连接保持等。

Vendor：

交换机提供额外的附加信息功能，为未来版本预留。

2.1.2.2　连接建立

通过安全通道建立连接，所有流量都不经过交换机流表检查。因此，交换机必须将安全通道认为是本地链接。今后版本中将介绍动态发现控制器的协议。

当 OpenFlow 连接建立起来后，两边必须先发送 OFPT_HELLO 消息给对方，该消息携带支持的最高协议版本号，接收方将采用双方都支持的最低协议版本进行通信。一旦发现两者拥有共同支持的协议版本，则连接建立，否则，发送 OFPT_ERROR 消息（类型为 OFPET_HELLO_FAILED，代码为 OFPHFC_COMPATIBLE），描述失败原因，并终止连接。

1. 连接中断

当连接发生异常时，交换机应尝试连接备份的控制器。当多次尝试均失败后，交换机将进入紧急模式，并重置所有的 TCP 连接。此时，所有包将匹配指定的紧急模式表项，其他所有正常表项将从流表中删除。此外，当交换机刚启动时，默认进入紧急模式。

2. 加密

安全通道采用 TLS（Transport Layer Security）连接加密。当交换机启动时，尝试连接到控制器的 6633 TCP 端口。双方通过交换证书进行认证。因此，每个交换机至少需配置两个证书，一个用来认证控制器，一个用来向控制器发出认证。

3. 生成树

交换机可以选择支持 802.1D 生成树协议。如果支持，所有相关包在查找流表之前应该先在本地进行传统处理。支持生成树协议的交换机在 OFPT_FEATURES_REPLY 消息的兼容性（compabilities）域需要设置 OFPC_STP 位，并且需要在所有的物理端口均支持生成树协议，但无须在虚拟端口支持。

生成树协议会设置端口状态，来限制发送到 OFP_FLOOD 的数据包仅被转发到生成树指定的端口。需要注意指定出口的转发或 OFP_ALL 的网包会忽略生成树指定的端口状态，按照规则设置端口转发。

如果交换机不支持 802.1d 生成树协议，则必须允许控制器指定泛洪时的端口状态。

2.1.3 OpenFlow 协议标准的持续演进

OpenFlow 是一种新型网络协议，起源于斯坦福大学的 Clean Slate 项目组。OpenFlow 的提出是由于研究人员无法改变现有网络设备进行创新网络架构和协议的研究与实验，而这些新的网络创新思想恰恰需要在实际的网络上才能更好地验证。斯坦福大学因此提出了控制转发分离架构，将控制逻辑从网络设备中分离出来，交给中央控制器集中统一控制，实现网络业务的灵活部署，并且他们设计了 OpenFlow 协议作为控制器与交换机通信的标准接口。近年 OpenFlow 已经引起了网络设备商和网络管理员的广泛关注，使用 OpenFlow 协议实现软件定义网络，可以把网络作为一个整体而不是许多独立分散的设备来集中进行管理，大大提升了网络可用性和管理效率。

自 2009 年年底发布第一个正式版本 v1.0 以来，OpenFlow 协议已经经历了 1.1、1.2、1.3、1.4 及最新发布的 1.5 等版本的演进过程。

OpenFlow 1.0 版本的优势是它可以与现有的商业交换芯片兼容，通过在传统交换机上升级固件就可以支持 OpenFlow 1.0 版本，既方便 OpenFlow 的推广使用，也有效保护了用户的投资，因此，OpenFlow 1.0 是目前使用和支持最广泛的协议版本。

自 OpenFlow 1.1 版本开始支持多级流表以来，将流表匹配过程分解成多个步骤，形成流水线处理方式，这样可以有效和灵活地利用硬件内部固有的多表特性，同时把数据包处理流程分解到不同的流表中，也避免了单流表过度膨胀问题。除此之外，OpenFlow 1.1 中还增加了对 VLAN 和 MPLS 标签的处理，并且增加了组表，通过在不同流表项动作中引用相同的组表，实现对数据包执行相同的动作，简化了流表的维护。

为了更好地支持协议的可扩展性，OpenFlow 1.2 版本发展为下发规则的匹配字段不再通过固定长度的结构来定义，而是采用了 TLV 结构定义匹配字段，称为 OXM（OpenFlow eXtensible Match），这样用户就可以灵活下发自己的匹配字段，增加了更多关键字匹配字段的同时，也节省了流表空间。同时，OpenFlow 1.2 规定，可以使用多台控制器和同一台交换机进行连接，以增加可靠性，并且多控制器可以通过发送消息来变换自己的角色。还有重要的一点是，自 OpenFlow 1.2 版本开始支持 IPv6。

2012 年 4 月发布的 OpenFlow 1.3 版本成为长期支持的稳定版本。OpenFlow 1.3 流表支持的匹配关键字已经增加到 40 个，足以满足现有网络应用的需要。OpenFlow 1.3 主要还增加了 Meter 表，用于控制关联流表的数据包的传送速率，但控制方式目前还相对简单。OpenFlow 1.3 改进了版本协商过程，允许交换机和控制器根据自己的能力协商支持的 OpenFlow 协议版本。同时，连接建立也增加了辅助，连接提高交换机的处理效率和实现应用的并行性。其他还有 IPv6 扩展头和 Table – miss 表项的支持。

2013 年最新发布的 OpenFlow 1.4 版本仍然是基于 1.3 版本特征的改进版本，数据转发层面没有太大变化，主要是增加了一种流表同步机制，多个流表可以共享相同的匹配字段，但可以定义不同的动作；另外，又增加了 Bundle 消息，确保控制器下发一组完整消息或同时向多个交换机下发消息的状态一致性。

OpenFlow 协议的发展演进一直都围绕着两个方面：一方面是控制面增强，让系统功能更丰富、更灵活；另一方面是转发层面的增强，可以匹配更多的关键字，执行更多的动作。每一个后续版本的 OpenFlow 协议都在前一版本的基础上进行了或多或少的改进，OpenFlow 协议官方维护组织 ONF 为了保证产业界有一个稳定发展的平台，把 OpenFlow 1.0 和 1.3 版本作为长期支持的稳定版本，因此，一段时间内，后续版本发展要保持和稳定版本的兼容。

目前最新的协议版本为 1.5，其匹配流程如图 2 – 5 所示。

OpenFlow 1.5 协议的匹配流程几乎没有改变，只是细化了 action set 的执行过程。其中着重细化了 output 动作。OpenFlow 1.5 协议引进了 Egress table，细化了 output action，可以在输出端口处理数据包。当一个数据包输出到某个端口时，首先会从第一个 Egress table 开始处理，由流表定义处理方式并且转发给其他 Egress table。

此外，1.5 协议还添加了一个数据包类型识别流程。之前版本的 OpenFlow 协议中表明交换机默认处理以太网数据包，1.5 版本中交换机还可以处理 PPP 数据包。不过 1.5 协议中的数据包类型识别流程还处于研究阶段，每个交换机只能处理一种类型的数据包，相信后续协议中交换机必然可以同时处理多种数据包。

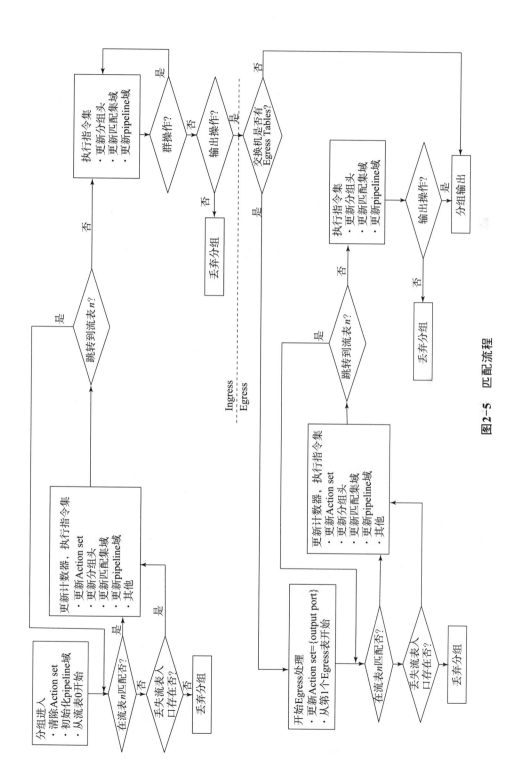

图 2-5　匹配流程

■ 2.2 OF‒CONFIG 协议标准

OpenFlow 配置和管理协议（OF‒CONFIG）用于分配控制器、配置队列和端口、更改端口状态、管理证书，以实现在逻辑开关和控制器之间的安全通信，如图 2‒6 所示。

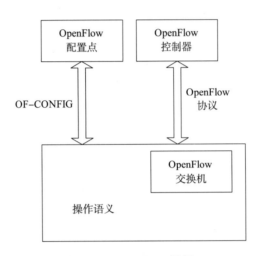

图 2‒6　OpenFlow 配置

OpenFlow 协议对一个 OpenFlow 交换机（例如，支持 OpenFlow 协议的以太网交换机）进行各种配置，如 OpenFlow 控制器的 IP 地址。OpenFlow 配置协议（OF‒CONFIG）的作用是启用 OpenFlow 交换机的远程配置点。而 OpenFlow 协议通常是在一个时间开放的流上运行的，但其时间尺度较慢。一个实例是构建转发表并决定通过 OpenFlow 协议完成的转发操作，而启用/关闭端口通常不需要在流的时间尺度上完成，因此，这是通过配置协议完成的。

OF‒CONFIG 协议各模块如图 2‒7 所示，OpenFlow 配置点和 OpenFlow 功能交换机通过 OF‒CONFIG 进行通信。配置完成后在逻辑交换机上生效。

图 2‒8 描述了 OF‒CONFIG 数据模型的 top 类，该模型的核心是一个由 OpenFlow 配置点配置的 OpenFlow 功能交换机。逻辑开关的实例包含在 OpenFlow 功能开关中。为每个 OpenFlow 逻辑开关分配一组 OpenFlow 控制器。数据模型包

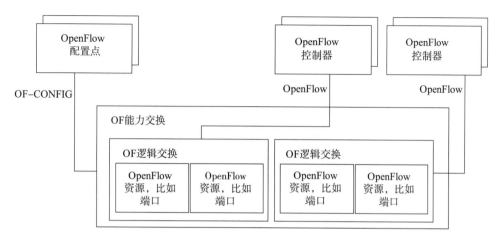

图 2 – 7　OF – CONFIG 协议和 OpenFlow 协议之间的关系

含多个标识符，其中大多数编码为 XML 元素 < ID >。目前，这些 ID 被定义为在特定上下文中具有所需唯一性的字符串。

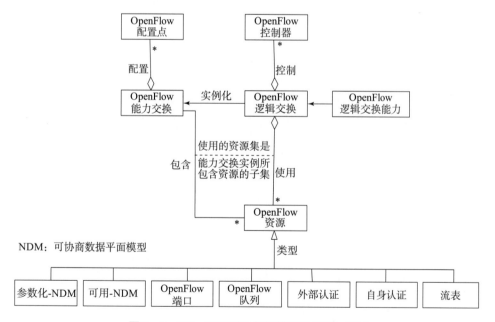

图 2 – 8　OF – CONFIG 数据模型的 UML 类图

2.3　NETCONF 协议标准

NETCONF 协议是服务于基于 XML 的自动化网络管理系统。它是一种新的管理协议，它定义了管理网络设备的操作，其中配置数据可以作为一个整体或部分进行上传、检索和操作。NETCONF 协议基于 XML 编码的远程过程调用（XML - RPC），以便在管理器和代理之间进行通信。

NETCONF 使用分层体系结构来传输消息，以便清晰地区分管理数据内容和底层传输数据内容。在此架构中，该协议被分为四层，见表 2 - 5。

表 2 - 5　NETCONT 协议

Layer	内容和例子
Content	设备配置数据
Operation	用 RPC 方法调用 Operations，并被用 XML 编码
RPC	同样，用 XML 编码方案
Transport	在 agent 和 Manager 之间的传输协议 SSH、SOAP 和 BEEP

鉴于 SNMP 是一种流行的、得到广泛支持的网络管理协议，NETCON 与基于 SNMP 的网络环境交互工作非常重要。已经有两种主要的方法：

第一种方法是开发一个 NETCONF 管理器，通过中介与 SNMP 代理进行接口，如图 2 - 9 所示。由于 NETCONF 是一种新协议，因此许多旧设备不支持 NETCONF 的代理。这种方法引入了一个可以在 XML 和 SNMP 数据之间进行转换的中介/网关。

第二种方法要求在托管设备上安装 NET-CONF 代理（软件升级），如图 2 - 10 所示。这是理想的解决方案，因为它不涉及 NET-CONF/SNMP 网关进行翻译。

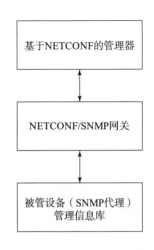

图 2 - 9　NETCONF 和 SNMP 交互工作

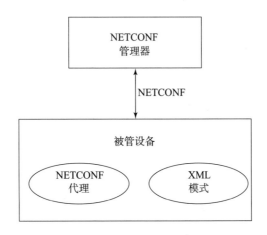

图 2-10　NETCONF 管理和代理

■ 2.4　P4 语言规范

2.4.1　P4 语言规范概述

OpenFlow 接口协议开始应用比较简单，抽象出一个规则表，可以匹配十几个头字段（例如 MAC 地址、IP 地址、协议、TCP/UDP 端口号等）上的数据包。随着不断发展，规范变得越来越复杂，有更多的标题字段和多个阶段的规则表，以允许交换机向控制器公开更多的功能。未来的交换机应该支持灵活的机制来解析数据包和匹配报头字段，而不是重复扩展 OpenFlow 规范，允许控制器应用程序通过一个公共的开放接口利用这些功能。这种灵活性可以在定制 ASIC 中实现。P4 语言规范提供了一致协议无关数据包处理编程模式。P4 是一种声明性语言，用于网络转发单元管道如何处理数据包，网络转发单元可以是交换机、NIC、路由器或网络功能设备等。它基于一个抽象转发模型，该模型由一个解析器和一组匹配 + 操作表资源组成，在入口和出口之间进行划分。解析器识别每个传入数据包中的报头。每个匹配 + 操作表对标题字段的子集执行查找操作，并应用于每个表中的第一个匹配对应的操作。

P4 本身与协议无关，可以表示转发平面协议。P4 处理转发单元的配置。一旦配置完毕，就可以填充表并进行数据包处理。转发单元元素运行时，更新其配置。P4 程序为每个转发单元指定以下内容。

> 标题定义：数据包中每个报头的格式（字段集及其大小）。

> 解析图：数据包内允许的报头序列。

> 表格定义：要执行的任务类型、要使用的输入字段、可能应用的操作及每个表的尺寸。

> 操作定义：由一组基本动作组成的复合动作。

> 管道布置及控制流程：管道内的表格布局和通过管道的数据包流。

P4 提高了网络编程的抽象级别，可以作为控制器和交换机之间的通用接口。P4 设计有三个目标：①现场可重构性：一旦交换机部署，程序员应该能够改变交换机处理数据包的方式；②协议独立性：交换机不应绑定到任何特定的网络协议；③目标独立性：程序员应该能够独立于底层硬件的细节来描述包处理功能。每个交换芯片都有自己的低级接口，类似于微码编程。P4 是一种高级语言，用于编程与协议无关的数据包处理器。图 2－11 显示了用于配置交换机的 P4 与用于 OpenFlow 修改固定功能交换机中的转发表之间的关系。基于 P4，未来 Open-Flow 发展应该是控制器配置交换机如何操作，而不受固定功能交换机设计的约束。

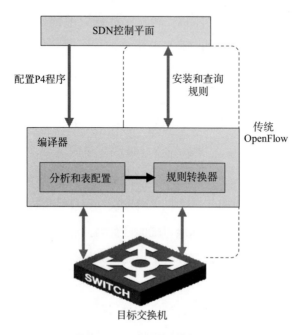

图 2－11　P4 规范配置交换机

2.4.2　协议无关抽象转发模型

图 2－12 所示是 P4 协议无关抽象转发模型。P4 抽象转发模型编程只有几个简单的规则。

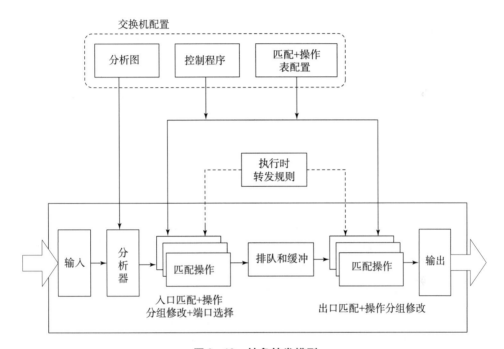

图 2－12　抽象转发模型

对于每个数据包，解析器生成一个解析，匹配＋操作表基于其运行。

①在入口管道（Ingress Pipeline）中，匹配＋操作（match＋action）表生成出口规范（Egress Specification），该规范确定数据包将发送到的端口集（以及每个端口的数据包实例的数量）。

②排队机制（Queuing Mechanism）处理该出口规范，生成必要的数据包实例，并将每个实例提交给出口管道。出口队列缓冲数据包。

③数据包实例的物理目的地在进入出口管道之前确定。一旦数据包进入出口管道，则该目的地不会改变。

④通过出口管道完成所有处理后，形成分组实例的头部，并传输生成的数据包。

2.4.3 mTag 示例

P4 能够在对网络体系结构进行最小更改的情况下表达自定义解决方案，称为 mTag 示例。它将分层路由与简单的类似 MPLS 的标记相结合。通过核心的路由编码为一个由四个单字节字段组成的 32 位标签。32 位标签可以携带"源路由"或目的地定位器（例如伪 MAC）。每个核心交换机只需要检查标签的一个字节，基于该信息进行交换。mTag 示例，该标签位于边缘交换机上，它也可以由终端主机 NIC 添加。

2.4.4 P4 概念

P4 程序包含以下关键组件的定义：

①标题：标题定义描述了一系列字段的顺序和结构。它包括字段宽度的规范和字段值的约束。

②解析器：解析器定义指定如何识别数据包中的头和有效头序列。

③表：匹配 + 操作表是执行数据包处理的机制。P4 程序定义表可能匹配的字段及其可能执行的操作。

④操作：P4 支持从更简单的协议独立原语构建复杂操作。这些复杂操作通过匹配 + 操作表实现。

⑤控制程序：控制程序确定应用于数据包的匹配 + 操作表的顺序。一个简单的命令式程序描述匹配 + 操作表之间的控制流。

2.4.5 Header 格式

P4 通过声明字段名及其宽度的有序列表来指定每个 Header。可选字段注释允许对可变大小字段的值范围或最大长度进行限制。

可以添加 mTag header，而无须更改现有声明。字段名表示核心有两层聚合。每个核心交换机都使用规则进行编程，用于检查这些字节中的一个，确定在层次结构中的位置和移动方向（向上或向下）。

2.4.6　包解析器

P4 假设底层交换机可以实现一个状态机，该状态机从头到尾遍历数据包头，并在执行过程中提取字段值。提取的字段值将发送到 match + 操作表进行处理。

P4 将此状态机直接描述为从一个标头到下一个标头的转换集。每个转换都可能由当前标题中的值触发。

解析从开始状态开始，直到达到显式停止状态或遇到未处理的情况（可能标记为错误）为止。当到达新头的状态时，状态机使用其规范提取头并继续识别其下一个转换。提取的头被转发到交换机管道后半部分的 match + action 处理。

mTag 示例解析器只有四个状态，真实网络中的解析器需要更多的状态；有文献定义的解析器扩展到 100 多个状态。

2.4.7　表规范

表规范描述在匹配 + 操作阶段如何匹配定义的 Header 字段，以及在匹配发生时应执行哪些操作。例如下面伪代码是一个简单 mTag 示例：边缘交换机匹配 L2 层的 Destination 和 VLAN ID 字段，选择一个 mTag 添加到 Header。定义一个表来匹配这些字段，并应用一个操作（action）来应用这个 mTag header。"reads"属性声明要匹配的字段，由匹配类型限定。"actions"属性列出了表可能应用于数据包的可能操作。"max_size"属性指定表应支持的条目数。表规范允许编译器决定需要多少内存，以及实现表的内存类型（如 TCAM 或 SRAM）。

```
table mTag_table{
reads{
ethernet.dst_addr:exact;
vlan.vid:exact;
}
actions{
//At runtime,entries are programmed with params
//for the mTag action. See below.
```

```
add_mTag;
}
max_size:20000;
}
```

2.4.8 动作规范

P4 定义了一组基本操作（action），从中可以生成更复杂的操作。每个 P4 程序声明一组由操作原语组成的操作函数；这些操作函数简化了表规范和填充。P4 在操作函数中并行执行原语。

如果操作需要参数（例如 mTag 的 up1 值），则会在运行时从匹配表中提供。在上述简单示例中，交换机在 VLAN tag 之后插入 mTag，将 VLAN 标记的 Ethertype 复制到 mTag 中，以指示后续内容，并将 VLAN tag 的 Ethertype 设置为 0xaaaa，以表示 mTag。

P4 的基本操作包括：

➢ set_field：将 header 中的特定字段设置为值。支持 Masked sets。

➢ copy_field：将一个字段复制到另一个字段。

➢ add_header：将特定标题实例（及其所有字段）设置为有效。

➢ remove_header：从数据包中删除（"pop"）标头（及其所有字段）。

➢ increment：增加或减少字段中的值。

➢ checksum：计算一组 header 域字段上的校验和（例如，IPv4 校验和）。

2.4.9 控制程序

控制流规定为一个函数、条件和表引用的集合组成的程序。mTag 示例流程图如图 2-13 所示。

图 2-13 显示了边缘交换机上 mTag 实现控制流过程。经过解析器后，源检查表（source check table）验证接收到的数据包和入口端口之间的一致性。源检查（source check）还从数据包中剥离 mTag，记录数据包元数据中是否有 mTag。在管道 pipeline 中，表可以匹配此元数据，以避免重新标记数据包。然后执行本

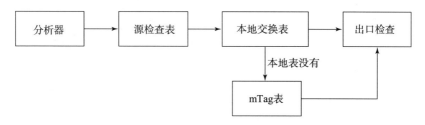

图 2 – 13　mTag 示例流程图

地交换表 （local switching table）。如果本地表没有 （misses local table），则表示数据包未发送到本地连接的主机。在这种情况下，mTag 表将应用于数据包。基于出口检查表 （egress check table），本地和核心转发控制都可以处理，通过发送通知上传到 SDN 控制，来处理未知目的情况的检查表。

▮ 2.5　本章小结

　　本章介绍了 OpenFlow 协议规范、OF – CONFIG 协议规范、NETCONFIG 协议规范及 P4 语言规范，并回顾了 OpenFlow 协议标准的发展，以及 OpenFlow 协议标准持续演进过程。OpenFlow 协议标准和 P4 语言规范拥有较为健全的理论体系，应用将十分广泛。

第 3 章
软件定义网络安全技术

3.1 软件定义网络架构安全分析

SDN 给网络带来了新的机遇，同时也给网络安全也带来了挑战。SDN 给网络安全的发展提供了新的思路和手段，也给传统的安全解决方案带来挑战，例如，传统的基于硬件的网络安全产品在 SDN 的虚拟化环境中运行困难，传统的网络安全解决方案难以彻底解决软件定义网络架构带来的安全问题等。但无论网络结构如何变化，网络安全的目标是不变的，即保密性、完整性和可用性。事实上，网络安全的实现就是一个网络应用与网络安全防御和攻击代价的平衡和妥协的过程。

SDN 技术在网络中的应用，使得企业能够解决当今应用程序的高带宽和动态性问题，满足实时变化的商业网络需求，并且极大地降低了管理和操作复杂度。SDN 技术具有很多传统网络所不具备的优势，如全局视图、多粒度网络控制等，这些优势给网络安全问题的改善带来了新的机遇。其所具备的全局网络视图能力及其网络可编程能力实际上也为集成组合入侵检测系统（IDS）、入侵防范系统（IPS）等攻击分析、响应机制提供了良好的基础，这使得在 SDN 基础上实现较传统网络更为良好的安全性成为可能。

虽然 SDN 为网络引进了控制面和数据层分离技术，具有简化底层硬件实现、简化网络配置过程及向上层应用提供网络全局视图等优点，但是，SDN 在简化网络管理、缩短创新周期的同时，也引入了不可低估的安全威胁。SDN 形成了逻辑上的中央控制，SDN 控制器与大量网络设备捆绑在一起，任何危及控制层的风险都可能造成严重后果。防御的能力和强度取决于对中央控制的强度，一旦中央控制器存在弱点，一点失效，则全线失守，损失将远超过传统的安全解决方案；协议、器件和算法不自主，可能留有漏洞和后门，攻击者可直接对安全策略和设施实施控制；传统的安全装置需要进行大规模的技术升级或改造才能适应软件定义网络的运行需求，一部分设备可能面临直接淘汰，用户原有的投资将难以得到保证。

本章主要介绍软件定义网络所面临的安全挑战和应对方法，以及各种基于 SDN 的网络安全设计方案。

3.2　软件定义网络安全挑战

尽管 SDN 架构在保障网络安全、提升网络安全性能方面具备良好的发展潜力，但与此同时，其可编程性和集中控制性也给网络带来了一系列新的安全威胁与挑战。这些挑战主要包括如下几个方面：针对控制器的安全威胁、针对接口协议的安全威胁、针对网络应用的安全威胁等。下面详细介绍各种安全威胁。

3.2.1　针对控制器的安全威胁

管理集中性使得网络配置、网络服务访问控制、网络安全服务部署等都集中在 SDN 控制器上。攻击者一旦实现对控制器的控制，将造成网络服务的大面积瘫痪，影响控制器覆盖的整个范围。由于 SDN 网络的可编程性、开放性，SDN 控制器安全防护的重要性远大于传统网络中网管系统的安全。所以，围绕控制器的攻防是 SDN 自身体系安全中关键的节点，例如，攻击者向控制器发送多个服务请求，并且所有请求的返回地址都是伪造的，直到控制器因过载而拒绝提供服务。

1. 拒绝服务攻击

饱和流攻击是一种针对 SDN 控制器的拒绝服务攻击，类似传统网络中的 DDoS 攻击，它不但能够严重破坏控制器的正常工作，还能够导致交换机无法进行数据转发。攻击者首先会侵入网络中的部分主机，如图 3－1 中的主机 A、C，将其变为傀儡机，同时会向网络中注入大量的无效伪造流。为了隐藏真实信息，这些伪造流的源地址很可能也是伪造的。按照 OpenFlow 协议，交换机接收到这些未知流后，需要向控制器转发，请求控制器下发相应转发流规则，大量的请求和流数据包短时间内涌向控制器，使控制器丧失正常处理能力，同时造成通道拥塞，正常的流规则也无法正常下发，交换机的接收缓存也被无效流填满，正常的数据流因无法缓存而被直接丢弃，控制器和交换机都变得无法正常工作，致使整个网络出现瘫痪。

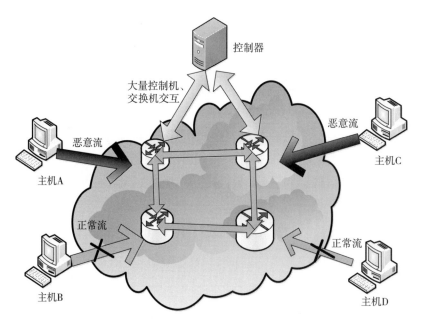

图 3 – 1　SDN 网络安全威胁示意图

2. 非法接入访问

非法的接入访问控制也是 SDN 控制器的安全隐患之一，一旦控制器被攻击者非法控制，则可以通过控制底层的所有设备建立僵尸网络，进一步扩大攻击范围。对于传统的 Web 服务器，如果遭到攻击者非法接入，攻击者可获得服务器中所有文件的访问权限。

3. 窃取篡改数据

攻击者非法接入控制器的目的都是窃取数据库信息或者篡改控制器程序等，所以提前保护好控制器控制程序及数据库信息可以为控制器安全再加一把锁。即使控制器遭到恶意登录，其危害程度也将大大减弱。

可以采取对重要数据进行多次异地备份、周期性更改日志默认存储路径并随时进行备份、刷新更改数据程序、对所有数据进行加密或者保存在安全组件中等方式保障信息安全。

4. 失效恢复

如果控制器不幸受到攻击而失效，需要能够采取有效的恢复机制，以保证控制器能够在最短的时间内恢复，并尽可能地减少负面影响。对于云或数据中心等大型网络来说，长时间的控制器失效会导致巨大的经济损失，所以必须保证快速恢复。

常用的做法是部署冗余，但又会带来成本增加与信息同步等问题。同时，恢复机制需要多样性，如果只采用单一的恢复机制，攻击者会识破，并采取有针对性的应对措施，可能导致恢复机制失效。

3.2.2　针对接口协议的安全威胁

1. 南向通道威胁

南向通道主要是指 OpenFlow 协议、连接控制层和数据转发层。OpenFlow 安全通道采用 SSL/TLS 对数据进行加密，防止控制器与交换机的交互信息被外界窃取。但事实上 SSL/TLS 协议本身并不安全，例如，连接建立之后，无法确认通信终端是否是无危害的。SSL/TLS 协议另一种安全威胁是中间人攻击。由于大多数常用的上层协议如 HTTP、IMAP、SIP 等完全信任 SSL/TLS 协议，给攻击者提供了可乘之机。攻击者可以劫持正常用户的浏览器，并伪装成一个合法用户，利用 SSL/TLS 的重置加密算法机制和 HTTP 请求数据关键值，通过整合窃取所需信息。中间人攻击的本质原因在于 SSL/TLS 不能很好地与上层协议紧密结合。在 SDN 中，如图 3-2 所示，SSL/TLS 协议需要与 OpenFlow 协议结合，将 OpenFlow 交互信息在 SSL/TLS 所建立的安全通道中进行加密传送，中间人攻击依然存在，需要综合考虑协议特性、终端特性、整合方式等各种因素，从整体上解决威胁。另外，当控制器与交换机之间进行大量信息交互时，如有策略更新，使用单一的加密协议容易被攻击者破译，所以 OpenFlow 协议仅使用 SSL/TLS 作为安全加密协议仍存在较大的安全风险。

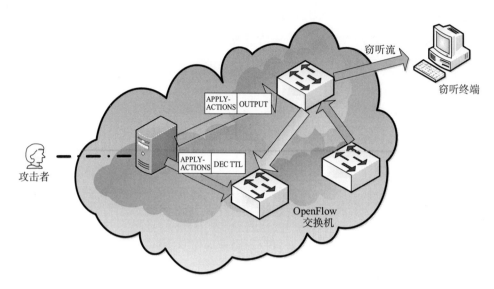

图 3-2 SDN 网络的攻击示意图

2. 北向通道威胁

北向通道主要是控制层向第三方开放的 API 接口，用户可以通过这些开放接口开发应用服务，并在 SDN 上部署自己的应用，体现了 SDN 技术的开放性和可编程性。从传统的 API 设计来看，设计者们注重的是保证 API 执行过程无差错，而忽视了 API 的安全性和鲁棒性。近年来，尽管设计者们在尽力设计安全的 API，但各种缺陷仍然出现在很多部署的 API 中。如果不能完全消除安全 API 中的安全缺陷，可以考虑开发一种新的设计标准来减少 API 使用带来的负面影响。

3.2.3 针对网络应用的安全威胁

可编程性使控制器向应用层提供大量的可编程接口，这个层面上可能会带来很多安全威胁。例如向应用层的应用中植入蠕虫木马程序等，以达到窃取网络信息、更改网络配置、占用网络资源等目的，从而干扰控制面的正常工作进程，影响网络的可靠性和可用性；利用某些接口实现拒绝服务攻击、进行网络窃听等。随着 SDN 网络应用的普及，其所面临的安全威胁也日益多元化，同时，攻击形式的隐蔽性也越来越高，这给应用安全审计与恶意代码防范带来了新的挑战。

在应用审计认证方面，SDN 架构的开放性决定了其应用形式的多样性，目前传统的应用审计模型大多仅针对个别具体应用，而不具备灵活性和普适性。Ezra 等提出了一种面向 SDN 的名为 XSP 的审计框架，以期建立起通用性的 SDN 认证、授权审计机制，然而在多 SDN 网络互联的场合下，这种方式尚不够健全，其跨 SDN 网络的审计机制仍有待强化。而在恶意代码检测方面，目前 SDN 网络中诸多第三方开发的商业应用通常是不开源的，这使得传统的基于源码的应用检测方式不再适用，而 SDN 有效应用审计模型的缺失，使得恶意代码动态检测的难度进一步加大，这使得针对恶意应用的 SDN 网络攻击防范成为一个公开的问题，有待进一步深入研究解决。

3.2.4　针对策略的安全威胁

与传统网络不同，SDN 的策略集中在控制器执行，其通常被转化为流表项下发至底层交换机，而底层交换机不具备相应的策略分析能力，如图 3 - 3 所示。为了避免出现策略冲突等问题，控制器在下发流表项之前必须进行严格的分析处理，保证策略能够有效实施，同时保持网络策略一致性，如图 3 - 4 所示。

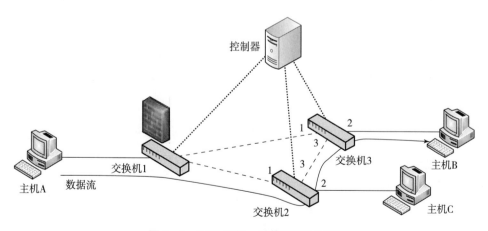

图 3 - 3　SDN 网络一种策略冲突实例

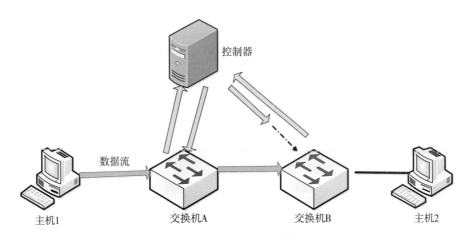

图 3 - 4 　流表部署时延不同导致的逻辑不一致

▊ 3.3　软件定义网络安全应对方法

3.3.1　安全控制器设计

3.3.1.1　拒绝服务攻击

　　针对 DDoS 攻击，常用的防御方式包括监测、隔离和减弱。实时监测是否有 DDoS 攻击发生，将恶意流与正常流隔离开，减轻 DDoS 攻击对网络带来的负面影响。具体措施是将恶意流与正常流分离之后，对恶意流进行过滤，从而减轻攻击程度。同样，为防止 SDN 控制器受到饱和流等类型的 DDoS 攻击，需要对控制器采取相同方式的、防御强度更大的防范措施。可以考虑通过限制频繁事件在短时间内访问控制器，避免控制器在短时间内处理大量频繁事件（如未知流规则请求等），而将频繁事件放到转发层去处理，例如 Soheil 等提出的分布式部署 Kandoo 框架，同时还保证了扩展性和有效性。

　　Kandoo 是一个分布式的控制平面设计，把控制应用负载分布在网络可用的资源，只需要开发者少量的干预，并和控制应用需求没有任何冲突即可。Kandoo 的控制平面把应用分为本地控制应用（即处理局部事件的应用程序）和非本地应用程序（例如，需要访问网络状态的应用程序）。Kandoo 创建了两层的控制器层次：①本地控制器，执行尽可能靠近交换机的应用；②逻辑上中央的根控制器，运行非本地的应用。在图 3 - 5 中，网络中部署了几个本地控制器，每个控制器控制一个或几个交换机，而根控制器控制所有的本地控制器。

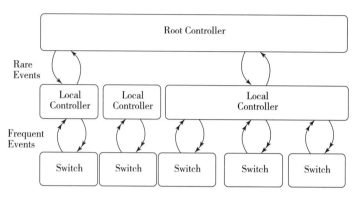

图 3 - 5　Kandoo 的两级控制器

本地控制器很容易实现，因为它们只是根控制器的代理，不需要整个网络的状态。它们甚至可以直接在 OpenFlow 交换机上实现。本地控制器处理本地应用程序中的频繁事件，并将根控制器从这些频繁事件中屏蔽。

Kandoo 完全与 OpenFlow 兼容，在交换机上不引入任何新的数据平面功能，并能支持 OpenFlow。其次，Kandoo 自动分配控制应用程序而无须任何人工干预。也就是说，Kandoo 应用不需要知道在网络中是如何部署的，应用开发者可以假定他们的应用是运行在根 OpenFlow 控制器上的。Kandoo 唯一额外需要的信息是控制应用是否是本地应用。

图 3 - 6 是一个简单的 Kandoo 设计，能够用来重路由大象流。在该例中，有两个控制应用：App detect 是本地应用，App reroute 不是本地应用。App detect 持续地检测交换机是否有大象流，一旦发现大象流，就通知 App reroute，App reroute 更新交换机的流表。

如图 3 - 7 所示，Kandoo 有其核心的控制器组件。这个组件和通用的 Open-Flow 控制器相同，但它具有 Kandoo 特定扩展名识别的应用需求，隐藏底层分布式应用模型的复杂性，并在网络上传播事件。

Kandoo 控制的网络有多个本地控制器和一个逻辑上集中的根控制器，这些

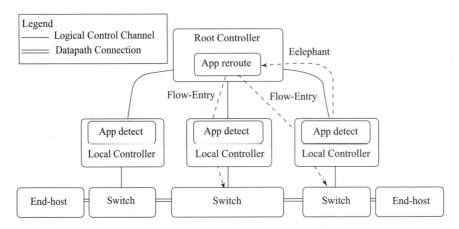

图 3-6　**Kandoo** 的一个简单设计实例

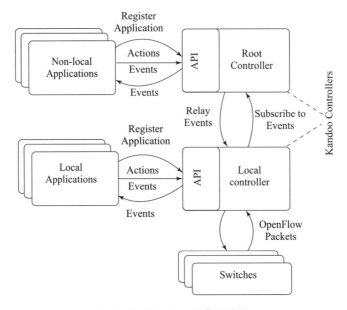

图 3-7　**Kandoo** 的高层结构

控制器共同构成 Kandoo 的分布式控制平面。每个交换机仅由一个控制器控制，一个控制器可以控制多个交换机。如果根控制器需要在本地控制器的交换机上安装自己的流表项，它将请求委托给相应的本地控制器。

　　控制器应用是通用的 OpenFlow 应用，可以发送消息和监听 OpenFlow 的事件。此外，还可以发出 Kandoo 事件（内部事件），然后被其他应用程序使用，它们可以回复给发出的事件中的应用。控制应用程序加载在局部名字空间，可以只使用 Kandoo 事件通信。

在图 3-6 所示的例子中，Eelephant 是携带检测大流量信息的事件，由 App detect 应用发出。本地控制器只运行本地应用程序。在例子中，App reroute 不是本地的，因为它可能在网络中的任何交换机上安装自己的流表。因此，根控制器是唯一的控制器，能够运行 App reroute。相反，App detect 是局部的。

根控制器能够使用简单的消息通道订阅本地控制器的特定应用。一旦本地控制器接收和处理了一个事件，它可以把该事件中继到根控制器进行进一步的处理。在 Kandoo 控制器之间的通信是基于事件的和异步的。

在例子中，根控制器订阅本地控制器的 Eelephant 事件，因为它运行了 App reroute 来监听 Eelephant 事件。如果根控制器不订阅 Eelephant 事件，则本地控制器不会转发 Eelephant 事件。

Kandoo 是用 C、C++ 和 Python 混合实现的，低内存占用，支持动态加载的插件。Kandoo 还提供了一个 RPC API 更一般的集成方案。此外，Kandoo 是模块化的，任何组件或后端都可以轻易更换，这简化了 Kandoo 到交换机上的移植。

3.3.1.2　非法接入访问

非法接入访问解决方法是针对不同的用户角色给予不同程度的用户特权，这种方法被称为基于用户角色的接入控制（RBAC）。需要严格限制 SDN 控制器的接入访问，采用 RBAC 策略对用户设置特定的访问权限，明确指明哪些用户可以访问控制器及如何访问，并进行严格的身份认证，防止未授权访问。Web 服务器一般会设置代理服务器来处理大量的用户请求和应答，一方面缓解了服务器工作负荷，另一方面也相当于多设置了一道"网关"。对于 SDN 控制器，可在北向通道上设置代理控制器来代替控制器完成某些交互操作，从而避免第三方应用程序或用户从外界直接接入控制器。由于代理本身不需要处理复杂的业务逻辑，所以被攻击的概率几乎为零。攻击者可以通过网络监听、网络蠕虫、注入恶意程序等方式窃取网络管理员的账号和密码，伪造合法身份登录服务器。同样，在 SDN 中也可以使用相同的方式窃取 SDN 网络管理员身份登录控制器，并进行非法操作。所以，在管理员远程登录控制器时，需要进行严格的身份认证，采用更加有效的反监听手段防止登录信息遭到非法窃取。由于控制器与底层设备通过 Open-

Flow 通道相连，为防止有非法设备私自接入网络，与控制器建立连接，需要定期对与控制器相连的网络设备进行登记，实时更新设备列表，当新的网络设备欲与控制器建立连接时，需进行严格审查，同时，实时检测所有连接设备是否出现反常行为，当某个设备的反常行为达到一定程度时，自动将其隔离。

3.3.2 针对接口协议的安全威胁应对方法

3.3.2.1 控制层与数据层之间的接口协议

控制器与交换机之间会通过交换证书进行相互认证，攻击者可以利用 SSL/TLS 的安全漏洞从通道中窃取证书进行伪造，再与控制器认证建立连接，通过与控制器交互，攻击者可以获取所需的所有信息。另外，OpenFlow 协议本身存在漏洞，形成安全隐患。例如，OpenFlow 协议要求在建立连接的过程中，连接双方必须先发送 OFPT_HELLO 消息给对方，若连接失败，则会发送 OFPT_ERROR 消息，那么攻击者可以通过中途拦截 OFPT_HELLO 消息或者伪造 OFPT_ERROR 消息来阻止连接正常建立。OpenFlow 协议要求行为列表中的 11 种类型行为不能出现重复，但底层交换机在执行时，只检查 Packet – out 消息中的行为列表，而不检查控制器下发的 Apply – Actions 行为列表，那么攻击者可以利用这一漏洞随意额外标记数据包，在 Apply – Actions 行为列表中增加某些重复行为，从而达到恶意目的，并且该行为对上层来说是完全透明的。例如，额外增加 output 行为，旁路出另外一条流，达到窃听的目的，或者恶意增加 decrement TTL 行为，使数据包在网络中因 TTL 耗尽而被丢弃。同时，如果 OpenFlow 连接在中途中断，交换机会尝试与其余备用控制器建立连接，如果也无法建立连接，则交换机会进入紧急模式，正常流表会从流表中删除，所有数据包将按照紧急模式流表项转发，正常的数据转发完全失效，底层网络瘫痪。可以通过基于可靠性感知的控制器部署及流量控制路由，提高 OpenFlow 连接的可靠性，并尽可能实现连接失效后快速恢复。

交换机的网络可以用图 G = (V,E) 表示，其中，V 代表网络中的节点（交换机），E 代表节点之间的边。给定一个控制器的位置，不同的路由机制可以形成不同的路由数。图 3 – 8 显示了交换机网络和控制器路由树。在图 3 – 8 中，虚线表示网络中所有的链路。实线表示被路由器使用的路由树。每个节点都可以通过在控制器路由树中的路径上发送其控制流量达到控制器。

在控制器路由树 T 中，如果有一个路径从节点 V 通过节点 U 到达控制器，那么节点 U 是一个节点 V 的上游节点。如果有一个路径从节点 U 通过节点 V 到达控制器，那么节点 U 被称为节点 V 的一个下游节点。在图 3 - 8 所示的网络，节点 S2 是 S5 和 S6 的上游节点，这两个节点是 S2 的下游节点。在控制器路由树中，一个节点的父节点是它的直接上游节点；一个节点的子节点是它的直接下游节点。

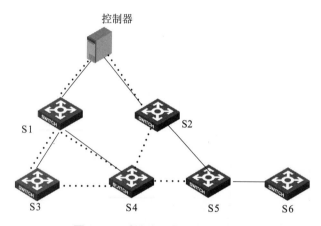

图 3 - 8　对链路和节点失败的保护

网络中被保护交换机是指其直接上游交换机和它的出口链路出现故障的情况下，可以使用一个备份出口链路传输到控制器。一个受保护的交换机一旦检测到其出口链路或者立即上游节点故障，可以立即改变其到控制器的路由，使用备份链路重新连接到控制器。控制流量的重新路由对其他交换机的连接没有任何影响。

如果没有备用链路，则在主路径到控制器出现故障的情况下，开关和控制器之间的连接将被中断。图 3 - 8 所示的示例网络中，交换机 S5 是一个被保护的交换机，如果链路（S5、S2）或交换机 S2 失败，S5 可以使用备份链路（S5、S4）。备份链路保证了控制流量不会通过 S2 或者链路（S5、S2）。图中的 S3 交换机是不受保护的链路（S3、S4），因为没有一个可以接收的备份链路，如果 S1 失败，S3 通过链路（S3、S4）发送控制流量，将最终通过 S1。

在网络中，节点的保护取决于主路径的选择和控制器位置的选择。需要设置最优的控制器位置，最小化网络中断导致的损坏。网络中控制器的位置对网络的弹性有很大的影响。图3－9显示了网络拓扑实例。该网络有10个节点和13个边。考虑两个位置部署控制器：节点2和节点3（显示在矩形框）。对于每个控制器的位置，计算一个最短路径树，连接到所有其他节点的控制器。树的主要路径显示为粗的实线。对于每一个交换机，计算其备份路径。没有保护的节点显示在圈内。在这个例子中，可以观察到，上面的情况下是简单的控制器选择，因为只有两个节点是不受保护的。

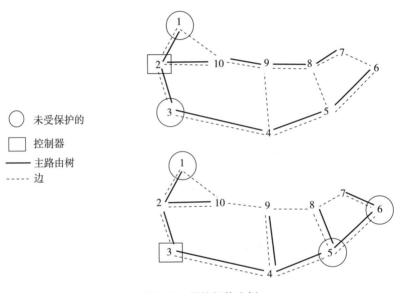

图3－9　网络拓扑实例

网络中的每个交换机赋予不同的权重。如果一个交换机断开控制器，所有的下游交换机也将断开，即使这些下游交换机保护。在评估网络的弹性时，更多的权重应该分配给节点的下游节点。一个路由树的权重是所有未受保护的节点的权重的总和，将使用这个权重来衡量的网络弹性。对于一个给定的路由树 T，它的权重应该被最小化，以最大限度地提高网络的弹性。

考虑网络中的交换机，Parent（X）表示交换机 X 的直接上游交换机，并让 Downstream（X）表示交换机 X 的所有下游交换机。例如交换机 A 是受保护的，当且仅当网络中存在交换机 B 时，①交换机 B 不在 Downstream（Parent（A）），

②存在 A 和 B 之间的连接，并且不是控制器路由树的一部分。如果上述条件保持，那么在失败的情况下，交换机 A 可以使用备份链路（A，B）重新连接到控制器。下面的算法是寻找网络中控制器最佳位置的两种算法，算法 1 是优化布局算法，算法 2 是贪婪布局算法。

算法 1：优化布局算法

为了找到最佳的控制器位置，通过搜索控制器所有可能的地点，并选择一个最大的网络弹性。该算法的输入是网络拓扑图 G = (V,E) 与 |V| = N，输出是控制器的位置。

控制器放置最优算法过程：

```
for v ∈ V do
    T = 控制器路由树根 v
    for u ≠ v do
        W = 0
        if u 没有被保护 then
            w = u 的 downstream 节点数，u ∈ T
        End if
        Γ(T)=Γ(T) + W
    End for
    控制器位置 = 节点 v 具有最小 Γ(T)
End for
```

算法 2：贪婪布局算法

如果网络的规模很大，那么彻底地搜索所有的位置基本上是不现实的。在算法 2 中，引入了一个启发式的方法来找到一个位置。在该算法中，一个节点 V 的度，即它的邻居的数量，用 D(V) 表示。该算法首先把网络中的节点按度降序排列，选择有序列表中的第一个节点 V(1) 作为开始节点。该算法的输出是具有最大数量的受保护邻居节点的节点。在算法的第 i 次迭代中，计算出 V(i) 的保护邻居的数量。假如该节点的保护邻居的数量比以前的搜索节点多，那么控制器的位置将被更新。当它发现节点的受保护的邻居的最大数量时，该算法停止，该节点作为控制器的位置。在这个算法中，选择的度量是保护邻居的最大数量。正如所解释的，节点更接近控制器的权重比那些远离控制器的节点大，因为如果它们连接的网络被中断，那么它们所有的下游节点将受到影响并断开连接。

控制器放置贪婪算法过程：

```
在 V 中搜索节点 v,满足 D(v(1))≥D(v(2))≥D(v(n))
v(1)设置为控制器位置
for i=1 to n do
    A=节点 v(i)邻居节点集合
    D'(v(i))=A 中成员所连接其他成员数量,直接连接或除控制器外的
一条连接
    If D'(v(i))>D'(控制器位置)
        控制器位置设置为 v(i)
    End if
    If D'(v(i))==D(v(i))then
        Break;
    End if
End for
```

3.3.2.2　应用层与控制层协议之间的接口协议

用户数据向第三方开放，会带来用户隐私的保护问题。北向通道向上层提供接口时，需要设置数据保留，防止第三方访问核心数据。总之，控制层对上层相对更加开放，北向通道在控制器与应用之间所建立的信赖连接关系也更加脆弱，对攻击者来说，攻击门槛更低。攻击者可以直接攻击北向通道 API，也可以通过恶意应用与 API 之间的不吻合来间接破坏。

目前北向接口还未标准化，不同类型的控制器提供不同的 API，不但限制了应用的可移植性与扩展性，而且也给攻击者提供了攻击契机。攻击者可以利用不同类型 API 的漏洞分别进行攻击，各个击破，也可以交叉攻击，造成其他类型的控制器失效。并且不统一的 API 导致不能同时部署多种不同类型的冗余控制器，而恰恰控制器多样性能够很好地提高系统鲁棒性。北向接口标准化问题一直是

SDN 技术领域讨论的热点，虽然从 SDN 技术安全性方面来考虑标准化，会很好地改善其安全性能，但是预测短时间内将不会实现标准化。

3.3.3　应用安全威胁应对方法

3.3.3.1　应用审计认证

当有新应用欲接入 SDN 时，SDN 需要对应用进行严格审计认证，防止恶意应用在网络上运行。但 SDN 技术的开放性导致应用形式包罗万象，而目前传统网络中很多应用审计模型都只是针对某个具体的应用，不具备灵活性和普适性。目前还没有针对 SDN 的有效应用审计模型，几乎都存在或多或少的缺陷。有文献提出了 XSP 框架，通过认证和授权，允许应用对 SDN 的资源动态进行配置，以满足需要，并且允许应用自身设定数据传输路径，以及跨 SDN 之间的数据交互。但这种认证并不健全，如果恶意应用获得授权，那么安全威胁将会蔓延到相邻 SDN 中。SDN 急需建立可靠、有效的应用审计框架。

3.3.3.2　恶意代码检测

针对传统网络中的 Web 应用，已开发出很多有效的检验方法与工具进行恶意代码检测，利用静态分析和运行期保护方法来保护 Web 应用。也可以采用数据挖掘方法检测应用中的恶意代码。但传统的应用检测方式的前提是能够获得应用源代码，而 SDN 中第三方开发的应用很多都不是开源的，无法得到应用代码，所以直接检测与分析变得几乎不可能。另外，即使能够获得应用源代码进行检测分析，但随着开发技术的提高，攻击者已经可以将恶意代码隐藏起来，逃过审计与检测。恶意应用在初期像正常应用一样工作，在某一时刻被触发，调用恶意代码，对网络进行破坏。该攻击方式隐蔽性强、不可控、网络危害性大，目前还没有找到有效的方法来解决。

3.3.4　策略冲突应对方法

1. 策略冲突

当 SDN 中有多个策略在同时执行或更新时，控制器需要对各个策略进行协调，避免发生策略冲突。有文献提出了一种可以整合到 NOX 控制器中的模块 FLOVER，用来检测系统在 OpenFlow 网络中运行的动态流策略，不会违反既定的网络安全策略,避免安全策略与应用策略冲突。同时,有文献也提出了一种控制器扩展软件FortNOX。作为FRESCO安全应用框架的安全执行核心(SEK)嵌入NOX控制器中,能够监测并协调潜在的流规则冲突,提供基于角色认证和安全约束执行策略,允许NOX控制器采取一种稳定的冲突分析策略实时监测流规则冲突,杜绝恶意应用、想要插入恶意流规则"陷害"正常应用的安全规则等类现象。

FLOVER通过验证插入交换机流表中的流规则状态和当前网络中的安全策略保持一致来解决冲突问题。网络安全策略,即non – bypass安全属性,直观地说,一个non – bypass安全属性通常是在网络中的流拒绝和允许规则,它静态定义限制或者使能网络的数据流。通过匹配一组条件,一个non – bypass属性指定某个包/流是否应该被丢弃或转发到目的地。

图3 – 10是一个简单的流表规则集示例。每一个流表规则集包括定义的字段和一组行动的条件。讨论了两个类型的OF流规则上的non – bypass策略冲突。第一种类型的冲突叫覆盖冲突。图3 – 10中存在下面的non – bypass策略:每一个从源IP 192.168.5.×、192.168.6.×到目的IP 192.168.6.×的数据包必须丢弃。然而由于流表中的第3项,OF交换机会转发源和目的地址中有192.168.6.×的数据包。最终满足给定的non – bypass属性的数据包和属性的动作不一致。第二种冲突是修改冲突,是由于流表中的set命令导致的。在这个例子中,定义了一个non – bypass属性,每个数据包从源IP地址192.168.5. ×到目的地IP地址192.168.6. ×必须被丢弃。然而,对于基于隧道方式的数据包,可通过一系列的一

			条件		
流表	域1 源IP	域2 源端口	域3 目的IP	域4 目的端口	动作集
1	192.168.5.×	[0.19]	192.168.6.×	[0.19]	{丢弃}
1	192.168.5.×	[0.19]	192.168.7.× 192.168.8.×	[0.19]	{(SET 域1 192.168.10.×),(goto 2)} {(转发)}
1	192.168.6.×	[0.19]	192.168.6.× 192.168.8.×	[0.19]	
2	192.168.10.× 192.168.12.×	[0.19]	192.168.0.×	[0.19]	{(SET 域3 192.168.6.×),(转发)}

图3 – 10 覆盖和修改冲突的 OpenFlow 规则集示例

个或多个中间接收器，例如源 IP 地址 192.168.5. × 的数据包传输到目的 IP 地址
192.168.6. × 。例如，对于发送一个恶意的报文 P，源地址和目标地址分别是
192.168.5. × 和 192.168.7. × ., 那么，根据表的规则，最后报文源地址和目标地址
被修改为 192.168.10. × 和 192.168.6. × 的报文 P′。报文 P′源于地址 192.168.5. × ，
最后到达地址 192.168.6. × ，这种冲突就是修改冲突。

FLOVER 是作为控制器上的应用程序来实现的。每当控制器给交换机创建新
的流规则时，FLOVER 与最新的流规则集验证 non – bypass 属性。具体而言，如
果 FLOVER 从一个交换机接收到流规则的要求，首先创建一个更新或增加流规
则，然后和 non – bypass 属性验证规则集。

FLOVER 由流表编码器和编码求解程序组成，如图 3 – 11 所示。首先，
FLOVER 编码流规则集，non – bypass 属性为编码求解。编码求解程序验证 non –
byass 属性是否保存在编码模型中。只要控制器验证它控制下的每个流更新，就
可以防止网络冲突 non – bypass 属性。FLOVBR 支持两种执行模式：在线模式和
批处理模式。

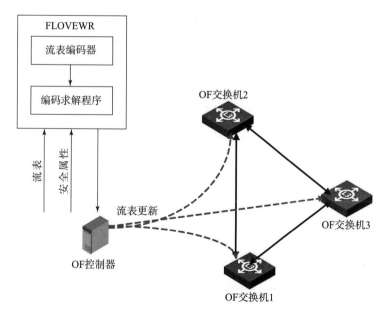

图 3 – 11 FLOVER 概述

一个 non – bypass 属性确定了给定的流规则集内的一个特征。non – bypass 安

全属性是一种包含条件和动作的逻辑。non－bypass 安全属性的条件部分是流规则集字段的布尔表达式的集合。为了表示流表中的覆盖和修改冲突，FLOVER 分别使用两种形式的 non－bypass 属性。

在图 3-11 所示的流规则集的一个实例中，每个流条目（规则）都有一个流表号。每个流规则都有字段的条件和一组动作。设定每个流规则的动作包含转发 forward、丢弃 drop 或跳转到其他表项 goto。用于流规则的操作集可以有多个设置命令，该命令改变了对流输入的条件的数据包的匹配条件。

为了测试覆盖冲突，FLAVOR 检查给定的 non－bypass 属性是否满足流规则集。也就是说，对于所有的数据包，其最终的行动是转发 forward 或者丢弃 drop，一个给定的非旁路属性的行动必须是一致的，对应于每一个满足 non－bypass 属性的数据包，其最终动作必须和 non－bypass 属性的条件一致。否则，存在至少一个数据包，其最终动作与 non－bypass 属性不相同，但满足安全性条件。为了找到修改冲突，FLAVOR 不仅考虑最终的动作，还考虑包 P′ 在整个域的状态。要找到这样的修改冲突，选择源 IP 和源端口作为字段来检查初始状态，其余字段用于检查数据包的最终状态。代码求解程序的目标是找到一个反例：①最后的动作与安全性行为不一致；②初始分组状态匹配 non－bypass 属性的源 IP、源端口字段；③最后的分组状态匹配 non－bypass 其余字段的条件。

策略对应的流表项下发后，可能出现与某个数据包匹配的流表项有多个，并且处理行为不一致，在流表项内部出现冲突。这个问题可以利用分层策略来解决。分层流表采用树形结构，策略树的每个节点可以独立决定对每个包的处理行为，当有冲突时，根据用户定义的冲突解决运算符来解决冲突。

2. 策略更新

SDN 控制器将策略转变成流表项后，需要下发才能执行。在下发过程中，可能会由于交换机完成流表部署时延不一致而导致逻辑不一致等问题，例如某条流规则从控制器向交换机 A 和 B 下发时，由于时延的不一致，流先于规则到达交换机 B，交换机 B 由于没有收到相应的流规则，会再次上报控制器，这样有可能造成两次流规则逻辑控制的不一致性。针对这种情况，可以采用两阶段更新策略，在网络中，每条流要么执行新的流规则，要么执行旧的流规则，不能混合执行。这其中包括静态更新和单触更新，静态更新首先部署新的网络配置，同时保留旧的网络配置,新旧配置采用不同的标记;静态更新完成后,单触更新则将所有的输入流打上新配置的标记,随后所有流将按照新配置执行。两阶段更新策略利用了 OpenFlow 网络的标记更新功能,采用平行配置的思路,相当于将流和控制逻辑整体无缝迁移到新的控制平面上,从而保证了逻辑控制一致性,避免网络出现控制空窗期。

当 SDN 进行更新配置时,过渡阶段很容易导致网络不稳定、连接失效、转发路径成环或者接入控制失效等问题。可以利用 SDN 技术建立一般性的、可重用的网络更新抽象,分析网络策略中不变的语义特征,保证网络运行的一致性,避免暂时性失效。也可以利用在规则集转换期间将处理方式不同的数据包临时转发给控制器,从而保持包一致性和流一致性,同时节省了交换机资源,主要是交换机的规则存储资源。但该方法会占用大量的控制器带宽,可以考虑设置代理服务器或者指定个别交换机作为临时转发节点。另外,还需要保证在更新配置前后全网不变性。全网不变性主要是指网络保持可达性(如网络不会出现黑洞或路由环路等)。

■ 3.4 软件定义网络的安全方案设计

3.4.1 概述

SDN 技术具有很多传统网络所不具备的优势,如全局视图、多粒度网络控制等,这些优势给网络安全问题的改善带来了新的机遇。SDN 技术通过软件定义而非硬件决定流量的走向,克服了传统流量管理技术的不足,为网络管理人员的流量管控提供了更大的灵活性,更有助于节能、增效,提高系统安全性和可靠性。与传统的流量安全管理技术相比,SDN 技术使得流量安全策略的实施更加简易,更利于网络管理人员进行实时监测与部署。传统的接入网配置复杂,要求高,需要复杂的接入控制,而基于 SDN 技术的接入控制,部署简单,管理方便。SDN 技术对防火墙的设计也带来了新的机遇。相比于传统防火墙,SDN 防火墙不是直接部署在被保护网络的边界,而是通过控制层的中央控制器这一软件管控形式将策略下发到转发层的设备上,因此,防火墙的升级、修改、配置等无须在转发层中处于安全状态的硬件设备上逐一进行，这种网络运行机制加快了防火墙开发和部署。本节主要介绍一些基于 SDN 架构的新型的网络架构，包括基于 SDN 架构的 DDoS 攻击检测方法、软件定义网络防火墙设计，以及软件定义接入网安全方案设计等。

3.4.2　基于 SDN 架构的 DDoS 攻击检测方法

分布式拒绝服务（Distributed Denial of Service，DDoS）攻击是当前互联网面临的主要威胁之一。DDoS 攻击发起者首先利用互联网用户的漏洞，收集大量的傀儡机，然后协同调度这些傀儡机，同时伪造数据，发送非法请求，导致目标主机瘫痪。DDoS 攻击主要分为两种类型：带宽消耗型和资源消耗型，带宽消耗型攻击通过发送大量无用的数据包给受害主机或网络，占用网络带宽，从而使正常请求流量不可达；资源消耗型攻击通过消耗目标主机的资源，比如 CPU、内存、硬盘等，使目标主机无法回应正常用户的请求。

现有 DDoS 攻击检测方法主要针对传统网络架构，软件定义网络（Software Defined Networks，SDN）作为一种当前出现的新型网络架构，将网络的数据转发层面与网络控制层面相分离，网络数据层面由通用的硬件来实现，而网络的控制层面由独立的软件来实现。OpenFlow 技术作为 SDN 架构的一种实现方式被应用在很多方面，如负载均衡、流量管理、路由等。OpenFlow 技术主要是基于流进行数据转发的，目前已有少量基于流的攻击检测方法。Cheng 等人提出了基于 IP 流交互的 DDoS 攻击检测方法，该方法使用网络交互特征算法构建一个基于时间序列的 DDoS 攻击检测模型，能降低背景流干扰，具有更低的误报率和漏报率，但是该方法只使用了网络流的交互特征，判定的全面性不够。下面介绍一种 SDN 环境下的 DDOS 攻击检测方法，基于优化 KNN 算法来处理 SDN 流量的关键特征，以判别流量是否正常。

本攻击检测方法包括 3 个模块，分别为流表收集模块、流特征提取模块、KNN 分类器模块，如图 3－12 所示。流表收集模块定期向 OpenFlow 交换机发送流表请求，交换机回复的流表信息通过加密信道传送给流表收集节点。流特征提取模块负责接收流表收集模块收集的流表，提取出与 DDoS 相关的 5 个特征组成五元组，每个五元组都以收集到此数据的交换机 ID 作为标识，从而可以监测哪个交换机发现了 DDoS 攻击。KNN 分类器模块负责将收集到的五元组进行分类，以区分该段时间内流量是 DDos 攻击流量还是正常流量。

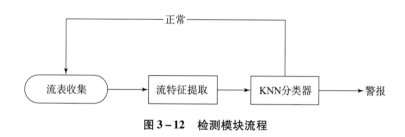

图 3 – 12　检测模块流程

1. 流表收集模块

流表收集模块主要通过 OpenFlow 协议来实现流表的收集，交换机回复控制器定期发送 OFP – now – stats – request 报文，获得的流表将作为流特征提取的输入，获取流表的时间间隔必须适中，因为间隔时间太长会导致在发现 DDoS 攻击前网络就已瘫痪，而时间间隔太短则会使控制器过载。设置流表周期获取时间为 5 s，其与 NO_x 控制器设置的近期未命中流删除时间保持一致。

2. 流特征选取模块

流特征选取模块选取 5 个参数：MPf、MBf、PCf、PGS、SGS，具体为：

（1）流包数中位值（Median of Packets per now，MPf）

取流量表中每个流的数据包数作为样本，取样本中包数作为特征向量第一维参数。

（2）流字节数中位值（Median of Bytes per now，MBf）

取流量表中每个流的字节数作为样本，取样本中位数作为特征向量的第二维参数。

（3）对流比（Percentage of Correlative now，PCf）

网络流量中正常流量具有交互性，这是因为正常流的目的是获取或者提供服务。定义流 X = (srcIP = A, dstIP = B, Pbtocol = C)，流 Y = (srcIP = B, dstIP = A, Pbtocol = C)，称流 X 与 Y 为对流，对流比 PCf 计算方法如下：

$$PCf = 2 \times Pair - now - num / now - num$$

式中，Pair – now – num 是交互流的对数；now – num 是流的总数。

（4）端口增速（Ports Generating Speed，PGS）

网络处在正常情况下时，流量中端口的增加或减少的数目较少，增速稳定在一个区间内，DDoS攻击不仅使用IP欺骗，还会随机生成端口号，所以端口的增速也会显著增大，对应为：

$$PGS = Port - Num/interval$$

（5）源IP增速（Source IP Growing Speed，SGS）

DDoS攻击发生时，攻击者通常使用IP地址欺骗，流的源IP地址是由攻击者随机生成的，目的地址一般是受害主机的IP地址，因此源IP地址的增速会显著增大，因此选择源IP地址的增速作为属性之一，计算方法如下：

$$SGS = srcIP - num/interval$$

式中，srcIP - num为源IP地址的数量；interval为时间间隔。

3. KNN分类器模块

流量识别模块接收流特征提取模块传递过来的五元组，从而识别流量是否正常。使用基于KNN算法的分类方法，KNN算法实现方便，并且支持增量学习。K近邻算法中节点相似度的计算需要使用距离度量进行判定，先对数据进行归一化处理，再使用欧氏距离计算两点之间的距离。而对K值的选择，采用交叉验证的方法来确定，最后选择确定的K值。

3.4.3　软件定义网络防火墙设计

3.4.3.1　基于SDN的防火墙优点

在SDN架构下，防火墙策略的部署与下发也具有其特有的特性：

①弹性化。通过SDN控制器提供的可编程接口，灵活制定具有差异化的防火墙策略，构建一个可灵活应对不同安全需求的防火墙应用。

②高效性。由于处在控制层中的SDN控制器能够全局化实时监控网络基础设施的运行状态，从而能够更加及时而准确地监控和管理防火墙策略运行的状态，及时反馈给管理员，便于管理人员高效管理整个网络环境。

③细粒度。SDN环境中，OpenFlow协议标准化的流表结构扁平化了对数据包在网络中转发的处理层次，使得网络中的数据在OpenFlow协议标准下对数据转发的处理能满足细粒度要求。SDN的防火墙策略不仅能满足传统防火墙访问控

制和隔离的功能，还可以进一步根据 OpenFlow 流表项中的字段和网络资源进行抽象和处理，从而使防火墙在应对事件处理中能有粗粒度到细粒度的选择性空间。

3.4.3.2　基于 SDN 的防火墙架构

基于 OpenFlow 的 SDN 环境下的软件防火墙主要由五大功能模块组成，如图 3–13 所示。

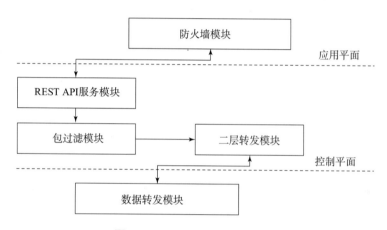

图 3–13　SDN 网络防火墙架构

1. 防火墙模块

该模块相当于应用层的一个应用程序，定期通过控制层获取底层网络运行状态信息。例如，底层交换机接到大量恶意数据包或者网络拓扑中的某些链路失效，实时评估当前网络的安全状态，从而调整对网络状况查询的频率，能及时地采取通过控制器向数据转发层下发相应的包过滤规则等一系列有效措施，为网络提供有效的安全屏障。

2. REST API 服务模块

在控制平面中，REST API 服务模块实际上是完成了与上一层应用层的对接，也就是之前提到的南向接口，而包过滤模块就是通过这一标准化开放的可编程接口完成与上层防火墙模块的交互。该模块中向应用层提供了开放的可编程接的接口，即 REST API 形式，同时也遵循了网络中 HTTP 等相关协议。

3. 包过滤模块

该模块内含一套过滤规则，规则定义了包过滤模块对数据包的具体操作，对接收到的数据完成通过或丢弃决策。包头涵盖多个域，如源 IP 地址、目标 IP 地址、源 MAC 地址、目的 MAC 地址、通信协议号等，包过滤模块中的过滤规则主要是对数据包头中多域的参数值进行匹配。包过滤的过程即在控制平面中通过对接收到数据包进行解析，检查数据包的头部匹配域的参数值，从而决定是否让数据包通过或者直接进行丢弃。

4. 二层转发模块

该模块主要是通过 OpenFlow 协议与数据转发层进行信息的交互，对数据包的控制信息即通过此模块传递到数据转发层。二层转发模块主要是对数据转发层中的网络拓扑或者是流表项等信息定期进行统计，并将所获得的信息传递给控制器，相当于整个网络中的指挥。

5. 数据转发模块

该模块运行在一些支持 OpenFlow 协议的设备（主要指支持 OpenFlow 协议的交换机）上，只是简单地完成对数据包的转发工作。存在于交换机中的流表同样按照 OpenFlow 协议制定，流表项由匹配域、计数器和动作三项组成。数据的转发是对交换机中的流表项进行优先级的匹配，对于匹配成功的数据包，会直接执行流表项中的动作和计数器功能，如转发到交换机的某个端口，并在计数器中记录转发包的数量等。对于没有匹配成功的数据包，将以 PACKET_IN 的形式发送到控制器进行处理。

3.4.4 软件定义接入网安全方案设计

3.4.4.1 接入网安全方案概述

接入网的性能直接影响到整个网络的性能。接入网向高带宽、全业务、易维护的方向发展，给人们带来便捷的同时，也带来了因其网络自身的脆弱性而引发的安全威胁。因此，如何有效地解决接入网中存在的安全问题已成为近年来关注和研究的热点。传统的方法复杂度较大；网络部署和维护成本高。针对传统解决方法的不足，采用入侵防御系统和防火墙相结合的二重安全机制来提高防护效果，同时，利用 SDN 控制器灵活调配网络资源，可以降低防护成本，提高安全设备间的协同性和利用率。

接入网传统安全解决方案主要有加密认证的解决方案和虚拟专用网（Virtual

Private Network，VPN）与网络安全设备（Network Security Equipment，NSE）结合的解决方案。加密认证的解决方案主要是对需要接入网络的用户采用"用户名 + 密码"的方式进行身份认证，只允许通过认证的用户接入网络，并对用户与网络之间所传输的数据进行加密，从而可以使接入网免遭伪装攻击和恶意用户对系统的主动攻击。VPN 与 NSE 结合的解决方案主要是在每个分支网络的进出口部署 NSE 来防护路由和监测网络中的网络行为。在各分支网络的边界处部署 VPN 网关来建立相应的虚拟安全通道，从而实现数据在网络中的安全传输。传统的方案存在的主要问题有：

（1）防护效果不理想

目前，由于一些加密机制已被恶意用户破解，这使得加密认证的防护效果大大降低。防火墙的防御手段采用静态被动方式，从而使其无法灵活应对各种变化的攻击行为。而且传统安全解决方案很难应对恶意用户发起的拒绝服务攻击，特别是其中的分布式拒绝服务攻击。

（2）防护成本高

传统的安全解决方案中，为了保证网络的安全，需要在每个分支网络进出口处部署网络安全设备，从而增加了部署成本。并且随着网络规模的扩大，管理和维护成本也大大增加。

（3）协同性和灵活性差

网络中所部署的安全设备相互独立，无法协同工作。若某个安全设备本身出现故障，则其他安全设备无法及时顶替其工作。当繁忙网络进出口处的安全设备负载过重时，其他空闲网络的安全设备却处于空闲状态，这将造成设备利用率不高和资源的浪费。

3.4.4.2　基于 SDN 的接入网安全解决方案设计

软件定义网络（Software Defined Network，SDN）是一种新型网络架构，是网络虚拟化的一种实现方式。其核心技术 OpenFlow 将网络设备控制面与数据转发面分离开来，并使控制面可编程化，从而实现控制功能的集中化、智能化。针对传统接入网中安全解决方案所存在的防护成本高、安全设备的利用率低和协同性差的问题，结合 SDN 的优点和相关技术，利用现有的安全机制，提出一种新的接入网安全解决方案。

1. 主要设计思想

SDN 将控制功能分离出来，这使将传统网络中各个网络节点的自主式控制管理转变为整个网络的集中式控制管理成为可能。本方案通过使用一个 SDN 控制器来对整个网络进行全局控制管理。控制器通过下发合适的控制指令来合理、灵活地调配网络资源，从而可去除空闲节点处的安全设备部署。

在繁忙的网络节点进出口处，利用防火墙和入侵防御系统相结合的二重安全机制来提高防护效果，同时保留访问时的认证机制和保证数据传输安全的 VPN技术。

2. 总体架构设计

根据设计思想，搭建了基于 SDN 的接入网安全解决方案的总体架构，如图3-14 所示。

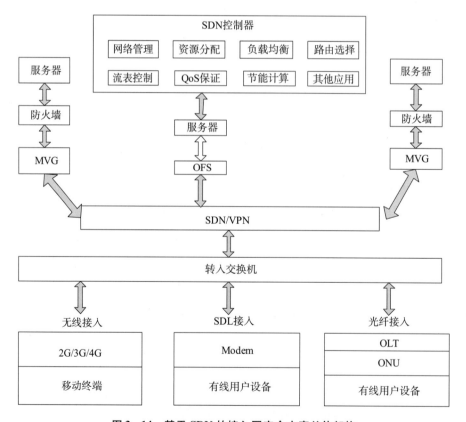

图3-14　基于 SDN 的接入网安全方案总体架构

在该方案中，若用户与服务器之间、服务器与服务器之间互联的公共网络是 Internet，考虑因其特有的开放性而无法保证网络环境安全的特点，采用 VPN 技术建立对应的 VPN 隧道来保证通信数据在 Internet 中的安全传输。若互联的公共网络是 SDN 网络，则不需要使用 VPN 技术，这是因为在 SDN 网络架构中已经使用了虚拟化技术来实现虚拟链路间的隔离。

SDN 控制器是本方案中的重要设备，其主要功能有网络管理、资源分配、负载均衡、路由选择、流表控制、QoS 保证、节能计算及其他应用。网络管理是指对整个网络的集中式控制和管理，资源分配主要指带宽的动态分配，负载均衡是调整各 OFS 的负载载重，路由选择是提供路由选择策略来选择最佳传输路径，流表控制是对流表进行控制管理，QoS 保证指实现网络的质量保证，节能计算是实现接入网中的能源节省。对于无线接入，方案中使用了移动 VPN 网关来保证移动用户安全接入网络。由于 SDN 控制器的灵活调度，只需在繁忙的节点处部署 NSE，这样不仅降低了部署成本，而且便于管理维护。

3. 整体通信流程

如图 3 – 15 所示，在本方案中，当用户想要访问网络服务器中的资源时，首先需要选择一种确定的接入方式并提出访问请求，访问请求经过接入交换机转发后，利用虚拟化技术在公共网络安全传输到资源所在的分支网络，分支网络的 OpenFlow 交换机（OpenFlow Switch，OFS）查询本地流表并进行流表匹配。若流表匹配成功，该访问请求就直接通过对应路由，并经过防火墙和 IPS 安全设备检测无异常后到达服务器，在服务器接收访问请求后，用户便可以访问资源了；若 OFS 的流表中无相应的流表项，OFS 就会将该请求转发给 SDN 服务器。SDN 服务器接收该请求后，查询整个网络中的安全设备部署情况，判断用户将访问的服务器所在的分支网络有无部署安全设备。若部署了安全设备，SDN 控制器就向该分支网络中的 OFS 下发流表项，建立路由；若没有部署安全设备，SDN 控制器就会立即寻找距离该分支网络最近的空闲可用安全设备，并向其安全设备和服务器所在的网络中的 OFS 下发流表项，从而建立路由。访问请求根据所建立的路由先后通过防火墙和 IPS 检测。若检测后发现数据流中存在异常，安全设备将阻止并丢掉此异常数据包，并将此异常上报给 SDN 控制器，SDN 控制器接收该异常报告后，将向对应的 OFS 发送控制指令来删除异常流表项；若数据流无异常，访问请求数据就会到达服务器，在服务器接受该请求后，用户便可以访问相应资源了。

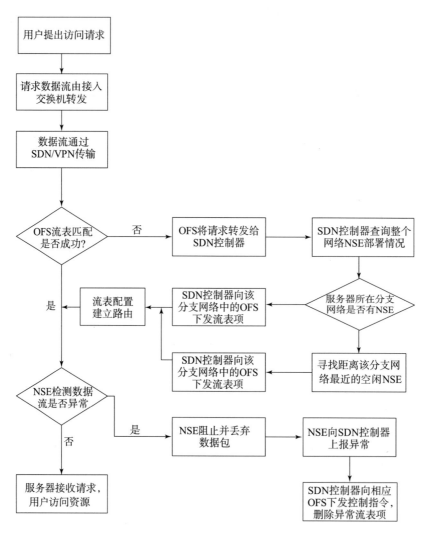

图 3-15　用户访问通信流程图

■ 3.5　本章小结

本章针对软件定义网络安全，分别从控制器的安全威胁、接口协议的安全威胁、网络应用的安全威胁及策略的安全威胁四方面对软件定义网络的潜在安全问题进行了分析，针对每种威胁，阐述了相应的安全应对方法和策略，最后详细介绍了软件定义网络的安全的设计方案，主要包括针对攻击的安全设计、软件定义网络防火墙设计，以及软件定义接入网络安全设计。总之，软件定义网络还存在许多安全问题需要研究解决，随着研究不断深入，商业化进程不断推进，软件定义网络在各个领域的应用会越来越广。

第 4 章

软件定义光网络（SDON）

■ 4.1　软件定义光网络（SDON）概述

随着云计算、移动互联、物联网等宽带应用的发展，以视频为代表的宽带业务及以大型数据中心为代表的数据海量聚合模式大力驱动着光网络的发展。与数据网络不同，光网络自身具有集中化管理和面向连接的交换机制等特点，因此，光网络天然具有部分 SDN 的特征，更易于向 SDN 方向发展演进。软件定义光网络（SDON）是将 SDN 概念和技术应用于光网络，构建面向业务的新一代光网络体系架构。SDON 通过将控制与传送解耦，屏蔽光网络物理技术细节，简化现有光网络复杂和私有的控制管理协议；同时，采用集中控制策略，提高光网络的智能调度和协同控制能力；另外，通过开放网络接口，提供光网络可编程能力，以此来满足未来网络虚拟化、业务灵活快捷提供、网络和业务创新等发展需求。

■ 4.2　SDON 定义

随着网络新业务的不断涌现，各种信息交互量与日俱增，对于传送业务的光网络而言，满足高速、宽带、长距的超大容量传送需求是其追求的永恒主题。但同时由于业务属性的变化，尤其是业务的多样性、动态性和突发性，对光网络的智能性提出了新挑战，如高突发业务要求光网络具备动态适应能力，大规模联网要求光网络具备灵活扩展能力，变带宽提供要求光网络具备弹性调节能力等。为实现智能光网络，业界开展了长期的探索与实践。到目前为止，智能光网络已经历了 3 个重要的发展阶段，实现了从"分布式"控制到"半分布式半集中式"控制，再到"全集中式"控制的演进。

1. 自动交换光网络（ASON）

ASON 首次将光网络分成传送、控制、管理 3 个平面，并通过引入控制平面，采用分布信令/分布路由方式，重点解决连接控制等难题，以满足自动交换的功能需求。2001 年，ITU－T 发布对 ASON 的实施建议，首次提出在光传送网中引入控制平面。同年，IETF 提出 ASON 的一种实现技术，即基于通用多协议标记交换（GMPLS）的 ASON，GMPLS 是将拓扑发现、路径计算、资源分配、连接控制等功能从管理平面剥离出来形成分布式控制平面，利用分布式的智能实现连接的动态建立、删除及快速故障恢复，从而实现网络资源的按需分配。

基于分布式的 ASON/GMPLS 是一种链式结构的控制平面模式，每个光网络传输与交换单元都有各自的控制平面（CP）系统，维护着与其他网络节点的控制信令的互通。然而随着光通信技术的不断发展，需要引入业务感知、损伤分析、层域协同、资源虚拟等新的策略与规则，ASON/GMPLS 控制"胖平面"化趋势十分明显，由此导致网络控制功能越来越复杂，造成各控制平面节点之间的通信量越来越大。另外，随着网络规模的扩大，ASON/GMPLS 在大规模网络的路径计算、异构网络的互联互通等方面存在明显不足，并且 GMPLS 协议过于复杂，在实际应用中的局限性较大。

2. 基于路径计算单元（PCE）光网络

IETF 标准化组织于 2006 年提出了基于 PCE 的网络结构和选路技术，将复杂约束条件下的路径计算和流量工程功能从传统控制平面独立出来，形成集中式路由和分布式信令的"锥形结构"控制平面模式。作为网络中专门负责路径计算的功能实体，PCE 基于已知的网络拓扑结构和约束条件，根据路径计算客户（PCC）的请求计算出最佳路径。采用相对独立的 PCE 专门负责路径计算，有利于增强网络规模及路由机制的可扩展性，同时，减轻大量计算需求对网络设备的强大冲击。但 PCE 功能比较单一，需要与其他技术进行协同应用，不易于市场推广使用。

3. 软件定义光网络（SDON）

2011 年，以 OpenFlow 为代表的软件定义网络（SDN）首次在计算机网络提出，并逐步扩展到光网络中。软件定义光网络的结构和功能可根据用户或运营商需求，利用软件编程的方式进行动态定制，从而实现快速响应请求、高效利用资源、灵活提供服务的目的，从而满足业务多样化、复杂化的需求。软件定义光网络（SDON）是一种将软件定义技术融入光通信网络的新型网络，代表了未来的光网络发展方向，其关键技术涉及软件定义光传输、交换和联网等，其主要特征包括控制面与传送面分离、硬件通用化、协议标准化、光网行为软件可控、光网应用灵活快捷等。

■ 4.3　SDON 主要技术特征

SDON 的技术特征主要体现为基于应用层的开放业务灵活编排、基于控制层的异构互联与多域控制、基于基础设施层的可编程光传输与交换三个方面，这些特征分别对应于 SDON 架构中的应用层、控制层及基础设施层，如图 4-1 所示。

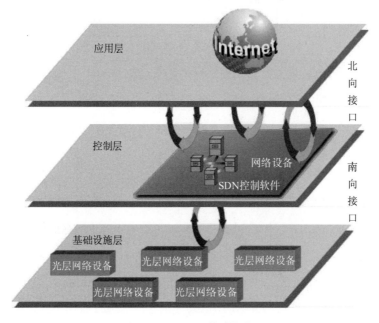

图 4-1　SDON 体系架构

1. 基于应用层的开放业务灵活编排

随着光网络技术的不断发展，网络业务呈现出多样化的趋势。一方面，光网络需要承载语音、上网业务等传统的电信级业务，这些业务占据了大量的光网资源，并且灵活性很差；另一方面，随着数据中心的深入，光网络面对的不再是简单的"客户"到"服务器"（Client to Server）的连接请求，而更多是面向"服务器"到"服务器"（Server to Server）提供连接，这种业务形式需要光网络能够具备多用户并发访问，以及快速的业务服务能力。尤其是网络虚拟化技术的发展，网络操作者能够根据不同用户的需求（如 QoS、时延、带宽等），设计并提供不同的虚拟网络给用户。

在现有网络架构下，当服务提供需要增加新的业务时，运营商需要人工地修改运营支撑系统（OSS）；当业务种类更新换代频繁时，OSS 将成为新业务快速上线的"绊脚石"。因此，光网络急需具备强大的业务编排能力。开放灵活的业务编排是 SDON 的灵魂，SDON 可将网络应用部署与特定的网络环境解耦合，不同的应用程序可通过统一的北向接口（RESTful 接口）实现业务灵活、快速地接入。

2. 基于控制层的异构互联与多域控制

光网络和 IP 网络作为骨干承载网络的两个层面，多年来一直独立发展，二者的联系仅集中在光层为 IP 层提供静态配置的物理链路资源，IP 层看不到光层的网络拓扑和保护能力；光层也无法了解 IP 层的动态业务连接需求。基于 IP 与光的多层异构网络互联一直以来也是通信网络研究的重点。另外，从大规模光组网开始，多域性一直是光网络研究不可避免的研究点，其主要体现在两个方面：一是同一运营商不同地域之间需要网络互联，二是不同运营商之间的网络也可能需要互联。设备接口、网络部署的差异性导致不同运营商之间互联非常困难，特别是跨地域跨运营商的资源调度方面灵活性很差。软件定义光网络能够有效地解决多层多域异构网络之间的互联互通问题。

2014 年，ONF 下设的光传送网络工作组提出面向对象的交互控制接口（Control Virtual Network Interface，CVNI），它可以实现异构多域网络信息抽象化和跨域网络控制集成化，从而在异构与多域网络之间建立具备统一控制能力的新型异构网络体系架构。CVNI 接口可以连接不同设备上的单域控制器和运营商的多域控制器，从而有效地屏蔽底层不同运营商网络对各自设备的控制方式，实现物理资源的统一调配。跨层资源联合调度与优化是 SDON 的关键技术手段，它可通过将不同的网络资源，如带宽、连接状态等进行逻辑抽象，形成有别于物理形态存在的虚拟网络资源，并将这些虚拟资源提供给上层应用。

3. 基于基础设施层的可编程光传输与交换

可编程的光传输与交换设备是 SDON 的核心，是数据平面实现软件控制的保障。随着软件定义光网络的发展，光纤通信系统中的模块与器件性能如今也具备可调谐能力，光收发机的波长、输入/输出功率、调制格式、信号速率、前向纠错码（FEC）类型选择，以及光放大器的增益调整范围等参数，都可以实现在线调节。光网络已经发展成为物理性能可感知、可调节的动态系统，已经实现了光层的智能化控制。此外，灵活栅格技术的出现打破了传统波长通道固定栅格的限制，可以实现"四无"（无色、无向、无栅格、无阻塞）光交换。波长间隔无关的可编程 ROADM 技术在全光交换过程中的应用打破了传统波长通道固定栅格划分，可支持全光汇聚与疏导，为实现速率灵活的光路配置和带宽管理提供了全新思路。

软件编程的光路交换技术满足灵活栅格分配的要求，从而可以提出大容量、多维度、多方向的全光分插复用节点方案，来设计具备方向无关、波长无关、竞争无关和栅格无关等特征的高度可重构节点交换结构，并通过采用高性能的可编程光路选择滤波集成组件等技术，支持不同间隔和码型光信号的可编程传输和交换。2013 年 12 月，ONF 白皮书给出 SDON 的南向接口建议，即控制数据平面接口（Control DataPlane Interface，CDPI），实现了光网络底层传输和交换设备的统一可编程控制。

总的来说，SDON 是对光网络智能化的延伸与增强，代表光网络的控制平面由单纯的交换智能向同时考虑业务智能、传输智能的综合方向发展。为适应这一角色的变革，软件定义光网络需要在业务编排策略、异构网络互联、可编程光传输及交换设备等关键技术上实现突破。

■ 4.4　SDON 分层与功能模型

软件定义光网络将 SDN 概念和技术应用于光网络，是构建面向业务新一代的光网络体系架构，实现了由控制功能与传送功能的紧耦合到控制功能与运营功能的紧耦合、由以连接过程为核心的闭合控制到以组网过程为核心的开放控制的模式转变，代表了光网络技术与应用新的发展方向。目前光网络的 SDN 架构已逐步成熟，CCSA 标准中将 SDON 体系架构分为传送平面、控制器平面、应用平面、管理平面四个平面，四层基本框架和层间接口模型都已形成，如图 4-2 所示。接下来将简单介绍架构下的四个平面及相关接口的功能与协作关系。

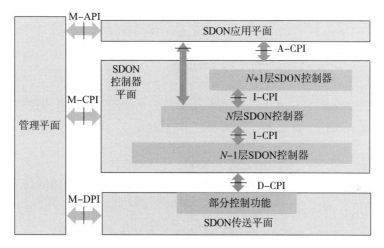

图 4-2　SDON 体系架构

1. 传送平面

传送平面由网元组成，位于 SDON 体系架构的最低层，通过传送控制接口受控制器平面的控制，实现业务的映射、交换、传送、保护和同步等功能。控制器平面可配置传送平面自主完成部分控制功能，如链路自动发现、网络故障下的恢复等。此外，传送层还可通过带内开销方式提供控制通信通道，用于控制器平面控制命令的传送。

2. 控制器平面

控制器平面由 SDON 控制器组成，位于传送平面之上，通过南向接口控制传送平面的转发行为，并通过北向接口向应用平面开放网络能力，是整个体系架构的核心。SDON 控制器是对传送平面资源实施控制的软件实体，主要进行和业务相关的路由计算、资源分配和统一的连接控制，拥有全局的网络视图、转发状态控制、全网的资源信息和利用率信息，可以基于预先设定的负载均衡策略，进行统一的计算和连接命令下发，控制网络的流量和转发。当前的 SDON 控制器主要是基于软件定义网络的控制器进行光层的扩展，主流的开源 SDN 控制器主要有 OpenDaylight、Open Networking Operating System 等。

为实现软件定义光传送网架构的扩展性，SDON 控制器支持控制器之间通过封层迭代方式构成层次化控制架构，由下层控制器控制不同的网络域，并通过更高层次的控制器负责域间协同，实现分层分域的逻辑集中控制架构。各层控制器是客户与服务层关系，各层控制器之间的接口通过控制器层间接口进行交互。这样的分层控制具有较强的大规模网络控制能力和扩展能力，适应未来网络融合的趋势。不同层次的控制器共同构成软件定义光网络控制平面，既负责控制简化的硬件设备，又负责为上层灵活提供带宽资源，两者协同实现跨层资源的优化利用。

3. 应用平面

应用平面位于 SDON 体系架构的最顶层，是软件定义光网络的使用者。由于不同网络设备拓扑和网络能力差异，让应用平面直接控制传送层面是非常复杂的。因此，要求控制器平面对传送平面的网络资源和能力进行抽象，通过标准开放的接口给应用层提供所需的逻辑网络能力和服务，支撑更多创新的业务应用。控制器平面通过应用控制接口，向应用层提供网络资源、管理策略和网络功能信息。应用层通过应用控制接口调用控制器平面功能来使用网络服务。应用平面可包含各种运营商应用和客户应用，根据具体的应用场景提供不同的功能，如光虚拟化网络业务、按需带宽业务、故障分析、流量分析等。

4. 管理平面

SDON 控制器平面采用标准化接口和资源抽象等技术实现了部分原来由管理平面实现的功能，如拓扑收集、连接和业务控制等，但仍需要管理平面执行特定的管理功能。管理平面通过管理接口对传送平面、控制器平面、应用平面和数据通信网络进行管理，实现配置、性能、告警、计费等功能。对于传送平面的管理，管理平面应支持传送设备的初始化设置、传送资源管控范围的分配、传送设备的告警和性能监视等。对于控制器平面的管理，管理平面应支持控制器的初始化配置、控制器控制范围的分配、控制策略配置，以及监视控制器平面的告警和性能等。此外，管理平面可通过控制器平面对控制器中的资源进行管理。对于应用层的管理，应支持对业务应用的配置和状态监视、业务等级协议的配置等。其他管理功能可包括各层面的安全策略配置、软件版本和升级管理、日志管理等。

4.5　传送平面概述

SDON 传送层由网元组成，包括波分复用、光传送网、分组传送网、可重构光分插复用器等多种设备形态。传送网元由传送设备资源、传送设备驱动和网元控制代理三个部分构成。传送设备资源主要负责实现业务映射、交换、传送、保护等原子功能。传送设备驱动负责控制特定的传送资源执行相应的原子功能。控制代理负责对传送设备资源进行抽象，向控制器提供传送设备的资源和状态信息，并负责执行控制器对传送资源的操作指令。本节将着重介绍光交叉连接（Optical Cross - Connect，OXC）、光分插复用器（Optical Add - Drop Multiplexer，OADM）、可重构光分插复用器（Reconfigurable Optical Add - Drop Multiplexer，ROADM）等传送设备，使读者对传送平面技术有一个初步了解，再对硬件协议代理模块进行描述，详细说明控制代理与设备配合，通过 D - CPI 接口与控制器进行通信的流程。

4.6　控制平面概述

SDON 控制平面的主要功能之一是通过南向接口控制传送平面的转发行为。从高度抽象角度来看，控制平面在本地建立了一个数据库，这个数据库除了包含所有网络拓扑资源信息，还应该包含用于创建转发表项的数据集（转发信息库），数据平面可以通过转发表项在光设备的出入端之间转发流量。控制平面和数据平面之间通过一种或者多种路由协议及人工编程两者的结合来实现通信，后面会有相关介绍。控制平面另一个主要功能是通过北向接口向应用平面开放网络能力，也就是将本地数据库展示给网络管理人员，使网络管理人员能够在一个高度可视化的界面看到底层网络的所有信息，而所有涉及网络资源或者业务的操作也都是通过应用平面将数据传送给控制平面，然后进一步通过南向接口传送给传送平面，以达到操作的目的。控制平面与其他平面的逻辑关系如图 4 – 3 所示。

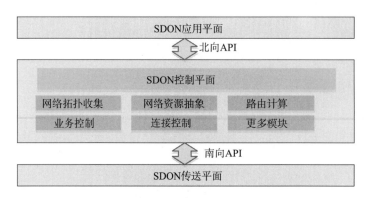

图 4 – 3　控制平面与其他平面的逻辑关系

　　SDON 控制器平面支持在多域、多技术、多层次和多厂商的传送网中实现连接控制、网络虚拟化、网络优化、集中及提供第三方应用的能力。SDON 控制器平面还具有对各层传送网技术的控制能力，包括光层（L0）、电路层（L1）、MPLS – TP 层（L2），实现光层、电路层和 MPLS – TP 层的资源优化。SDON 控制器是对传送平面资源实施控制的软件实体。SDON 控制器可以由分布在不同物理平台上的任意数量的软件模块实现，即分布式控制平面，当采用此类控制器时，需要保证各组件之间信息和状态的同步和一致。本节首先简要分析了控制平面的功能要求，然后着重介绍了控制平面层次化控制结构与多层多域网络控制架构的具体控制方式。相信读者通过本节的学习，对 SDON 控制平面的核心功能及控制平面与另外三个平面的交互关系会有更进一步的了解。

4.7　应用平面概述

　　应用平面包含各种运营商应用和客户应用，位于 SDON 体系架构的最顶层，基于 SDON 控制器北向接口提供的功能使用网络服务，根据具体的应用场景实现不同的功能。应用平面提供的功能可包括光虚拟网、故障分析、资源调度、业务定制、流量监控等。软件定义光网络在其商用化洪流中最直接的表现方式就是应用层的 APP(Application) 软件。北向开放的可编程接口可以支持应用层给运营者或者网络资源用户提供方便、快捷、实用的 APP 软件，随着北向接口的开放程度越来越大，更多的网络运营者开始将关注点放到北向接口技术扩展和应用层创新 APP 的研究，致力于将对光网络的资源控制以应用的形式推广到租户侧。在软件定义光网络应用层的发展过程中，传统的应用层管理系统主要存在业务运营成本高、申请方式复杂、端到端响应慢等问题，而且北向接口复杂多样，与 IT 系统集成困难，导致新应用引入慢，极大地降低了网络资源分配效率，限制了软件定义频谱灵活光网络商用化的发展速度，影响了业务发展和业务竞争力。本节将详细分析两种应用创新 APP 示例。

■ 4.8　SDON 发展前瞻和面临挑战

光网络作为重要信息基础设施，在高速、宽带、长距离超大容量传送等方面的优势得到了充分体现。然而，伴随着业务流量的爆炸式增长，单纯扩容的方式将使光网络难以承受能耗和成本的挑战，因此，人们期望光网络能够长出个"大脑"（图 4-4），从而可以构建一个新型的智能光网络，通过对底层传送能力的智能控管，实现对新业务的高效、快捷支撑。

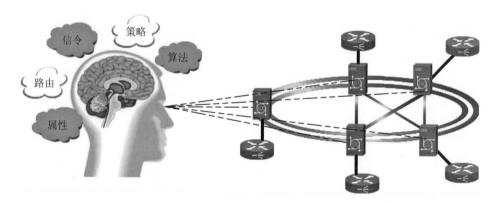

图 4-4　智能光网络控管概念

从以连接过程为核心的闭合控制到以组网过程为核心的开放控制，从由控制功能与传送功能的紧耦合到控制功能与运营功能的紧耦合，这种模式转变是 SDON 的核心思想，代表了光网络技术与应用新的发展方向。而智能光网络从

ASON 到 SDON 的演进，也完成了从标签到控制器、从分布到集中、从整体化到虚拟化的三项改变，从而实现了扩展性、灵活性、开放性的显著提升，使得智能化网络成为可能，这也是光网络发展的必然之路。但是新技术的推广与应用总是伴随着艰辛与困难，下面就 SDON 的发展前景及未来面临的主要技术挑战做一个简要介绍。

4.8.1　SDON 发展前瞻

软件定义光网络技术是满足下一代光传送网络高度智能化需求的重要解决方案，具有广泛的应用前景。本节通过数据中心光互联下的虚拟资源迁移、光层资源的虚拟网络提供及基于时间的弹性服务调度策略三个典型应用案例来说明 SDON 的发展前景。

1. 数据中心光互联下的虚拟资源迁移

数据动态迁移备份是数据中心一种重要的业务应用形式。因为数据中心迁移数据量巨大，需要光网络提供强大的带宽支持，常规的虚拟机迁移主要在应用层实现，缺乏网络资源的统筹考虑，难以实现网络状态实时响应及跨层资源的统筹优化。软件定义光网络通过集中控制器可以实现数据中心应用资源和网络资源的协同处理，实现传送网与数据中心资源的灵活互动，提供数据中心之间大容量虚拟资源的动态迁移解决方案，并有效提高资源迁移过程中数据传输的可靠性。

2. 光层资源的虚拟网络提供

在数据中心网络中，用户需求不仅停留在端到端的连接，还需要一张多点互联的虚拟网络。虚拟光网络业务（VON）利用 SDON 的网络虚拟化能力，为大客户/虚拟运营商提供虚拟光网服务，类似于客户拥有自己的专用光传送网。多个VON 用户可以共享运营商的物理光网络，从而提高网络资源利用率。在给定的虚拟网络中，用户可以完全控制虚拟网络内连接的建立、修改、删除，包括连接路由的选择（如显示路由）和业务的保护恢复等功能。SDON 控制器在此过程中完成了多用户接入及物理网络资源的虚拟化抽象和分配。

2015 年 3 月，在开放网络峰会（ONS2015），由华为技术有限公司和北京邮电大学联合开发的基于 SDON 的光传送网络平台及创新应用展示了虚拟光网资源的按需提供，不同的网络租户向控制器请求网络服务，控制器根据用户的需求将物理网络抽象成多个虚拟网络提供给租户。

3. 基于时间的弹性服务调度策略

在数据中心互联的场景下，大量的业务需要在数据中心之间进行交互。通常这些业务并非具有及时性，而是具有截止时间驱动（Deadline driven service）特性，即信息传递被要求在某一个时间段内完成。在这样的场景下，SDON 可以将时间和带宽资源切片并进行统一调度，大大提升数据中心网络资源的利用效率。图 4-5 显示了基于时间的弹性服务调度应用场景，业务 1、2、3 分别具有不同的带宽需求和时间传输特性，通过调度算法将业务 2 和业务 3 分别推迟 1 h 传输，这样能够有效地减少光网络频谱资源的碎片化。该应用案例在 ONS2015 会议上进行了现场演示。其中，SDON 控制器完成了时间弹性调度算法的运算，并通过南向接口调用底层网络资源，实现业务调整。

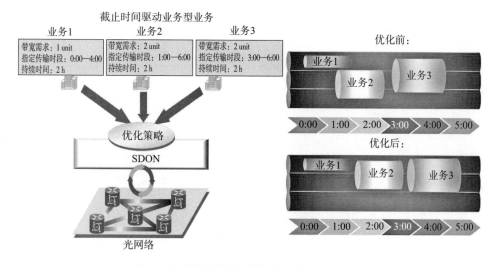

图 4-5　基于时间的弹性服务调度应用场景

4.8.2　SDON 面临挑战

SDON 将软件编程的思想引入光网络业务平面、控制平面和传送平面，使光网络体系架构不仅具备用户业务感知的能力，还具备传输质量感知的能力。基于软件编程控制的思想，可以实现光网络元素（包括业务处理、控管机制、传输设备方面）的软件可编程控制，从而全面提升光网络的灵活扩展能力。SDON 作为一项新技术，目前处在发展的初级阶段，还面临着诸多问题。

①光层与电层属性不同，并且粒度多样，分层多域，异构互联，因此，光层SDN 与数据 SDN 不存在一一对应关系，也无法全部照搬，因此 SDON 要对目前常规数据 SDN 进行扩展，以满足光网络在异构性和复杂性方面的特殊需要。例如，不同传送体制下光层资源的差异化、不同结构下路由计算的限制性及不同层域下连接控制方式的复杂性等。因此，简单地将数据 SDN 思路与技术移植到光网络中难以解决光网络中的异构互联、扩展性、灵活性和平滑升级等关键问题，需要为 SDON 开发出完全适用于光网络的体系和相关协议。

②SDON 光层硬件抽象复杂，不仅需要完成端口的抽象，还需要完成传送、交换等多种类型硬件的抽象及光层带宽资源的提供，技术实现比较困难；而且SDON 控制器作为核心部件之一，如何实现底层器件的可控性与上层应用的开放性，如何实现大规模集中式控管环境下的快捷、准确性，以及自身的安全性和可靠性，都是尚待研究与实现的问题。

■ 4.9　本章小结

本章围绕智能光网络的发展，介绍了 SDON 的出现背景及其定义，并对SDON 主要技术特征及优势进行了简要描述。另外，对其关键使能技术进行了详细分析，最后总结了 SDON 未来发展前瞻和面临的严峻挑战。总体看来，SDON技术在现实当中的应用在很大程度上仍取决于核心部件的支撑，其商业化进程仍尚待时日。除需要攻克的关键技术之外，各厂家设备的壁垒、运营商的管理模式、大规模集中控管带来的风险等都是极具挑战的难题。虽然 SDON 仍存在很多问题需要解决，但其拥有较为健全的理论体系和成长基因，使得这项技术代表了未来智能光网络的发展方向，前景十分广阔。

第 5 章
软件定义卫星网络

■ 5.1 宽带卫星网络基本组成

宽带卫星网络包括一个多波束的覆盖的向前和返回链路，宽带卫星网络地面段通过多个网关与一个专用的骨干网络，并连接到外部网络，如图 5 – 1 所示。宽带卫星网络系统地面段包括一个或多个波束的双向通信链路，即前向链路（Forward Link）和返回链路（Return Link），网络控制中心（NCC）、网络管理中心（NMC）及网关（GW）。前向链路实现基带相关的功能，如 DVB – S2 编码调

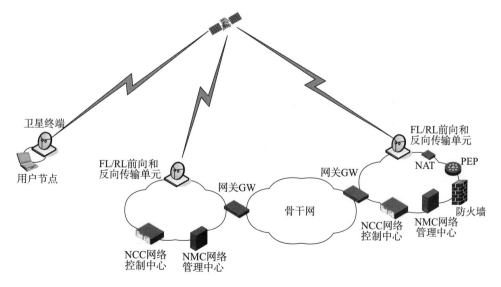

图 5 – 1　宽带卫星网络系统

制及自适应编码和调制（ACM）。网关通常是全功能的 IP 路由器，包括复杂的网络功能和协议功能，例如支持各种路由协议、网络地址转换、访问控制列表（ACL）和防火墙服务、SNMP、QoS 等。NCC 提供控制功能，它完成卫星终端（Satellite Terminal，ST）的前向和返回链接接纳控制与资源控制/配置。NMC 完成所有的管理功能，即网络单元的配置，以及故障、性能和安全管理、审计。性能增强代理（Performance Enhancement Proxy，PEP）旨在提高卫星链路上 TCP 的性能。

5.2 软件定义卫星网络系统架构

5.2.1 软件定义卫星网络系统概述

软件定义卫星网络（Software Defined Satellite Network，SDSN）系统架构采用分层 OpenFlow 架构体系协议，将卫星网络进行分层，各层进行集中化控制。在集中式控制模型中，为每层空间网络配置一个集中式控制器（Centralized Controller，CC），并分别与各自层的每个卫星建立一条 OpenFlow 安全通道（Secure Channel），管理控制该层所有的卫星。这样的架构设计将所有的控制器连接到统一控制中心上，实现多层空间卫星网络的一体化互联与智能管控。由于每个 CC 跟本层的节点卫星进行互联，各层的网络可根据需求灵活设置，避免了各层所有节点跟一个集中式控制器连接带来的组网问题，同时，保持各个层面的相对独立性和强异构性。各层的 CC 掌握本层网络的拓扑和链路信息，统一控制中心掌握多层网络全局信息，在此基础上可以构建卫星间组网负载分担的转发策略和路由算法，实现业务在整个空间网络中的均衡分配及数据流的最佳路由选路。软件定义卫星网络体系架构如图 5-2 所示。

软件定义网络（Software Defined Network，SDN）将网络的控制平面与数据平面分离，使网络设备与资源虚拟化，从而实现底层硬件的可编程化，底层基础架构能够为应用程序和网络服务进行抽象化，完成对资源的按需调配。用户可以通过集中管理器（SDN Controller）配置具有 SDN 功能的交换机和路由器。

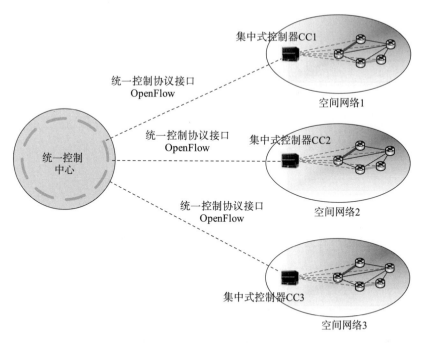

图 5 – 2 软件定义卫星网络体系架构

SDN 使网络具有可编程、可管理和适应性更广的特性，适用于高度可扩展的移动无线网络。OpenFlow 作为 SDN 系统中最常用的通信协议，能够访问、启用和管理 SDN 交换机的转发平面，并根据应用和网络服务的需求进行重新配置。用户可以通过 OpenFlow 控制器远程编程支持 OpenFlow 的交换机中的流表，使得每个流量路径可以从入口节点追溯到出口节点，作为单独的流量路径，这样的方法可以使流量重定向到新的移动锚点，过程中不发生任何 IP 地址转换或修改。软件定义卫星 SDSN 分层架构如图 5 – 3 所示。

图 5 – 3 中的资源层由天基接入网和地基节点网组成，包括 LEO 卫星、地面网关、星间链路、地面网络等通信设施，用户通过资源层接入天地一体化网络之中。SDN 控制器位于架构中的控制层，和虚拟网络管理器进行配合，完成拓扑管理、数据库管理、网络节点信息收集等功能，从而构建一个统一控制中心，对多层卫星网络进行智能管控。

协作层连接控制层和应用层，为 SDN 应用和商业应用提供基础支持功能，

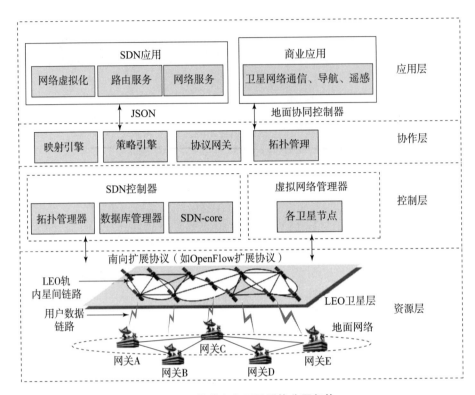

图 5 - 3　软件定义卫星网络分层架构

协作控制层提供天地一体化网络天基骨干网的网络配置、信息同步、灾难备份、抗毁性能等功能。

在该网络模型中，SDN 控制器承担卫星网络中多域控制器的作用，连接多个异构网络，将资源层的设施合理、有序地划分成由单域控制器管理的控制域，使网络组网方式更加灵活有效。多域控制器直连各个单域控制器，在每个时间切片内，单域控制器上报路由流表给多域控制器，由多域控制器进行整理、统计、策略选择、下发流表等操作。

5.2.2　软件定义卫星网络系统架构

软件定义卫星网络（SDSN）系统架构如图 5 - 4 所示，包括下列三部分：

1. 卫星：基础层

在传统的卫星系统中，卫星是最复杂和最昂贵的部件。在 SDSN 中，卫星是

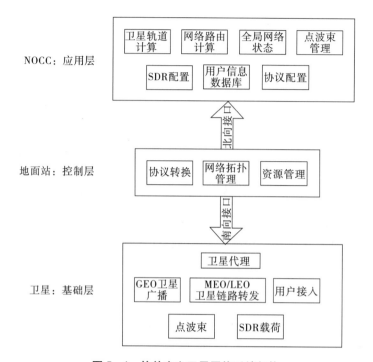

图 5-4　软件定义卫星网络系统架构

最简单的网络设备，它从地面站接收并更新路由表、客户管理策略及硬件配置，实现 NOCC 对卫星网络的部署。同时，卫星发回关于自己和网络 NOCC 的状态信息，构建卫星网络的全局视图。

2. 地面站：控制层

在 SDSN 中，地面站作为 SDN 架构的控制器。地面站主要负责从 NOCC 接收应用配置策略，并将它们转换为可以被低层基础层如卫星所理解。转换基于 OpenFlow 的开放接口。

3. 网络控制中心（NOCC）：应用层

NOCC 实现应用层功能，负责计算卫星网络路由路径等，使用可预测的卫星轨道数据和收集到的网络状态信息，并生成新的软件和硬件配置的策略，如协议的选择、无线电设备配置和点波束配置。SDSN 使用简单和可控快照路由方法，将系统周期划分为多个小的时间段，每一次切片都对应于网络拓扑结构的变化，特别是卫星轨道运动引起的星间链路的中断或重建。在每一个时间片，网络拓扑不变。基于拓扑信息，计算整个网络与现有网络的业务状态信息的路由路径，然后将它们通过地面站上传到卫星。

软件定义卫星网络核心设计包括两个方面，即软件定义卫星网络的交换系统设计与控制器系统设计。

■ 5.3　SDSN 交换系统设计

SDN 卫星网络交换系统设计基于 OpenFlow 交换机原理，OpenFlow 交换系统实现数据层和控制层的分离，其中基于 OpenFlow 的交换机进行数据层的转发，而 OpenFlow 控制器实现网络控制功能。OpenFlow 控制器通过 OpenFlow 协议这个标准接口对 OpenFlow 交换机中的流表进行控制，从而实现对整个网络进行集中控制。

计算机网络中最重要的技术是连接技术，通常用三层交换机模拟局域网之间的通信。通常，带有第三层路由设备的二层交换机构成一个具有三层交换功能的设备。三层交换机结合了传统交换器与路由器，当数据流进入后，相应的路由系统会产生 MAC 和 IP 地址映射表并储存，当后续数据流进入时，可直接根据上次地址表进行传输。

OpenFlow 交换机主要由三部分组成：流表（Flow Table）、安全信道（Secure Channel）和 OpenFlow 协议（OpenFlow Protocol）。每个 OpenFlow 交换机的处理单元由流表构成，而每个流表由许多流表项组成，流表项则代表转发规则。进入交换机的数据包通过查询流表来取得对应的操作。流表查询通过多级流表和流水线模式来获得对应操作。如图 5-5 所示，流表项主要由匹配字段（Match Field）、计数器（Counter）和操作（Instruction）三部分组成。匹配字段的结构包含若干匹配项，涵盖了链路层、网络层和传输层大部分标识。计数器用来对数据流的基本数据进行统计，操作则表明了与该流表项匹配的数据包应该执行的下一步操作。安全通道是连接 OpenFlow 交换机和控制器的接口，控制器通过这个接口，按照 OpenFlow 协议规定的格式来配置和管理 OpenFlow 交换机。

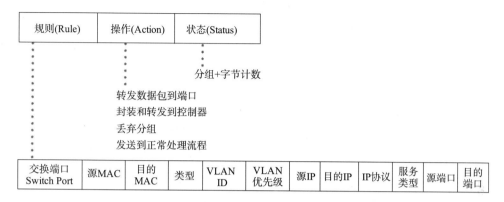

图 5 - 5　**OpenFlow 流表示图**

5.4　SDSN 控制器设计

SDN 网络控制器可以基于 NOX 架构进行设计，在 OpenFlow 网络中，NOX 架构控制器是 OpenFlow 网络中可编程控制的中央执行单元，是 SDN 网络中的控制软件，实现不同的逻辑管控功能。在 OpenFlow 网络中，NOX 是控制中心，Open-Flow 交换机是操作实体，NOX 通过维护网络视图（Network View）来维护整个网络的基本信息，如网络拓扑、网络单元和提供的服务，运行在 NOX 之上的应用程序通过调用网络视图中的全局数据，进而操作 OpenFlow 交换机来对整个网络进行管理和控制。下面是 SDSN 控制器虚拟化基于 FlowVisor 的实现方式。

虚拟化平台基于 FlowVisor 方法实现，FlowVisor 方法实现了多控制器与不同 OpenFlow 交换机的控制共享问题，实现了建立在 OpenFlow 之上的网络虚拟化平台，满足网络虚拟化的可重构功能。FlowVisor 方法在控制器和 OpenFlow 交换机之间实现基于 OpenFlow 的网络虚拟层，它使硬件转发平面被多个逻辑网络切片（slice）共享，每个网络切片拥有不同的转发逻辑策略，如图 5 - 6 所示。在这种切片模式下，多个控制器能够同时管理一台交换机，多个虚拟的业务网络同时运行在同一个真实网络中，网络管理者能够并行地控制网络，而网络正常流量可以运行在独立的切片模式下，从而保证正常流量不受干扰。

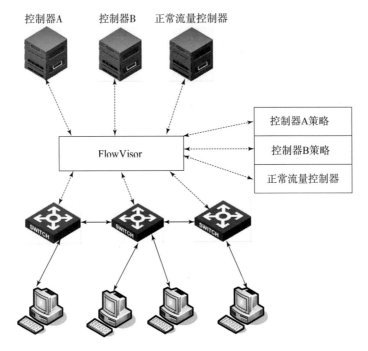

图 5 - 6　基于 FlowVisor 的 OpenFlow 虚拟化示意图

FlowVisor 方法将物理网络分成多个逻辑网络切片，提供了广泛定义规则来管理网络，而不是通过直接管理和调整路由器与交换机，具有为 OpenFlow 交换机和控制器之间提供透明代理功能。

FlowVisor 方法通过抽象层来分割物理网络。FlowVisor 方法使用标准 Open-Flow 指令集来管理 OpenFlow 交换机，进行带宽、CPU 利用率和流量表管理，这些指令包括基于数据包表头中的特征转发数据包等转发规则。所有这些规则都是通过流量表定义的，几乎没有增加开销，设置和修改流量表规则通过单独的带外物理控制器切片进行。FlowVisor 方法的网络切片是由一组文本配置文件来定义的。文本配置文件包含控制各种网络服务的规则，包括允许、只读和拒绝，其范围包括流量的来源 IP 地址、端口号或者数据包表头信息。网络管理员可以动态地重新分配和管理这些切片。切片隔离是 FlowVisor 方法的关键，通过 OpenFlow 协议对交换机 CPU 进行管理，以达到实现网络虚拟化和可重构搭建。FlowVisor 方法定义了下面五种要素：带宽、拓扑结构、流量、设备 CPU、转发表，通过这五种要素的定义达到切片隔离，实现可重构功能。

■ 5.5　软件定义卫星网络系统

软件定义天地一体化网络系统从整体结构可划分为业务平面、控制平面和数据平面三个层次。数据平面由简单的交换设备群构成，其功能设计相对简单，仅完成数据的转发和必要的控制信息处理，由控制平面统一的控制器完成对交换设备群的控制。交换设备不针对某一种数据格式进行设计，采用通用的数据信息提取方式，提升了对不同数据类型的兼容性。控制平面通过在网络操作系统上运行的网络控制器和标准的南向接口对数据平面的交换设备群进行控制，可以通过配置完成交换设备内及交换设备之间的资源划分，形成虚拟的交换设备。

基于 SDN 的低轨卫星网络及星载交换技术为小型终端、大型终端及地面站设备提供高速的网络交换服务，适应不同终端设备完成不同功能，在整体的硬件转发资源上通过软件虚拟的方式划分出一部分资源，以适应不同业务传输的特性需求，相当于形成了一台虚拟的专用交换设备，剩余资源可以再划分为适应其他系统的转发设备。

基于 SDN 的低轨卫星星座网络，与地面网络、高轨卫星通信网络系统组成一个天地一体化综合网络来提供业务服务。网络路由节点由 SDN 核心路由器和边缘路由器组成，其中，空间核心路由器承载于 GEO 卫星骨干网节点上，而空间边缘路由器承载于 LEO 卫星接入网节点上。图 5-7 所示是天地一体化网络系统架构。图 5-8 说明了低轨卫星星座网络与高轨卫星网络及地面网络的连接。其中，边缘路由器是接入路由器，对当前网络环境中的设备进行接入管理和业务类型进行识别，收集网络中的载荷情况，将这些信息上传给 SDN 核心路由器。SDN 核心路由器包括 SDN 控制器模块、SDN 路由交换模块、PCE 路由计算服务模块。SDN 核心路由器实现数据处理功能、学习推理功能、策略选择功能、路由决策功能和策略下发功能。通过边缘路由器收集的网络拓扑等信息传输到核心路由器的控制器模块，再给 PCE 路由计算服务模块，进行分析、推理、学习、路由计算及路由决策，再由 SDN 控制器下发到各边缘路由器，边缘路由器接收来自核心路由器通过 PCE 计算服务下发的策略对不同的业务进行区分，并根据策略库中的内容执行路由智能管理。

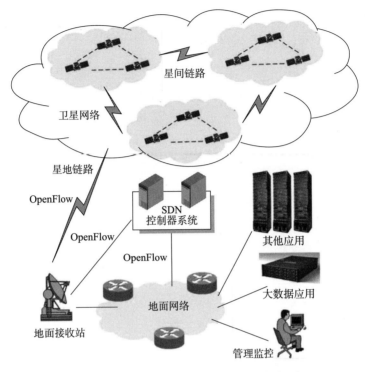

图 5-7　基于 SDN 的天地一体化网络系统架构

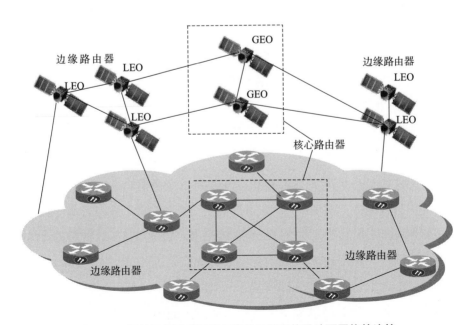

图 5-8　低轨卫星星座网络与高轨卫星网络及地面网络的连接

图 5－9 所示是基于 SDN 架构的网络交换机和网络控制器设计方案。

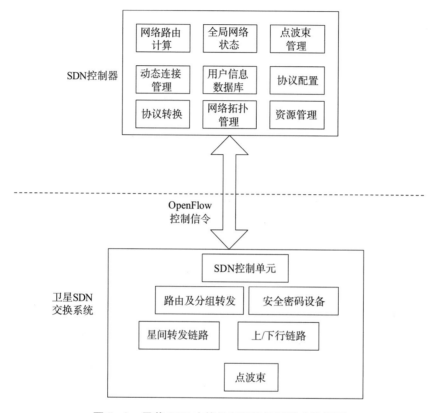

图 5－9　星载 SDN 交换机和网络控制器功能框图

1. 网络交换机实现

网络交换机主要依据控制器制定的转发规则完成网络的转发过程，并收集相关的采集信息。交换机的半物理化主要考虑星上交换机的半物理化。交换机采用模块化的设计方式进行设计，主要分为物理接口单元、队列调度单元、交换单元、信息采集单元、本地用户管理单元等，如图 5－10 所示。

物理接口单元主要完成信号的物理收发。分为若干个接口，对于星上交换机而言，物理接口主要包括星间链路、卫星地面站（或地面基站）链路及与卫星用户链路接口。不同的链路有不同的物理特性，如带宽不同、数据包到达分布特征不同等。为简化设计，交换机采用最高带宽进行设计，能够适应不同链路的速率，并能够与不同的链路进行数据交互。

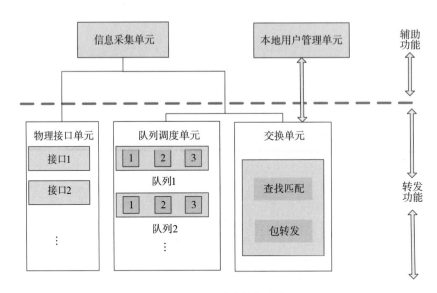

图 5-10　网络交换机功能

队列调度单元是为适应不同流进行转发而设计的。队列设计能够与网络虚拟化相适应，即队列的数量和队列长度不是固定不变的，而是可以根据不同的需要进行配置，能够随时虚拟出所需的队列形式。队列调度的方式也依据可编程的方式进行，对不同队列分配不同的资源。

交换单元是交换机进行转发的执行单元。执行单元首先依据不同的转发规则对网络数据包的转发策略进行匹配，然后执行高速的交叉连接。交换单元内会实现相关的高效率匹配算法，高速确定交换的下一跳目的地，然后依托交叉连接结构对数据包进行交换。

本地用户管理单元是对连接到当前交换机进行管理的单元。由于本书拟采用身份位置分离的设计，用户管理单元能够对用户的身份进行判定，并依据身份为用户分配当前的地址。当用户在相邻节点发生切换时，能够将用户的身份信息转换为用户切换后的地址。

信息采集单元能够收集采集到的信息，如链路的通断信息、队列的排队信息等，并将这些信息反馈至网络的集中控制器。

2. 网络控制器实现

网络控制器主要依据网络的当前状态，进行大数据的分析后，再进行网络行为的决策，并将决策下发至网络交换机。网络控制器为实现灵活的决策，主要采用软件化的方式。控制器配置相关的辅助硬件，主要用于网络采集信息的收集，如图 5-11 所示。

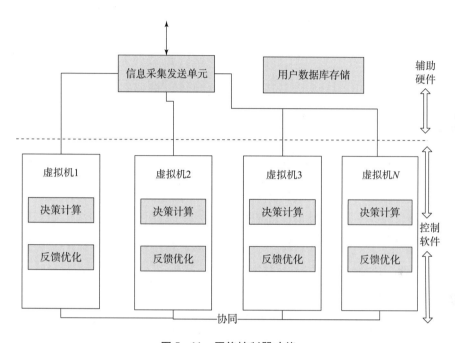

图 5-11　网络控制器功能

为适应不同业务的需要，软件设计时，引入了虚拟机的方式。不同的业务方式采用不同的虚拟机进行处理，这样既方便了对不同业务进行不同的转发策略决策，还能带来不同虚拟平面相互隔离，保障网络安全性的作用。

网络的海量状态信息被送达信息采集发送单元后，首先依据网络数据的类型进行分类。链路状态等公共信息会送达每个虚拟机进行决策，针对每类业务的队列信息则分别送达对应的虚拟机单元。

虚拟机单元依据其对大数据的分析功能，决定网络当前的状态。控制器中将实现相关大数据分析的相关算法及相关决策算法。决策算法还能对决策前后的状态进行反馈优化，以判断决策的合理性。虚拟机之间的资源分配问题在虚拟机间采用相互协同的方式进行，协同后可对网络的相应资源在虚拟机间进行横向的协调。

用户的集中数据库也设置在控制器集中节点中，能够对用户的位置信息和身份信息进行集中的管理。用户数据库可以相应采用身份进行位置查询的过程，并能根据用户的相关注册信息进行用户位置状态的更新。

5.5.1 软件定义卫星网络资源管理

低轨星座网络覆盖范围广，涉及的网络节点和用户节点数量多且状态变化快。即便是常规的网络任务，如支持敏感区域的常规侦察、远洋船队信息支持等，也需要调动多个节点的资源进行节点选择、链路配置、协议转换、业务适配等众多环节，涉及网络节点、链路、协议、业务处理等多类资源的调配。由于需要支持并发多任务，规划还需考虑多目标优化、任务优先级及并行处理提升速度等问题。在用户数相对较少的情况下，合理地配置卫星的发射功率、转发器的带宽和天线波束的指向，以及最佳的传输体制。基于有限的空间通信资源，面向高动态的通信任务要求，针对特定区域特殊时段任务，对动态突变空间通信资源进行优化调度。

低轨网络需要各节点灵活、快速地加入、退出网络，这要求整个网络的接入控制协议能够"即插即用"。即要求某节点接入网络后即能根据整体网络环境和自身功能、参数进行自动配置，既能实现与其他节点的通信，也能在任务变化或发生故障时方便地从网络中退出，而不需要复杂的系统再配置，从而实现安全可控、快速随机地接入空间信息网络。同时，低轨卫星网络也需要能够支持不同体系结构的网络接入和不同速率信息的传输与交换。为了实现节点的无缝接入及网络效能的最优化，需要节点具备多模接入能力，以充分利用网络提供的服务。

SDN 是一种新型的网络架构。基于 SDN 架构实现卫星网络资源预留管理。SDN 的核心理念是控制与转发分离，具有前所未有的可编程性、自动化及网络控制能力，确保了网络的高度可扩展、灵活，提高了网络的创新能力。SDN 中的网络设备只要具备与 SDN 控制器的标准接口，如 OpenFlow 接口，就可以在 SDN 控制器的统一控制下组网。采用 SDN 技术后，在空间信息网络中，多种类型的网络设备能够方便互通，共同组网，网络规模可动态扩展。当网络拓扑、应用需求等变化时，软件定义空间信息网络中的 SDN 控制器能够迅速感知到，并自适应地计算出变化后的网络配置指令，达到对变化的快速响应。设计和改进现有网络资源预留协议，保障 ZZ 通信网络业务需求应用。

在软件定义低轨卫星网络体系架构中，控制器是整个一体化网络的关键所在，由它负责维护整个低轨卫星网络的视图，包括卫星网络与地面网络的拓扑数据、流量数据等信息；借助于运行在控制器上的控制应用程序，可以直接通过控制器从空地链路向空间网络发送指令，实现低轨卫星网络的快速组网，并能够安全地控制对网络的访问行为。该体系架构主要以 OpenFlow 协议标准为核心，对部署了 OpenFlow 协议标准接口代理的卫星节点以及支持 OpenFlow 协议标准的地面网络进行统一的集中控制，并为上层应用提供灵活的开发接口，使得上层应用可以对低轨卫星网络中的星上路由交换、星地路由交换、星间流量分配、网络安全接入等操作进行多粒度的控制。

进行基于空间异构节点快速智能适配的 SDN 架构中分离转发和控制面的 OpenFlow 协议，以及上层应用与控制器间开放接口的定义及标准化、适配统一流表的转发协议、控制器可伸缩性及可靠性设计。满足不同任务对低轨网络的动态需求，如多样的动态路由需求，自动地对空间信息网络进行快速配置，达到快速响应的目的。

通过实现网络节点快速感知技术，解决卫星节点组网存在的即插即用、智能适配等问题。主要设计频谱自动扫描和感知技术、信号波形参数自动识别技术以及传输协议自动适配技术等内容，满足分布式低轨卫星网络自主性的需求，以实现空间信息网络的智能适配。

进行复合多模协议栈设计，为可重构节点创建灵活的协议调动机制，满足在一定的网络物理结构的基础上，调整或重新配置资源，包括空间通信资源、链路资源、功率资源、网络资源及终端等，以及其连接关系与组织运用方式。

5.5.2　软件定义卫星网络分布式移动管理

移动 IP 协议是一种广域支持 IP 移动性的协议。但是，在卫星网络下，节点移动到外地网络（Foreign Network），远离卫星节点的本地网络（Home Network）时，卫星骨干网络带宽有限，移动 IP 的每次改变子网即向本地代理 HA 注册的机制就会带来很多问题：卫星骨干网络带宽有限，移动 IP 的每次改变子网即向本地代理 HA 注册的机制就会带来很多问题：第一，在骨干网络中将引发大量注册报文的传输，这些控制消息会消耗大量骨干网络的带宽资源和计算资源，从而影响网络性能，当移动节点 MN 数量较多时，骨干网的带宽负载尤其严重；第二，造成较大的切换延迟，特别是当移动节点 MN 远离其本地网络时，将引起数据包的丢失和通信吞吐量的下降。有文献为了解决集中式移动管理带来的不足，提出了分布式移动管理。其核心思想是将移动管理实体部署在网络边缘的接入路由器，使它更靠近终端，移动管理的控制平面与数据平面分离，用户可继续使用已经配置完毕的本地网络前缀（Home Network Prefix，HNP），也能利用实体分配新网络前缀发起新的会话，从而实现移动管理，属于分布式和动态式的管理。基于 SDN 的卫星网络分布式移动管理（Distributed Mobility Management，DMM）可以满足下列要求：

➤ 分布式部署：由 DMM 提供的 IP 地址移动性和路由解决方案必须能够进行移动性管理和分布式处理，使得流量不需要遍历已经集中部署的移动性锚点，从而避免非最佳路由选择。

➤ 透明度：DMM 解决方案必须在 IP 层上方提供透明的移动支持。

➤ 共存性：DMM 解决方案必须能够与现有的网络部署及终端主机共存。例如，根据部署的 DMM 环境，DMM 解决方案可能需要与其他部署的移动协议兼容，或者可能需要与不支持 DMM 协议的网络或移动主机/路由器进行互操作。

➤ 安全机制：DMM 解决方案不得引入新的安全风险或扩大现有安全机制/协议无法提供足够保护的安全风险。

➤ 灵活的多播分发：DMM 应考虑组播。设计方案应不仅在需要时提供移动性 IP 支持，而且可以避免多播流量传递中的网络无效率问题。

以上为已有 DMM 研究的技术定义，本书在基于软件定义的卫星网络中，添加以下定义：

➤ 动态性：虽然通信节点没有特定的路由优化支持，但是允许通过移动锚点或非锚节点传播的不同路径分割数据流来动态使用移动性支持。这一定义将解决集中式移动管理方法缺乏细粒度的问题。

➤ 分离控制层和数据平面：在分配数据平面的同时，集中控制平面是降低移动锚点之间信令开销的一种可能解决方案。

➢ 网络协同：可以使用户设备在不承担额外的信令开销下保持用户忽略域内的切换过程。

软件定义卫星网络可以实现对交换机和路由表的远程编程操作，通过流表将网络的流量进行分离。利用 OpenFlow 协议，通过流表的形式帮助网络运营商实现 IP 地址连续性部署和流量重定向功能。同时，SDN 控制器可以修改例如以太网、VLAN 和 IP 所使用的数据包头或帧标题，也可以添加、修改或者删除流表和操作列表，来对特定的数据流进行操作，从而实现专用通道的安全连接。软件定义卫星网络分布移动管理（SDSN－DMM）技术方案如图 5－12 所示。

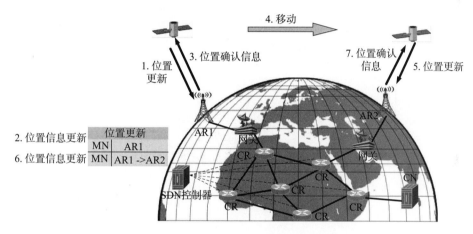

图 5－12　SDSN－DMM 位置更新过程

图 5－12 说明了 SDSN－DMM 中的位置更新过程。首先，当移动卫星连接到接入路由器 Access Router（AR1）时，AR1 向控制器发送位置更新消息。然后，控制器更新移动卫星的位置信息表，即移动卫星的 IP 地址和 AR1 的 IP 地址的映射。更新位置信息后，控制器通过 AR1 向移动卫星发送位置确认消息。当移动节点 MN 移动到 AR2 时，执行相同的位置更新过程。

移动卫星在从通信节点（Correspondent Node，CN）接收到分组时移动到 AR2，图 5－13 表示出了数据转发过程。移动卫星在移动到 AR2 之后，进行正常的位置更新过程，没有任何切换事件触发。当接收到位置更新消息时，控制器向前一个 AR 和交叉路由器（Crossover Router）2 发送 OpenFlow 消息，以激活它们的缓冲功能。之后，先前的 AR 和 CR 启动数据包缓冲。同时，控制器计算到新

AR 的最佳路径，并通过 OpenFlow 命令将转发表更新到中间路由器。更新转发表后，缓存的报文和即将发送的报文可以通过最优路径转发到 AR2。在 SDSN – DMM 中，由于在数据平面中建立了从通信节点 CN 到移动节点 MN 的最佳路径，所以分组可以被转发到移动节点 MN 而没有任何隧道开销。

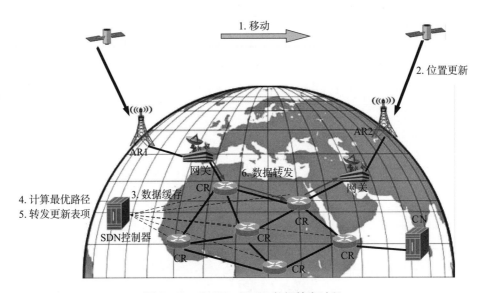

图 5 – 13　SDSN – DMM 数据转发过程

5.5.3　软件定义卫星网络 LEO 星座网络

图 5 – 14 给出了基于 SDN 的 LEO 星座的架构。该架构由三层组成。数据平面层由铱星星座的低轨卫星组成。考虑铱星星座，根据相关文献提供的信息，66 颗卫星分布在 6 个轨道平面上。控制平面层根据交通需求包含多个低轨卫星。此外，地面上共有 7 个卫星网关（SG），作为主干网的入口。它们的位置是固定的，并由现有的铱系统确定。

将网络拓扑定义为一个图 $G = (V, E)$，其中顶点表示网络节点，即卫星和网关，而边缘表示网络中的通信链路。该星座的每颗卫星包含 2 个稳定连接的卫星间链路（ISL），其中卫星位于同一轨道上，2 个稳定连接的 ISL 位于相邻轨道上。卫星和网关 SG 之间的通信链路不稳定，因此会随时间变化。为了捕捉这一点，引入了快照的概念。快照在给定时间捕获一个网络拓扑。每一小时计算一次快照

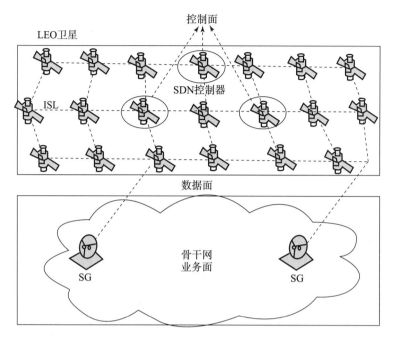

图 5 – 14　基于 SDN 的 LEO 星座网络示意图

集。此集合包含由于链接向上或向下而在网络中引入的所有拓扑更改。因此，每小时都会识别一组快照，从而创建网络拓扑。

　　每颗卫星网络中承载一个 SDN 交换机，该交换机一次只能分配给一个控制器。考虑到一个分布式控制平面，控制器被允许放置在网络中。网络中的每颗卫星都能承载控制单元。控制平面内卫星位置的选择是基于动态控制器的布置。数据平面和控制平面的卫星之间的通信是利用现有的网络链路（带内控制）实现的。最短路径算法用于两个节点之间和每个网络快照的路由与转发。控制平面的卫星部分既是控制器，又是正常的网络交换机。它们管理、控制和更新数据平面卫星流表的转发规则。另外，作为数据平面一部分的卫星仅负责根据从相应控制器定义的规则转发分组。有文献说明了数据平面流量建模，数据平面流量建模将地球分为 15°×15° 地理区域，总共有 288 个这样的区域。每个地理区域对应一个正方形区域，其需求密度基于 2005 年话务量预测，并引入用户地理位置话务需求。此外，引入每小时活动用户来描述临时用户需求。正方形区域和覆盖特定区域的卫星之间的映射是通过检查飞越该区域的卫星来实现的。使用区域平方需求密度的概念，假设每个区域的 IP 流量密度需求与活跃用户的数量成正比，同时使其适应当今的互联网流量需求。使用 STK 来量化这些区域的位置。由于 STK 特殊的网格覆盖特性，将区域数减少到 192 个，因此，在将理论模型的 288 个区域映射到 192 个区域的基础上，建立了一个新的模型。每个区域都使用低轨卫星与网关 SG 通信。任何时候任何区域都会被映射到在其上方飞行的卫星上。因此，流量剖面包含卫星作为源和网关 SG 作为目的地。计算每个区域产生的 IP 流量率。对于每个区域，IP 流量率取决于区域的流量需求与整个区域的流量需求之比乘以该区域的总流量和临时流量需求。

最后，通过将数据速率除以平均流大小，将 IP 通信量转换为每秒的流。根据系统提供的最相关服务类型的流量特性计算平均流量大小。然而，考虑到 SDN 体系结构，只有系统中存在的一部分流（称为每秒新流）可以调用控制器，因此，设置一个变量，以量化新流量的比率。最后，将每个区域的流量模型表示为每秒新流量的个数，并用于构建流量剖面。

5.5.4　软件定义星地混合网络

基于 SDN 的星地混合组网，LEO 卫星网络更应该兼容 5G。目前，新型 LEO 卫星星座已经初步具备与地面网络组网的能力。例如第一代 OneWeb 星座星地融合组网方案如图 5-15 所示，通过地面特定用户终端/接入节点将地面移动通信网络的流量经由 LEO 卫星转发到地面信关站，并交付给地面移动通信系统的基站和核心网处理。其中，卫星只负责射频信号的转发接口，所有空中接口的处理

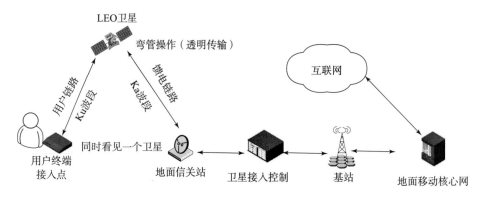

图 5-15　OneWeb 星座星地混合组网方案

交由地面移动通信系统完成。采用弯管操作的星地融合组网，可以直接使用现有地面移动通信网络架构完成透明传输，但是缺乏星载边缘计算的支撑将极大地降低星上无线资源实时智能分配与优化和边缘服务快速响应的能力。此外，所有流量都需经由用户链路和馈电链路转发，将带来不可忽略的传输时延，同时占用过多的星地链路频谱资源。

3GPP 从 R14 开始研究卫星与 5G 系统的融合，并于 2016 年在 TS22.261 讨论引入卫星接入技术作为 5G 的接入技术之一。在 TR38.811 中介绍了非地面网络的作用和关键组成，并根据弯管与再生两种星上载荷方案和是否需要卫星终端作为中继提出了 4 种候选网络架构。在 TR22.822 中提出非地面网络服务的持续性、泛在性和可扩展性交付 3 种用例类别。此外，ITU 提出了中继到站、小区回传、动中通、混合多播 4 种 5G 星地融合应用场景，并提出包括智能路由支持、动态缓存管理及自适应流支持、一致性服务质量和多播支持等多个各场景必须考虑的关键因素。另外，欧盟支持的 Sat5G 项目确定了卫星通信融入 5G 系统的六大研究支柱，包括跨卫星网络部署 5G SDN 和 NFV、融合网络管理和编排、多链路和异构传输、卫星通信中 5G 控制面与用户面的协调、5G 安全在卫星中的扩展和用于缓存与虚拟网络功能部署的缓存和多播技术。

5.5.5　软件定义星地混合智能网络

1. 网络架构

随着 SDN、NFV、网络切片和分布式 AI 等技术发展和应用，软件定义和 AI 结合可应用于星地混合网络中，即软件定义星地融合智能网络，该网络系统架构使用 SDN 技术分离网络的控制平面和数据平面，通过统一开放接口提升网络可编程性和可重构性，以处理星地融合网络中设备和协议异质性等问题，并引入具有全局网络视图的 SDN 控制器，实现星地多域异构网络具有业务适应性的资源统一管理和跨域动态配置。通过对卫星网络和地面移动通信的各个网络功能进行柔性分割，实现网络功能的模块化部署，能够完成对 3GPP 的弯管转发和再生处理两种组网方式的高效兼容。具体地，根据不同场景和业务对星上处理的需求，卫星可基于 NFV 技术自适应部署接入网用户平面功能、接入网控制平面功能和部分核心网功能等，实现按需灵活的组网配置，保障网络整体服务质量。此外，基于 NFV 技术在卫星和地面网络边缘可部署多接入边缘计算（multi‑access edge computing）服务，以就近支撑计算或数据密集型应用，降低传输时延和星地回传链路负担。同时，基于 MEC 的内容/服务缓存可极大提高内容/服务的交付效率。针对偏远地区应用场景，可直接通过 LEO 卫星弯管载荷完成地面终端射频信号的转发，然后借助信关站传输到地面接入网用户平面、控制平面和核心网进行处理，完成精简快速组网，实现用户流量的透明传输，同时也可降低星上处理负担。针对海洋和极地作业及终端处于高速移动状态的高铁、航空等应用场景，可通过将部分核心网功能部署在 GEO 卫星，用于为其覆盖范围内具有接入网用户平面和控制平面功能的中低轨接入卫星提供服务，实现卫星独立组网，降低星地链路频繁信令交互产生的开销和时延。为应对由自然灾害、物理攻击等损毁地面移动通信基础设施造成通信中断等问题，可通过配置接入网用户平面和接入网控制平面的卫星，实现关键业务上星备份，构建稳定的通信网络。此外，针对巨容量高保真通信需求，可通过配备边缘计算功能的卫星，实现网络边缘端的信号处理和内容分发以及卫星端的测量与智能数据分析；针对大规模连接物联网通信需求，借助卫星的广域覆盖和星上协作处理，实现物联网终端的海量接入和数据的星上汇聚与分析，同时降低馈电链路的通信负载，响应气象水文地址监测、野生动物保护、交通运输和工业制造等大规模机器通信需求。考虑 LEO 卫星快速移动导致用户频繁波束切换或星间切换和用户激增产生的大量控制平面数据对星地链路的占用等问题，提出分布式主从 SDN 控制方案。其中，SDN 主控制器位于地面，负责协调分布式 SDN 从控制器并完成星地网络全局视图构建，实现全网资源统一管理和编排、网络拓扑发现和维持、负载均衡和路由决策等。此外，得益于较大的覆盖范围和相对稳定的星地链路，同步轨道卫星可搭载 SDN 从控制器，负责覆盖范围内 LEO/MEO 卫星的网络管理和控制。在卫星网络流量和服务负载密集区域，部分 LEO/MEO 卫星可搭载 SDN 从控制器通过星间链路实现邻近范围内卫星分组管理，以应对由于 LEO/MEO 卫星数量的逐渐增加以及用户服务请求的差异化和复杂化造成同步轨道卫星 SDN 从控制器管理负担过大等问题。与此同时，将 AI 和分布式主、从 SDN 控制器进行整合，可构建分布式网络智能编排系统，通过分析海量业务、网络状态和管控数据形成知识库，并借助 SDN 主、从控制器分别完成知识库的线下构建和线上更新，实现星地网络资源的自动化、智能化的按需管理和编排。具体而言，结合 SDN 主、从控制器收集的状态数据，可实现网络故障预警和预测性维护；针对特定应用场景和业务需求，能执行网络切片智能化构建和编排，进而实现柔性可重构星地融合无线组网。

2. 分层结构

软件定义的星地融合智能无线网络结构如图 5 – 16 所示，其逻辑结构包括 3 层：基础设施层、控制层和应用层。其中，基础设施层由包括 LEO/MEO 卫星、地面交换机、信关站和基站等在内的星地多域网络中具有通信、计算和存储等资源的设备实体组成。通过采用 NFV 技术解耦网络功能和网络硬件，破除传统网络设备专用硬件壁垒，将星地异构网络设备演化为承载可重构网络功能的基础硬件设施并抽象成虚拟网络资源池，从而构建星地融合分布式网络功能虚拟化平台，并根据 SDN 控制器指令承载虚拟网络功能及构建网络切片。

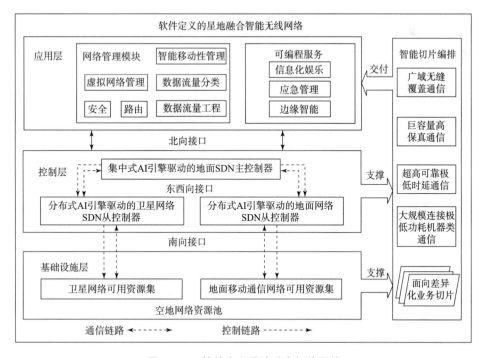

图 5 – 16　软件定义星地融合智能网络

控制层由分布式主、从 SDN 控制器组成，负责应对集中式控制单点故障、可扩展性差、负载不均衡和卫星节点载荷受限等问题，并通过开放的南向接口（South Bound Interface，SBI）实现对底层物理基础设施的管理，同时向上层提供虚拟网络功能。此外，部署于地面的 SDN 主控制器通过东西向接口（East Bound Interface(EBI)/West Bound Interface(WBI)，EBI/WBI）与地面移动通信网络和卫星网络中的 SDN 从控制器交互，从而获取全局网络状态和服务，以构建全网视图，实现网络的协同管理与控制，并制定和下发星地网络的缓存更新策略、路由策略、虚拟网络功能部署与撤销指令等。为了有效屏蔽卫星网络和地面移动通信网络的异质性，可针对不同制式网络进行南向接口 SBI 的定制化开发和部署，实现 SDN 主控制器对物理资源的跨域协同调度。另外，针对人口密度不均和业务请求的潮汐特性产生的潜在流量和业务负载不均衡问题，部署于 SDN 主、从控制器的 AI 引擎基于大数据技术可进行深度流量分析和管控，并实现路由策略预更新和网络资源协同预调度。其中，SDN 主控制器基于集中式 AI 引擎实现全网粗粒度的网络管控，SDN 从控制器基于分布式 AI 引擎和主控制器下发的管控策略及区域内的网络状态实现细粒度的网络管控。

应用层通过北向接口（North Bound Interface，NBI）向控制层获取全网状态和虚拟网络功能接口，从而部署丰富的柔性可编程服务和网络管理模块（如移动性管理、流量工程、故障恢复、安全策略和切片服务等）。具体而言，应用发出的请求由北向接口 NBI 转译成 SDN 控制器规则，并经由控制层提供的虚拟网络功能通过 SBI 转译为基础设施操作指令，以完成服务响应。此外，应用层基于可预测的星历图和全局网络状态，可以提供智能星地、星间或波束切换和移动性管理功能，以解决星地网络动态拓扑问题，进而实现服务交付的持续性。另外，基于深度包检测和 AI 技术将数据流量与多样化的服务相关联，并划分不同 QoS 或 QoE 类，引导数据流向，实现面向质量/体验的智能服务交付。同时，数据流量的智能引导与路由策略的智能预更新将有效地避免网络拥塞，实现网络负载均衡。

■ 5.6　本章小结

本章围绕软件定义卫星网络系统的发展，介绍了宽带卫星网络组成、软件定义卫星网络系统架构；阐述了软件定义卫星网络交换系统设计、控制器设计；详细描述了软件定义卫星网络资源管理、软件定义卫星网络分布式移动管理、软件定义卫星网络 LEO 星座网络、软件定义星地混合网络，以及软件定义星地混合智能网络。总之，软件定义卫星网络技术应用还处在研究阶段，具体应用还很少，取决于核心部件的支撑，其商业化进程还有待发展。虽然 SDSN 应用还需时日，但这项技术代表了未来卫星互联网的发展方向。

第 6 章
软件定义卫星网络切换技术

6.1 概述

移动通信和移动互联在世界上很多地区已普及，它使得人们从有线的网络中解脱出来。规模最为庞大的全球个人通信网（PCN）给每个用户提供了一个体积小、价格低廉的个人终端来实现随时随地的多媒体通信。要实现这个全球个人通信的终极目标，建立一个包含高、中、低轨道的卫星移动通信系统，需要解决高低轨星间切换、卫星覆盖波束间切换、低轨卫星间切换技术，特别是低轨星座网络系统。

6.2 低轨道卫星移动通信信道模型

低轨道卫星移动通信信道包括星间链路信道和星地链路信道，它们有着与地面移动通信信道相同的部分，也有着各自独特的特性。

6.2.1 星间链路信道

低轨道卫星分布在电离层以外，其中空气密度稀薄，可看作是自由空间。星间链路需要考虑的问题主要是卫星之间的高速运动造成的多普勒频移，此外，使用毫米波频段时，多普勒频移相对较大，宽带大容量通信系统的频谱较宽，加之通信链路接点相对位置的不断变化，频谱的展宽范围也较大。

星间链路可以分为三种类型：轨道内的星间链路、轨道间的星间链路和反向缝链路。轨道内的星间链路是卫星与同一个轨道上最近两颗或多颗卫星间的链路，在卫星运行过程中保持不变。轨道间的星间链路是卫星与邻近轨道上卫星间的链路，如铱星系统中每个卫星有两条轨道间的星间链路。轨道间的星间链路在卫星运行过程中是动态可变的，主要原因是：①在不同的纬度，卫星轨道间的距离是不同的；②在极地区域，卫星快速交叉运行，卫星上天线系统不能快速跟踪卫星的交叉位置，轨道间链路需要经过断开再连接的过程。在极地星座中，存在南北反向运转的相邻两个卫星轨道平面，这两个反向运行轨道上卫星间的链路称为反向缝链路。反向缝链路实质是一个特殊的轨道间链路，如果卫星网络系统存在反向缝链路，则因卫星反向运行会引起反向缝链路频繁切换，如果不存在，反向运行轨道上的卫星之间必须经过其他轨道上的卫星才能通信。

6.2.2　星地链路信道

电波从卫星到地面的传播主要受到大气效应的影响，包括中性大气与电离层两种特性极不相同的媒介影响。中性大气效应主要是密度大和气象变化过程复杂的对流层效应，在晴空条件下，有折射、时延、反射、多普勒频移以及气体分子的吸收衰减和湍流散射，在坏天气情况下，还有雨雪、冰晶、尘埃等的吸收与散射所致的衰减，以及降雨和冰晶的去极化效应。电离层的效应主要是折射弯曲、群时延、相位超前、多普勒频移、法拉地极化旋转以及闪烁效应，特别是具有频率色散效应。一般当频率高于 100 GHz，对流层的影响是主要的；当频率低于 1 GHz 时，电离层的影响是主要的。频率在 1 GHz 到 10 GHz 之间时，特别是对于低仰角，对流层与电离层两者的效应都有重要的影响。

6.2.3　多波束卫星信号的特性

1. 地面信号的特性

根据地面移动通信信号的特性，一般来说，切换检测是基于地面移动通信系统中的接收信号强度（Received Signal Strength，RSS）。RSS 在地面移动通信系统的情况下受小衰落和大衰落的影响。小衰落是由延迟扩展和多普勒效应引起的。大衰落是由阴影衰落引起的。因此，地面 RSS 可以表示为：

$$P_R = P_T \times G_R \times L^{-a} \times 10^{\frac{\theta}{10}}$$

式中，P_R表示 RSS；P_T表示发射机功率；G_R表示天线增益；L表示发射机和接收机之间的距离；$-a$表示路径损耗指数；θ表示阴影衰落因子量。然而，由于小的衰落导致的快速波动可以通过在采样上的平均来忽略。因此，RSS 变化的主要原因是阴影和路径损耗。RSS 高度依赖于终端的位置和时间条件。如果终端切换到另一个小区，则 RSS 滞后余量必须足够大，以防止乒乓效应。

2. 多波束卫星信号的特性

卫星 RSS 可以表示为

$$P_R = \frac{P_T \cdot G_T \cdot G_R}{L_P \cdot L_{TX} \cdot L_A}$$

式中，P_R表示 RSS；P_T表示发射机功率；G_T表示发射机天线增益；G_R表示接收机天线增益；L_P表示路径损耗；L_{TX}表示发射机天线增益损失的位置偏移，L_A表示大气衰减。由于在海洋和空中环境中的卫星系统是 LOS（视线），所以 GEO 卫星与波束的中心和边缘之间的距离几乎没有差别。因此，路径损耗的差异非常小，所以卫星系统的 RSS 没有很大变化。变化的主要原因是位置偏移和大气衰减的天线增益损失。

通常，位置偏移的卫星定向天线增益损耗在波束边界处为 3 dB。RSS 可以通过相邻波束在波束边界处的干扰而更加衰减。因此，在设计卫星系统的链路预算时，必须考虑位置偏移的天线增益损失。位置偏移的天线增益损失可以表示为：

$$L_{TX} = 12\left(\frac{\theta_T}{\theta_{3\ dB}}\right)$$

式中，L_{TX}表示位置偏移的发射机天线增益损耗；θ_T表示卫星与 RCST（Return Channel Satellite Terminal）的角度；$\frac{\theta_T}{\theta_{3\ dB}}$表示波束宽度。

大气衰减高度依赖于时间。通常，大气衰减非常小，然而，当下雨时，卫星 RSS 受到 Ku、Ka 频带的降雨衰减的严重影响，因此，卫星系统设计要克服雨衰。

■ 6.3　低轨道移动卫星通信中的切换

在蜂窝移动通信系统中，采用的是移动台辅助切换的方法，这是一种分布式的方法，由移动台检测判决射频信号的强度，交换中心控制完成。低轨道移动卫星通信中的切换与其相似，但在低轨道卫星移动通信系统中，基站在太空高速运动，必须做出相应的改变，以适应卫星移动通信的特殊环境并制定相应的路由机制。

在 LEO 卫星系统中，每颗卫星的覆盖域由更小的点波束覆盖域组成，以达到覆盖域中的频率复用，如铱星系统每颗卫星的覆盖域是直径为 4 021 km 的区域，它包含 48 个直径为 700 km 的点波束覆盖域。卫星绕地球运行导致其相应的覆盖区域不断变化，对于地面的固定地点，每个 LEO 卫星的最大可见时间典型值是 8~11 min，每个点波束的最大可见时间典型值是 1~2 min。地面节点连续地通过不同的可见点波束或卫星获得通信服务。通信连接从一个点波束转移到新的点波束，或从一个卫星转移到一个新卫星称为切换，经历切换的连接称为切换连接，新的请求获得通信服务的连接称为新连接。

根据卫星上天线系统的不同控制机制，卫星系统有异步切换和同步切换两种方式。异步切换是指当卫星在太空中运行时，它的覆盖域以恒定速度（5~10 km/s）扫过地球表面。当地面终端达到当前卫星覆盖域的边沿时，终端切换到刚刚进入这一覆盖区域的新卫星。铱星系统使用了这种技术。同步切换是指卫星有能力控制点波束方向，在短时间内其覆盖域固定。卫星系统周期性地分派每一个卫星指向新的覆盖域，星地链路在一段时间（10 s 至几分钟的量级）内保持不变，同步切换引起卫星网络系统中星地链路同时发送改变。

根据引起切换的链路不同，LEO 卫星网络的切换可以分为卫星间切换、链路切换和点波束切换等类型。

6.3.1　卫星间切换

卫星间切换是指与地面终端通信的卫星发生改变，新的卫星进入，退出两个用户的通信路径。如图 6－1 所示，用户 A 与用户 B 通信的最初路径包含卫星 1 和卫星 2，由于卫星向左移动，使得用户 B 很快进入了卫星 3 的覆盖域，在用户 A 与用户 B 的通信路径中增加了卫星 3。当发生卫星间切换时，由于有卫星进入或退出正在通信的路径，需要立刻进行路径重选。目前提出完全重选、部分重选和组播重选三种基本方法，路径完全重选像对待新连接一样完全重新计算通信节点间的优化路由，但是通信中断时间长和网络开销大；路径部分重选保留部分原有路径，仅涉及局部路径改变，使得通信中断时间短，但是整个路径不一定优化；路径组播重选方式是在连接建立的确认阶段建立虚拟组播树，在切换时使用已经建立的路由快速完成路径重选，其缺点是组播树需要预先分配资源，网络资源的利用率低。为了减少通信中断时间，同时新路径又能够保证已确认的服务质量要求，路径重选算法既要简单，便于实现，又要对服务质量提供支持。

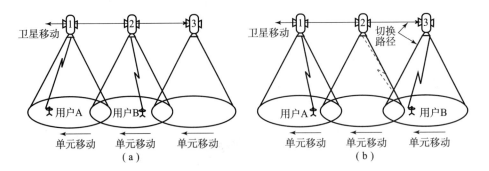

图 6-1　卫星间切换示意图

(a) 切换前；(b) 切换后

FHRP(Footprint Handover Rerouting Protocol) 协议，即覆盖域切换重路由协议，包括路径增量和路径完全重建两个阶段，将简单的路径部分重选和优化的路径完全重建相结合而达到综合性能的最优化。

在路径增量阶段，计算新加入卫星到原来路径上卫星之间的增量路径，并与原有路径形成新路径。路径增量花费时间短，信令开销少，目标是在切换后无须使用复杂的路由算法而建立比较优化的路径。通过路径增量形成优化路径的依据是卫星网络拓扑结构的规则性和周期性，将简单的路径部分重选过程和路径完全重建优化过程相结合，从而达到综合性能的最优化。

在多次路径增量过程之后，由于卫星上通信流量和链路特性等发生变化，通过增量形成的整个路径会偏离优化路径，因此，在一段时间后，需要进行路径完全重建，重新确定通信的两个节点的优化路径。源端节点确定重建时间，向目的节点发送路由请求进行初始化，当新路径上网络资源满足后，从终端节点开始更新路由信息，新路径建立后，删除原来的路径。完全重建阶段需要较多的信令交换，需要的时间较长。

6.3.2 链路切换

低轨道卫星（如铱星）在接近极地时，关闭与邻居轨道卫星间的星间链路，经过这些星间链路的通信连接需要切换到其他链路，这种切换称为链路切换。链路切换时，由于部分星间链路的关闭，容易因网络资源不足而造成通信阻塞，路径重选的开销比较大，通信中断时间也比较长，因此，LEO 卫星网络系统的路由机制非常关注链路切换，特别是在路径建立阶段就需要考虑链路切换，应尽量减少链路切换。

PRP(Probabilistic Routing Protocol) 协议，即概率路由协议，利用 LEO 卫星网络拓扑机构的可预知性，在一个新连接的路径建立阶段，去掉在其通信生存期内或卫星切换前可能经历链路切换的 ISL，在这个新形成的卫星网络拓扑结构的基础上计算路由，这样得到的路径会减少因链路切换引起的路径重选次数。由于用户终端的位置和通信生存期大小是随机的，只能按照统计概率估算通信连接的生存期。由于 PRP 协议在计算路由时删除了某些星间链路，会增加其他星间链路的阻塞概率，因此，PRP 协议在链路阻塞概率和因链路切换引起路径重选次数之间存在折中，同时区分新连接和切换连接，切换连接的阻塞概率应小于新连接的阻塞概率。

在路径建立以后，通信连接可能还会经历链路切换，路由重选可使用上面介绍的 FHRP 协议。

6.3.3 点波束切换

点波束切换包含释放切换终端与当前点波束的连接以及在新的点波束中分配新连接给切换终端，切换涉及的两个点波束都在同一个卫星中。由于点波束覆盖面积小，点波束切换是 LEO 卫星系统中最频繁的切换，如图 6-2 所示。

考虑切换连接的阻塞概率应小于新连接的阻塞概率，点波束切换应该为切换连接赋予较高的链路分配优先级。在非地面同步卫星网络中，已提出守护信

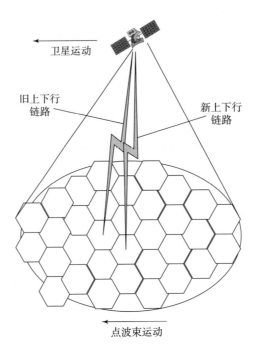

卫星运动

旧上下行
链路

新上下行
链路

点波束运动

图6-2 点波束切换示意图

道、切换排队、动态信道分配及连接确认控制等技术，解决点波束的切换问题。

1. 守护信道切换（Handover with Guard channel，HG）

算法保留一定数量的信道用于切换连接，减少切换连接阻塞的概率。守护信道的个数等于系统总信道数减去设置的阈值，如果忙信道的个数大于阈值，新连接的请求被拒绝。增加守护信道的数量可以减少切换连接阻塞的概率，但相应地增加新连接请求的阻塞概率，在切换连接的阻塞和新连接的阻塞之间存在折中。切换排队（Handover Queuing，HQ）算法利用相邻两个点波束之间的覆盖重叠区域，当地面终端进入覆盖重叠区域时，启动切换过程，如果在新的点波束中存在可用信道，将可用信道分配给地面终端；否则，切换连接的请求放入请求队列中。当有信道空闲时，就分配给请求队列中的切换连接。切换排队减少了切换连接阻塞的概率，但性能依赖于新连接的到达率和覆盖重叠区域的大小。动态信道分配算法是对切换排队算法的修改，在每一个连接离开后，都重新分配信道，但因切换频繁，会导致卫星系统开销很大。

由于 LEO 卫星相对于地面终端快速移动，因此，可以忽略地面移动终端的速度。在 LEO 卫星可见性的早期作品中，提供了单个卫星可见性时间的一般表达式。在铱星系统中，通过使用多波束天线，卫星运动方向是固定的，每个点波束的覆盖小区是圆形或椭圆形的。所以对地面用户来说，卫星的运动方向是确定的，通过星光下的整个波束基本上是一样的。根据相对移动，可以假设卫星小区固定，并且所有移动终端沿着相同的方向以相同的固定速度移动。因此，切换服务只能由最后一个小区生成，即小区的切换呼叫到达概率只与最后一个小区的状态相关。新呼叫发起小区称为"当前小区"，新呼叫将进入的小区称为"目标小区"，用户将切换到当前小区的前面小区称为"上一小区"。如图 6-3 所示，选择连接的小区作为算法模型，L 是模型中卫星移动小区的长度，图 6-3 中的虚线是重叠区域的两个相邻小区，ΔS_{AB} 是指用户 A 和用户 B 所在两个相邻小区的距离。

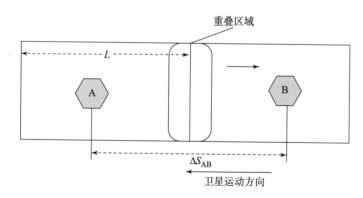

图 6-3　重叠小区图

结合卫星网络的实际应用，假设每个波束覆盖小区具有 C 个信道，其中 R 个信道由用于切换的通信系统保留，剩余的（$C-R$）个信道如果空闲，则首先被提供给切换呼叫，使用这些信道建立新呼叫。当切换到达时，如果有公共竞争使用的信道未被占用，即 $C-R$ 不为空，则将相应的空闲信道分配给切换新呼叫使用；否则，使用两个点波束之间的重叠区域来对切换请求进行排队。如果目标点波束的任何信道正在释放，则在队列中的第一个切换调用将自动获得信道，并且队列轮流刷新。如果仍然未能分配将从切换缓冲器中移除的信道，则该切换呼叫请求将被强制丢弃。当新的呼叫用户发出使用小区信道到系统的要求时，如果公共竞争使用的信道未被占用，则空闲信道将被分配给该新呼叫；如果公共竞争使用的信道全部被占用，则判断保留信道的剩余数量，如果保留信道全部被占用，则阻塞呼叫。如果剩余有 k 个信道被保留用于切换，则新的呼叫用户将被与小区中的第一个保留切换信道用户的相对位置进行比较。如果在新呼叫与小区中的第一个保留切换信道用户之间的距离比小区的长度长，则新呼叫将占用保留的信道，其将被释放并恢复到当该小区中的新呼叫结束呼叫或切换到下一小区时的原始状态；如果新呼叫与小区中的第一个保留切换信道用户之间的距离没有小区的长度长，则不执行占用策略，并且阻塞新呼叫。

2. 连接确认控制（Connection Admission Control，CAC）

算法通过切换预测进行资源预留，在新连接的请求到达点波束时，将它与有一定概率访问的邻居点波束的列表相关联，检查它们是否有可用信道。这种算法虽然减少了切换的阻塞概率，但不能保证该概率的上界，也降低了网络资源的利用率。地理连接确认控制 GCAC（Geographical CAC）算法利用用户位置数据库信息和信道使用状态，估计该连接切换的阻塞概率，使用全球定位系统及时更新用户位置数据库。如果计算出的新连接的阻塞概率小于目标切换阻塞概率，那么就接收新连接的请求；否则，拒绝新连接的请求。

LEO 卫星的点波束以大致恒定的速度沿地球表面上的已知轨迹移动。此外，可以使用具有有限估计误差的全球定位系统（GPS）接收器来估计用户位置。确定性的波束移动和用户位置信息都向系统提供用户终端的切换模式，即可以确定用户终端的未来切换行为。

接受新的连接请求可以增加由为新用户服务的点波束扫过的区域中的切换阻塞概率。该区域被称为竞争区域。令 A 是竞争区域中的用户终端的集合。GCAC 算法保证切换阻塞概率小于目标切换阻塞概率。如果满足以下两个条件，则新到达呼叫被允许进入网络：

条件 C1：为新到达的呼叫保证目标切换呼叫阻塞概率。

条件 C2：现有呼叫的切换阻塞概率不超过目标切换阻塞概率。

可以将点波束运动考虑为相对用户到达和离开固定的波束。因此，GCAC 算法模拟用于测试呼叫的每个点波束中的用户到达和离开。在测试呼叫的生命周期中，它可以被移交到其他点波束。如果接纳判定处理判定不满足上述条件 C1 和

C2，则拒绝测试呼叫。

　　当测试呼叫处于呼叫中时，其他活动呼叫可以到达和离开。在估计阻塞概率时，应该考虑这个活动呼叫的数量，因为接受测试呼叫可能违反其他呼叫的目标切换阻塞概率。此外，在始发点波束的测试呼叫的生存期间，由于呼叫释放，同一点波束中的其他活动呼叫可以被终止。使用分析表达式来估计点波束中的活动呼叫数。

　　测试呼叫可以被移交到被称为传输点波束的其他相邻的波束。在这个切换事件中，它需要再次估计其他活动呼叫的数量，因为该数量将在新的点波束中改变。如在发起点波束中，在其他呼叫的每个切换事件（切换到达或切换偏离）中，其他呼叫的数目应被更新，而测试呼叫在传输点波束中。

　　切换阻塞概率 P_a 由下式定义：

$$P_b = \frac{E_b}{E_h}$$

式中，E_b 是阻塞切换到达的预期数目；E_h 是切换到达的预期数目。E_h 为

$$E_h = \sum_i p_a(i)$$

式中，$p_a(i)$ 是呼叫 i 在切换时刻活动的概率。

　　同样，E_b 为

$$E_b = \sum_i p_b(i) p_a(i)$$

式中，$p_b(i)$ 是在切换时刻的呼叫 i 的切换阻塞概率，假定其在该时刻是活动的。

　　由于呼叫持续时间 T_h 被假定为具有指数分布，则

$$P_a(i) = P(T < T_h)$$

式中，T 为系统时间。

　　统计假设（泊松到达模式和指数呼叫持续时间）确保每个点波束中的用户数量形成马尔可夫过程，状态向量形成多维马尔可夫链。基于地理位置全局连接接纳控制（GCAC）算法可以限制低地球轨道（LEO）卫星网络中的切换阻塞概率。通过仿真表明，GCAC 方案将切换阻塞概率限制到预定义的目标水平（QoS）。性能研究还表明，GCAC 技术在非均匀交通环境下在 DC A－2HQ 方案上提供更好的切换阻塞概率。

6.3.4 卫星波束切换策略

1. DVB – RCS 切换策略

DVB – RCS 标准支持 RCST（Return Channel Satellite Terminal）的移动性，并提出了波束切换的过程。切换策略在三个阶段中被处理：第一阶段，为切换检测阶段，确定移动 RCST 被切换的必要性，并且通常还确定候选波束的列表。在该标准中，建议基于位置的切换检测方法作为基线。切换检测过程可以由 RCST 分发或由 NCC 集中。第二阶段，为切换决定阶段，选择要切换的目标波束，考虑候选波束资源，并发出切换命令。第三阶段，为切换执行阶段，将 RCST 从当前波束中的一组资源切换到在目标波束中分配的另一组资源。

基于位置的点波束切换适用于 DVB – RCS 系统，因为位置信息是移动 DVB – RCS 中必需的。RCST 使用 SYNC 时隙中的 SAC（卫星接入控制）字段来请求容量，向 NCC 发送 CSI（信道状态信息）和移动性控制消息。RCST 周期性地发送一个 SYNC 突发。RCST 监视其自身位置或 RSS（接收信号强度），以检测切换必要性。当检测到切换时，RCST 向 NCC 发送切换请求消息。这是分布式切换检测方法。否则，使用集中式切换检测方法，其中在 NCC 中进行所有处理。NCC 使用目标波束的信息向 RCST 发送切换命令。图 6 – 4 示出了整体 DVB – RCS 波束切换过程。

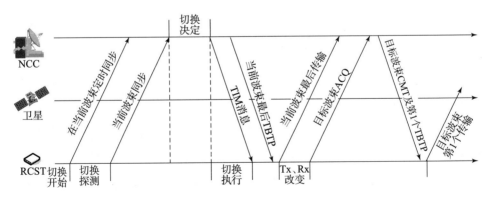

图 6 – 4　DVB – RCS 波束切换过程

2. 切换检测算法

传统的切换检测算法基于 RSS 测量。滞后余量和 RSS 阈值用于防止乒乓效应。有文献研究和提出了一种用于多波束 GEO 卫星的自适应切换算法。RSS 采样的量由 RSS 采样算法中的终端的速度确定。通过在自适应切换算法中采样终端的测量和速度来自适应地确定 RSS 滞后余量。该算法表明，当 RSS 测量减小并且终端速度较快时，滞后余量减小。有文献研究和提出了基于距离信息的自适应切换算法。RSS 滞后余量由 MS（移动站）和服务 BS（基站）之间的距离自适应地确定。该算法表明，MS 位置接近小区半径，滞后余量减小，从而容易切换触发。如果 MS 与服务 BS 之间的距离等于小区半径，则滞后余量变为零。有文献研究和提出了基于 RCST 移动性信息的自适应切换算法。该算法在雨天中表现出更好的切换性能，并且显示出更好的前向链路资源利用率。

3. 切换决策/执行算法

有文献研究和提出了 DVB – RCS 切换方案来支持切换决策。在切换检测之后，如果目标波束资源足以支持切换，则切换立即决定。然而，如果不是，则切换请求可以排队。仅依赖于位置信息而没有任何优先化策略的切换决定可能导致高的切换失败率。RCST 通过使用目标束接近速度（TBAV）和波束边缘的距离来估计当前点束的剩余时间。根据停留时间值由 NCC 优先切换请求。该切换决策算法表明较低的切换失败概率和较高的新连接阻塞概率。有文献研究和提出了切换执行算法。文献作者注意切换后的处理决定。在切换决定之后，NCC 向 RCST 发送 TIM（终端信息表）消息。如果 TIM 消息丢失，切换执行将失败。因此文献作者提出了具有存储器的 NCC，用于较低的切换失败概率。简而言之，以前的研究只注意基于后位置的切换检测阶段。另外，专注于切换检测的相位以增加返回链路资源利用。

6.3.5　切换策略的负载均衡

如果对特殊点波束信道存在许多意外的新连接请求，而相邻波束信道资源可用，则特殊点波束信道将饱和。这阻塞了新的连接请求和到特殊点波束的切换请求。如果移交到相邻波束边界的移动终端可以保证 QoS，即切换到相邻波束。因此，当特殊点波束资源的饱和发生时，当相邻波束资源可用并且移动终端处于相邻波束的近波束边界时，通过将移动终端切换到相邻波束，可以防止特殊点波束资源的饱和。因此，有文献研究和提出了负载均衡切换策略。

图 6 – 5 示出了整体切换过程。步骤 1：NCC 或 RCST 通过传统的切换检测算法建议切换到相邻波束。步骤 2：NCC 比较当前波束和目标波束的资源，如果特殊波束信道饱和，则将 RCST 移交到相邻波束，以平衡负载。

如果使用步骤 2 切换算法，则可以切换相邻波束的近波束边界中的终端。然而，当前波束的条件（RSS 或位置）优于相邻波束的条件。

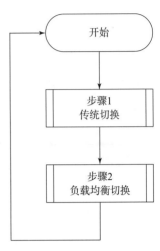

图 6 – 5　切换策略

使用基于 RSS 的切换检测算法作为步骤 1 的常规切换检测算法，如 SHM（Static Hysteresis Margin，静态滞后余量）、AHM（Adaptive Hysteresis Margin，自适应滞后余量），以及基于距离信息的 AHM 切换发生。有文献研究了具有 ADM（自适应距离余量）的基于 RCST 移动性的切换检测算法。负载均衡切换算法使用 RCST 的移动性信息作为步骤 2，以防止振荡切换。

1. 基于 RCST 移动性信息的切换检测算法

切换检测状态如图 6 – 6 所示。

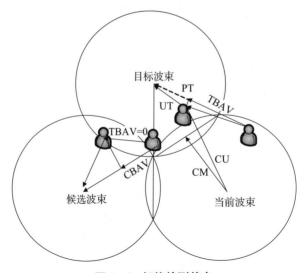

图 6 – 6　切换检测状态

RCST 的目标波束接近速度计算如下：

$$\text{TBAV}_m = \max\{|\text{PT}| - |\text{UT}|, 0\}$$

式中，TBAV_m 表示 RCST 每分钟接近目标波束的速度；UT 表示从当前位置到目标波束中心的向量；PT 表示此前位置 RCST 到目标波束中心的向量。自适应距离余量计算如下：

$$d_{\text{AM}} = \frac{8}{\sqrt{\text{TBAV}_m}} \times \left(\frac{|\text{CU}|}{|\text{CM}|}\right)^5$$

利用上述公式，RCST 和 TBAV 的位置自适应地调整距离余量。其中，d_{AM} 表示自适应距离余量；CU 表示当前波束的中心到 RCST 当前位置的向量；CM 表示当前波束中心到当前波束和目标波束重叠区域中心的向量。

图 6-7 显示了整个切换检测过程。如果信道状态低于链路阈值，则 RCST 可以注销，或 RCST 按照离波束中心最近距离的顺序对相邻波束进行排序。然后，其选择第一排序的相邻波束作为目标波束，并且将下一排序的波束选择为候选波束。接下来，RCST 或 NCC 基于 RCST 移动性信息执行自适应切换检测算法。

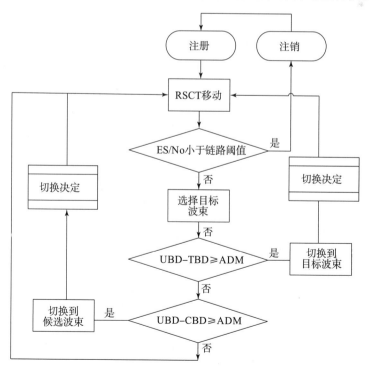

图 6-7 整体切换检测过程

如果当前波束距离（UBD）大于目标波束距离（TBD）和自适应距离余量（ADM）的和，则 RCST 被切换到目标波束。如果 RCST 不在当前远波束边界中，而是在目标远波束边界中，并且 RCST 正在远离目标波束中心移动，如图6-7 所示，则越区切换检测被延迟，直到改变目标波束，这样降低了资源利用率。如果 UBD 大于候选波束距离（CBD）与 ADM 的和，则 RCST 被切换到候选波束。

2. 用于负载均衡的切换算法

可以预测终端的切换请求。更接近并更快地接近目标波束的 RCST 更可能被切换到目标波束。在前面描述的步骤 2 的切换 RCST 处理中，到相邻波束是最期望的切换。终端可以被提前切换，以平衡负载。可以基于负载平衡距离余量 LDM 来选择预期的切换终端。RCST 的 LDM 计算如下：

$$LDM = \frac{1}{\sqrt{TBAV_m}} \times \frac{|UT|^2}{|CU|}$$

由于 RCST 更接近并更快地接近目标波束，LDM 将变小，以容易地切换到目标波束。

■ 6.4　高轨卫星系统自适应切换算法

6.4.1　概述

传统的切换算法基于 RSS 测量。有三种主要的切换启动算法，即相对信号强度与阈值、相对信号强度与滞后、相对信号强度与滞后和阈值。在这些算法中，引入滞后余量和阈值，以防止乒乓效应。这些算法本质上是静态算法。即当系统参数，例如传播特性、MS 的速度经历很大变化时，这些算法不能具有良好的适应性。为了解决这些缺点，又提出了几种新的切换算法，如预测算法、位置辅助算法、动态规划算法、通用自适应算法方法等。但这些算法没有考虑 MS 速度可能覆盖很大范围的情况，其范围从 10 km/h 到 10 000 km/h。在这种情况下，针对慢速 MS 设计的地面网络中使用的切换算法将导致严重的性能降级。有文献研究了自适应切换算法。该算法具有低复杂度，采用了自适应平均窗和自适应滞后边缘技术，显著改善了 GEO 移动卫星系统的切换性能，包括切换延迟、链路衰减的概率和切换数量。

6.4.2　自适应切换算法系统模型

自适应切换算法系统模型基于多波束技术的 GEO 移动卫星系统（GMSS）。小区是卫星的点波束无线电覆盖区域。当 MS 跨越卫星的相邻波束之间的边界时，发生切换。接收信号强度 RSS 平均变化时间，即平均间隔，对系统切换性能具有显著影响。一方面，平均间隔应足够长，以消除衰落波动，并减少越区切换的次数；另一方面，需要较短的平均时间来检测信号强度的突然变化，并避免长的切换延迟。考虑 MS 速度和阴影衰落，固定时间平均间隔方法仅能在一个速度上获得最佳切换性能。为了对不同速度的 MS 提供良好的性能，必须基于 MS 速度来调整平均间隔。基于这样的原理，当 MS 接收的导频信号强度足够强时，到相邻波束的越区切换被认为是不必要的，使用较高的滞后余量来抑制 MS 切换到其他波束，并使用低滞后余量使 MS 切换到新的波束，以获得良好的信号质量。根据 RSS 测量和估计的 MS 速度，自适应切换滞后余量 h 由以下函数确定：

$$h = \max\left\{r_{\mathrm{H}} \times \left[\min\left\{\frac{\max\{(R(k) - \Delta_0),0\}}{\Delta_1 - \Delta_0},1\right\}\right]^{v/v_0}, r_{\mathrm{L}}\right\}$$

式中，$R(k)$ 是在时刻 k 服务波束的 RSS 测量的样本，其中 $1 \leqslant k \leqslant N$，$N$ 是沿着从服务波束到目标波束的 MS 路径采样点总数；v/v_0 为速度因子，其中 v 表示估计的 MS 速度的值，v_0 是根据系统特性设置的常数；Δ_1 和 Δ_0 分别表示最高和最低链路质量参数；r_{H} 和 r_{L} 表示最高和最低的滞后余量。在 MS 从服务波束移动到目标波束期间，滞后余量将基于上述函数而变化。当 RSS 大于 Δ_1 时，h 等于 r_{H}。由于 RSS 足够大，采用较大的滞后余量，以防止切换发生。当 RSS 下降到最低链路质量参数时，h 将等于最低滞后余量 r_{L}，其是防止乒乓效应的最小值。从 Δ_1 降到 Δ_0 的 RSS 测量值期间，滞后余量相应地从 r_{H} 调整到 r_{L}。速度因子 v/v_0 确定 h 从 r_{H} 减小到 r_{L} 的下降速度。高速 MS 将经历 RSS 的更快的下降速度，因此为高速 MS 提供相对较快的切换触发，以避免链路降级和小区划分。可以将整个切换过程分为三个阶段：将接收导频信号强度相当强的第一级 $R(k) \geqslant \Delta_1$ 表示为 R 阶段，即保留切换（Restrain Handoff），因为 MS 不需要在该区域中进行切换，所以采用较大的滞后余量 r_H 来抑制 MS 切换到其他波束。在 RSS 逐渐下降直到接近 $\Delta_0(\Delta_0 \leqslant R(k) \leqslant \Delta_1)$ 为第二阶段，表示为 T 阶段，即触发切换。在 T 阶段，逐渐调整 h 到一个较小的值，以促使 MS 触发切换，滞后边界将根据 RSS 和 MS 速度相应地下降。MS 将开始在该区域触发切换。在第三阶段，RSS 下降到低于 $\Delta_0(R(k) \leqslant \Delta_0)$ 的水平，表示为 E 阶段。在 E 阶段，h 下降到最小值 r_L，即防止乒乓效应的最小值，并且最大限度地鼓励切换。使用上述参数选择控制自适应切换算法，以提升性能。

■ 6.5　卫星通信相关标准

卫星通信标准主要包括 DVB – S(Digital Video Broadcast – Satellite) 系列相关标准、DVB – RCS(Digital Video Broadcasting – Return Channel Satellite) 系列相关标准、DVB – SH(Digital Video Broadcasting – Satellite Services to Handhelds) 系列相关标准、GMR 系列标准等，以及正在制定的 5G 卫星网络融合标准。目前国际上卫星通信相关的标准化组织主要包括 3GPP、ITU 及 ETSI（欧洲）。

6.5.1　DVB – S 开放标准

DVB – S 是欧洲电信标准协会（ETSI）于 1994 年 12 月发布的标准。DVB – S 即数字视频广播卫星标准，该标准定义了卫星多频道电视/高清电视服务（如固定卫星服务）和广播卫星服务（BSS）的调制与编码。ABS – S 标准是中国发布的相关标准。DVB – S 是更广泛的 DVB（数字视频广播）的一部分，DVB 定义通过有线网络（DVB – C 标准）、卫星、地面发射机、互联网以及移动通信系统分配数字服务，并与 MPEG – 2 编码（TS 码流）电视服务兼容，这些标准有 DVB – C 标准、DVB – X 标准、DVB – T 标准、DVB – T2 标准、DVB – H 标准等。

1. 调制方式

DVB – S 采用 QPSK 调制器，对复用后的传输流进行信道编码，内码采用卷积码，外码采用 RS 分组码，再经过 QPSK 调制。

2. 主要参数

下行频率：卫星上面每个转发器设定一个下行频率，下行频率与 LNB(Low

Noise Block down – converter）进行混频之后，得到接收机高频头的 950～2 150 MHz 频段的高频信号。LNB 工作在 C 频段时，混频频率是 5 150 MHz；工作在 Ku 频段时，是 13 100 MHz。C 频段的下行频率为 3 000～4 200 MHz；Ku 频段下行频率为 10 950～12 150 MHz。

符号率：QPSK 的符号率就是 I、Q 单路相位信号的符号率，每符号携带 2 bit 的信息。视频节目的 QPSK 的符号率一般为 2～40 MS。

极化方式：极化方式是卫星转发器下行时载波的偏振方向，作用是提高同频载波的利用率。常见的 QPSK 极化方式有垂直极化和水平极化，椭圆极化已基本不用于民用。

6.5.2　DVB – DSNG 标准

DVB – DSNG 标准是欧洲电信标准协会（ETSI）于 1999 年 3 月发布的标准，是 DVB 组织发布的第二个卫星广播标准。该标准是 DVB – S 系统的延伸，在 QPSK 调制方式的基础上增加了高阶调制（8PSK，16QAM），纠错编码方案仍然采用 RS 码和卷积码的级联码。DVB – DSNG 数字电视广播 – 数字卫星新闻采集标准旨在以通信卫星为传输平台，采用车载地面终端等便捷方式进行图像和声音信号的传输采集，提供高时效性、低成本的解决方案。

6.5.3　DVB – S2 标准

DVB – S2 标准是欧洲电信标准协会（ETSI）于 2005 年 3 月发布的标准。与 DVB – S 相比，DVB – S2 提供除 QPSK 外的多种具有更高频带利用率的调制方式，如 8PSK、16APSK、32APSK。与 DVB – DSNG 的 16QAM 相比，DVB – S2 的 16APSK 和 32APSK 调制技术减少了幅度变化，更能适应线性特性相对不好的卫星传输信道。与 DVB – S 和 DVB – DSNG 相比，DVB – S2 采用的是功能更强大的前向纠错系统，即 BCH 和 LDPC（低密度校验码）码级联的信道编码方式。DVB – S2 的交互式应用中，可变编码和调制（VCM）功能与回传信道的运用相结合，采用自适应的编码和调制（ACM）。

与 DVB – S 相比，DVB – S2 主要有两个改进：可变编码和调制，可实时优化各种用户的传输参数。在不断编码和调制（CCM）的情况下，所有帧使用相同的参数，并具有自适应编码和调制（ACM），传输中的每个帧根据接收器的接收条件进行编码。可变编码和调制（VCM）的特征是，不同的传输或服务根据不同的参数进行编码。此外，还可以使用不同的调制格式（QPSK、8PSK、16APSK 和 32APSK），如图 6 – 8 所示。DVB – S2 还兼容 MPEG – 2 和 MPEG – 4 标准。从理论上讲，与 DVB – S 相比，传输带宽节省 40%。

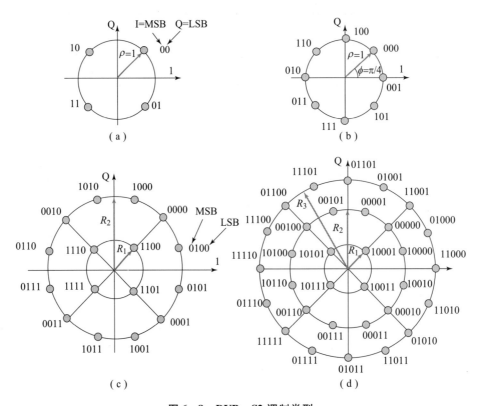

图 6 – 8　DVB – S2 调制类型

（a）QPSK；（b）8PSK；（c）16APSK；（d）32APSK

DVB – S2 标准的特点是：使用自适应编码和调制，具有更多代码速率（1/4、1/3、2/5、1/2、3/5、2/3、3/4、4/5、5/6、8/9 和 9/10）和更多调制选项（QPSK、8PSK、16APSK 和 32APSK）。其使用 LDPC 而不是内部卷积编码。上述所有改进的结果是，DVB – S2 的容量比具有相同传输条件的 DVB – S 标准高 30%。

6.5.4　DVB – S2X 标准

DVB – S2X 标准是欧洲电信标准协会（ETSI）于 2015 年 2 月发布的标准。与 DVB – S2 相比，DVB – S2X 的滚降系数更小，此外，采用了高级滤波技术。DVB – S2X 的卫星链路应用场景包括单载波和多载波。

DVB – S2X 系统所采用的滚降系数分别为 0.15、0.10、0.05，而 DVB – S2 系统所采用的滚降系数分别为 0.35、0.25、0.20。由于 DVB – S2X 的滚降系数更小，加之 DVB – S2X 还采用了高级滤波技术，使得 DVB – S2X 系统的频谱效率相对于 DVB – S2 系统的提高幅度可达 15%。

在一个物理信道信号频谱的左、右两边存在旁瓣，滤波做得越好，则旁瓣所占的频谱宽度就越小，各个物理信道之间的频谱间隔就可以越小，而且相互间不会产生干扰，从而可提高频谱利用率。DVB – S2X 系统采用了高级滤波技术，将频谱左、右两边的旁瓣滤除，节约了一个信道所占用的实际物理带宽，各相邻物理频道间的间隔可以小到符号率的 1.05 倍（在某些特定的应用场景下，该数值还可以更小）。

DVB – S2X 所采用的更陡频谱滚降与高级滤波技术可使其支持更灵活的卫星网络应用配置。DVB – S2X 的卫星链路应用场景包括单载波（此时仅采用更陡频谱滚降）、多载波（此时采用更陡频谱滚降与高级滤波技术）。

DVB – S2 采用了 4APSK、8APSK、16APSK、32APSK 这 4 种 PSK 调制方式，而 DVB – S2X 则采用了更高阶数的 PSK 调制，最高可达 256APSK。

6.5.5　DVB – RCS 标准

DVB – RCS 标准是欧洲电信标准协会（ETSI）于 2005 年 9 月发布的标准，其基于 DVB 支持双向通信的卫星网络系统。DVB – RCS 网络主要由网络控制中心（NCC）、RCS 网关和回传链路卫星用户终端（RCST）组成。每个 DVB – RCS 网络由一个或多个子网络组成，DVB – RCS 网络接入骨干网是通过 RCS 网关实现的，而回传链路卫星用户终端则负责把用户接入 DVS – RCS 网络。DVB – RCS 是卫星通信第一个非专有的双向 VSAT 标准。

前向信道：DVB/MPEG – 2 数据格式，IP 封包，数据速率达到 45 Mb/s。

后向信道：MF – TDMA，QPSK，数据速率为 4 Mb/s。

MF – TDMA（Multiple Frequency – Time Division Multiple Access，多频时分多址）从时间和频率上分为一个二维帧。上行线路的所有终端可以合用一个二维 MF – TDMA 帧，分为若干个不相覆盖的时间频率槽，显著提高了系统容量。由于每个终端发出的多媒体业务是突发的，因而多路合用必须是动态的。MF – TDMA 的优势在于：载波频率和分配带宽都可以灵活适应多变的多媒体传输要求，而且时隙和突发速率都可以根据网控中心的要求来改变，有效降低了终端功率和传输速率，从而降低终端成本。

DVB – RCS 对卫星终端的物理层、MAC 层进行定义。前向链路是多广播信道，通过广播实现前向链路信令的发送，可以根据 RSCT 数量的增加而增加。中心站在 DVB – RCS 网络内通过 DVB 广播的方式实现信息的交互，RCST 则主要通过 MF – TDMA（多频时分复用）多点回传途径来实现交互式通信功能，用 QPSK 来调制突发信息，通过如 Turbo 编码、RS 编码或卷积编码等编码方法进行信息分组。其可通过相同的天线完成 RSCT 终端的数据收发操作。DVB – RCS 的业务类型和具体应用没有关系，可以提供以 IP、DVB 为依据的业务连接的基本协议栈模型包括前向链路上的多协议封装 DVB/MPEG2 – T、回传链路上的 IP 等。

6.5.6　DVB – RCS2 标准

DVB – RCS2 标准是欧洲电信标准协会（ETSI）于 2012 年 5 月发布的标准。DVB – RCS2 前向链路采用 DVB – S2 标准，DVB – RCS2 采用通用流封装（GSE）来替代传输流（TS），从而支持不同类型的基带帧，并且不要求数据连续，包长度可变，每个包的传输参数（调制方式、编码速率等）均可调整。DVB – RCS2 反向链路增加了 3 种调制方式，同时改进编码方式，提高了小站的传输效率。

DVB – RCS2 通信系统可采用透明卫星网络、再生卫星网络两种网络拓扑架构，设计了包括初始化、登录、TDMA 同步、同步监测、退网等过程的接入流程。

1. DVB – RCS2 透明卫星网络拓扑架构

DVB – RCS2 透明卫星网络拓扑主要由透明卫星、Hub/NCC、星形终端、网状覆盖终端、网关回传信道卫星终端（GW－RCST）组成，主要功能如下：

①透明卫星：提供终端和集线器之间的连接，以及透明网状系统与终端之间的连接，也可以提供多波束连接。

②Hub/NCC：执行控制（网络控制中心（NCC））、管理（网络管理中心（NMC））功能和接口的通信网关的功能。

③星形终端（RCST）：提供星形连接，或跨双卫星的网状连接。

④网状覆盖终端（RCST）：提供卫星连接、跨双卫星的网状连接以及单卫星的网状连接。

⑤GW－RCST：扮演网关的角色，支撑网状 RCST 用户接入地面网络，给终端提供服务。

2. 再生卫星网络拓扑架构

DVB－RCS2 再生卫星网络描述了交互网络的拓扑结构。DVB－RCS2 再生卫星网络拓扑主要由再生卫星、管理站、再生卫星网关（GW－RCST）、再生网状终端组成，主要功能描述如下：

①再生卫星：在接收端执行解调、解复用解码（解密）、星上交换（多波束系统）、信号再生与传输等功能。星载再生功能允许上下行链路的空中接口格式不相同，上行链路采用 DVB－RCS2 标准，下行链路采用 DVB－S2 标准。

②管理站：向用户提供管理和控制功能。

③GW－RCST：支撑再生 RCST 用户接入地面网络，给终端提供服务。

④再生网状终端（RCST）：遵循 DVB－RCS2 标准，提供单个卫星下的网状连接，支持动态网状连接。

3. DVB－RCS2 通信网接入流程

RCST 终端要接入 DVB－RCS2 交互式卫星通信网络中，必须经过五个过程：初始化、登录、TDMA 同步、同步监测和退网。当 RCST 处于同步监测后，即可进行业务突发。典型的信令流程如图 6－9 所示。

（1）初始化过程

初始化过程中，RCST 需要获取 RCS 网络的控制信息，包括网络控制参考时钟 NCR。NCC 在前向链路中发送 NCR。RCST 通过跟踪捕获 NCR，以实现本地时钟的初始化。

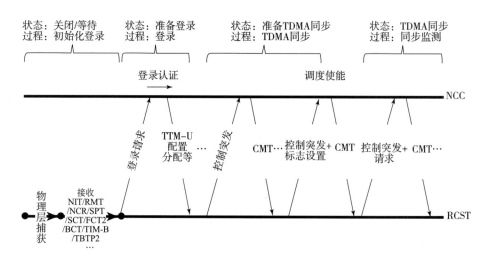

图6-9 DVB-RCS2 通信网接入信令流程

RCST 周期性接收 NCC 发送的突发时间计划（Burst Time Plan，BTP）。BTP 包含在前向链路信令中，由超帧组成表（Superframe Composition Table，SCT）、帧组成表（Frame Configuration Table，FCT）、广播配置表（Broadcast Configuration Table，BCT）和终端突发时间计划（Terminal Burst Time Plan，TBTP）组成。

RCST 还要接收与上述信令相关联的终端信息消息广播（Terminal Information Message Broadcast，TIM-B）。RCST 应在 TIM-B 中读取与其自身硬件识别符（Hardware Identifier，HID）的组织唯一标识符（Organizationally Unique Identifier，OUI）相匹配的最低软件版本描述符。如果当前运行的软件版本符合执行规则，RCST 将进入登录过程；否则，RCST 将不会进行登录。RCST 可以自动加载或者获取另一个可实施的软件版本，然后登录。

完成上述步骤后，RCST 可进入准备登录状态。

（2）登录过程

DVB-RCS2 登录过程设计了三种网络登录方式：基本登录方式、通过动态分配登录时隙登录和支持时间不确定性登录。

（3）TDMA 同步过程

TDMA 同步过程利用专用的接入控制时隙。控制参数由 TIM-B 中的校正控制描述符与 TIM-U 中的控制分配描述符提供。

RCST 在专用的控制时隙中发送控制突发，当 TIM – U 中校正消息描述符或校正信息表（CMT）指出的误差比非零频率门限及非零时间门限都小时，同步过程成功完成。如果这两个门限都为 0，同步过程将无条件成功。

专用控制传输的丢失响应次数是受监控的。控制突发响应的可容忍最大连续丢失次数决定了专用控制传输响应的最大丢失次数。最大专用接入控制时隙传输次数决定了最大尝试次数。如果超出最大丢失次数或者在最大尝试次数内还没有获得必需的响应，同步过程将被认为失败。

RCST 会检测它与 NCC 的连接，如果 NCC 长期没有对 RCST 进行特定寻址，RCST 会自动退出登录。

（4）同步监测过程

在专用接入控制时隙内，RCST 将进行监测应答。同步监测过程中，只要校正值超过非零门限值，RCST 都将认为同步丢失。RCST 在校正频率、功率、时间后，如果校正控制描述接收的丢失次数超出专用接入控制突发响应连续丢失次数的最大值，则认为同步丢失。RCST 不会将校正值当作同步丢失的参数与零门限进行比较。

连续载波模式下，NCC 可以在任何时刻请求 RCST 发送 TIM – U 应答，并要求 RCST 发送自最后一次校正值被应用以来自然产生的时间和频率的累积修正值。当 RCST 不用重新获取时间和频率的偏移而返回突发发送时，将应用这些校正值。如果没有产生特定的校正值，RCST 将以最小值来应答。

（5）退网过程

RCST 可通过以下几种方式从交互式网络中退出。

①主动请求退出：RCST 会在低层信令中发送退网请求及退网原因。NCC 接收到退网请求后，将在 TIM – U 中回复退网说明及退网原因。RCST 接收到此说明后，退出网络。

②NCC 命令 RCST 退网：NCC 会向 RCST 发送退网说明。RCST 收到此说明后，将停止发送消息。RCST 如果不在保持/待机状态，则将进入关闭/待机状态。

③自动无痕迹退网：当 RCST 处于 NCR 恢复状态时，这种退网结果可能发生，或者在其他一些条件下，RCST 自己决定不再受 NCC 控制。这些条件包括前向链路多次中断、在专用接入控制时隙中多次丢失控制突发响应、缺少退网请求

响应等。具体地，RCST 将停止发送消息，进入关闭/待机状态。

如果 RCST 没有在一定的时间间隔内分配到专用接入发送资源，它将用专用接入发送管理方式自动退网。该时间间隔为：控制接入最大丢失次数 × (控制重复周期 +1) × 超帧持续时间。

6.5.7　DVB – SH 标准

DVB – SH（Digital Video Broadcasting – Satellite Services to Handhelds）标准是由欧洲电信标准协会（ETSI）于 2008 年 3 月发布的标准。DVB – SH 是一个卫星/地面混合系统，是继 DVB – H（Handheld）之后，为移动电视提供了第二个解决方案。DVB – H 使用的频率主要是目前模拟和数字地面电视业务所占用的 UHF 频段。DVB – SH 设计用于 3 GHz 以下的频率。在这一范围内，一般是在可用于移动卫星业务（MSS）系统的 S 频段使用，即 2.2 GHz 左右。欧盟委员会规定 S 频段的一部分可以用于移动卫星业务，同时，还允许一个混合的卫星/地面系统来补充地面网络的构成。DVB – SH 标准通过结合卫星部分和辅助的地面部分提供一个普遍的覆盖。在这种合作模式下，卫星部分保证整体的覆盖，而辅助的地面部分提供蜂窝型的补充。与 DVB – H 相比，DVB – SH 主要有以下改进：

①更多可供选择的编码率。

②去掉 64QAM 调制方式。

③支持 1.712 MHz 带宽和 FFT。

④前向纠错编码（FEC）使用 Turbo 编码。

⑤时间交织有所改进。

⑥终端支持天线分集。

6.5.8　GMR – 1 3G 标准

GMR（GEO – Mobile Radio interface）是由欧洲标准化研究所推出的卫星移动通信系统空中接口技术标准。GMR – 1 3G 标准是在 GMR – 1 和 GMR – 2 版本基础上，随着 3G 和 4G 通信标准的发展演进的标准。GMR – 1 借鉴了大量的 GSM（Global System for Mobile Communications）协议架构。GMR – 1 是基于 GMS 的标准，支持基本的电路域话音和传真业务，卫星无线接入网与核心网接口为 GSM

的 A 接口；GMR - 2 是基于 GPRS 的标准，支持分组数据业务，卫星无线接入网与核心网接口为 GPRS 的 Gb 接口；GMR - 1 3G 标准是基于 3G 的标准，支持分组数据业务，卫星无线接入网与核心网接口为 3G 的 Iu - PS 接口，其最高速率可达 592 Kb/s。GMR - 1 3G 系统由 GMR 卫星、信关站（Gateway Station，GS）、卫星操作中心（Satellite Operation Center，SOC）及移动地球站（Mobile Earth Station，MES）等构成，通过信关站与其他通信网络互联。GMR - 1 3G 系统使用了卫星系统中的 TDMA/FDD 制式，其最高数据速率可达 592 Kb/s。GMR - 1 3G 系统可支持宽带通信。GMR - 1 3G 系统采用了 LDPC 码作为信道编码方案之一，支持多码率。

1. GMR - 1 3G 标准特点

相比前两个版本的 GMR - 1 标准，GMR - 1 3G 标准支持更高的数据速率、VoIP、IP 多媒体系统和全 PI 核心网。GMR - 1 3G 空中接口并没有采用与地面 3G 系统相同的 WCDMA/FFD 体制，而是保留了在卫星系统中成熟的 TDMA/FFD 体制。为了实现与 3G 地面核心网互联，其无线接入网与核心网间的接口又支持 3GPP R6 中的 Iu - PS 接口。GMR - 1 3G 标准的主要特点包括：

①支持多速率的 VoIP。

②最高达 592 Kb/s 的通信速率。

③支持多种载波带宽。

④支持多种终端形式，包括手持终端、PAD、车载终端、便携式终端和固定终端。

⑤支持 IP 多媒体业务。

⑥根据用户和业务需求支持多种 QoS 等级。

⑦动态链路调整功能。

⑧兼容 IPv6。

⑨支持地面网到卫星网的切换。

⑩支持非接入（NAS）协议。

2. 帧结构和逻辑信道

GMR - 1 3G 标准的帧结构与 GMR - 1 兼容，载波带宽是 31.25 kHz。帧结构划分为五个层次：超超帧（Hyper Frame）、超帧（Super Frame）、复帧（Multi

Frame)、帧（Frame）和时隙（Time Slot）。每个时隙又称为一个突发序列（Burst），对于不同逻辑信道，其突发序列的结构是不同的。从超超帧到时隙的映射是按如下方式进行的，每个 Hyper Frame 时间长度为 3 h 28 min 53 s 760 ms，包含 4 896 个 Super Frame；每个 Super Frame 持续 2.56 s，包含 4 个 Multi Frame；每个 Multi Frame 持续 640 ms，每个 Multi Frame 包含 16 个 Frame；每个 Frame 持续 40 ms，包含 24 个时隙 Time Slot；每个时隙 1.67 ms。

在逻辑信道层面上，GMR – 1 分为业务传输信道（TCH）和控制信道（CCH），而控制信道又分为广播控制信道（CBHC）、公用控制信道（CCHC）和专用控制信道（DCHC）三大类。各种逻辑信道的命名方式与 GSM 系统相同。系统的基本业务信道按信息速率分为 TCH3、TCH6 和 TCH9 三种，其中 TCH3 占用 3 个连续时隙，支持最高 5.2 Kb/s 速率；TCH6 占用 6 个连续时隙，支持最高 10.75 Kb/s 速率；TCH9 占用 9 个连续信道，支持最高 16.45 Kb/s 速率。广播控制信道（BCCH）主要完成系统定时同步信息的发布和小区（波束）内广播信息的发布；公用控制信道（CCCH）主要完成寻呼和接入等功能；专用控制信道（DCCH）一般对应相应业务信道的控制信息，不同的业务信道对应不同的专用控制信道。GMR – 1 支持 GPS 定位功能，在广播控制信道中提供了专门的 GPS 广播控制信道。GMR – 1 3G 支持载波聚合功能，支持不同的时隙分配方案，使无线资源可以根据当前卫星链路状态得到灵活和高效的配置。

3. 调制和编码

GMR – 1 信道编码分为内码和外码，其中外码为 CCR 校验码，可提供 8 bit、12 bit 和 16 bit 的 CRC 校验功能。内码提供纠错功能，包括三种信道编码：由码率分别为 1/2、1/3、1/4/和 1/5 的卷积码以及通过删除处理（Puncture）得到的不同编码速率的删除处理的卷积码，以适应不同的逻辑信道数据块长度；基于软判决译码的（24，12）Goaly 码，用于功率控制信息的纠错功能；（15，9）四进制 RS 码，用于基本告警信道（BACH）。GMR – 1 3G 增加了支持 Turbo 码和 LDPC 码功能，这两种编码都应用于高速逻辑信道中。Turbo 码是基于 3GPP 的 Turbo 码，其生成多项式和删除处理方式与 3GPP Turbo 码相同，Turbo 包长支持 200 ~ 6 000 bit。LDPC 码是基于 DVB – S2 中的 LDPC 码，但针对短包长进行了重新设计和优化，LDCP 码包长支持 200 ~ 9 000 bit，共使用 18 种不同的 LDPC 码。

在调制方式方面，GMR - 1 3G 除了支持传统的 BPKS 和 QPSK 调制，还支持 16APKS 和 32APKS。

6.5.9　GPP NTN 标准化进展

3GPP NTN（Non - Terrestrial Networks）标准是目前正在研究的将卫星通信与 5G 融合标准，主要研究 5G 标准，目前已公布了 R15、R16，正在研究的内容是 R17。

根据卫星对 5G 信号处理功能的不同，可以分为透明载荷和再生载荷两类。透明载荷实现射频滤波、频率变换和放大等基本功能，转发的波形保持不变，相当于射频直放站。而再生载荷除了实现这些基本功能外，还要实现解调/译码、交换和路由、编码/调制等功能，相当于 5G 基站的全部或部分功能在卫星上实现。考虑不同类型卫星、载荷、卫星波束等多方面因素对 5G 非地面网络技术设计的影响，3GPP Rel - 16 研究了基于地球静止轨道卫星和低轨道卫星的 6 种参考部署场景，见表 6 - 1。地球静止轨道卫星的波束在地表的覆盖区是固定的（场景 A、B）。对基于低轨道卫星的非地面网络，卫星可以利用波束赋形技术将某个波束指向地球上的一个固定区域，这样在卫星可见的这段时间内，该波束在地表的覆盖区可以基本保持不变（场景 C1、D1）；如果不支持波束调节功能，则随卫星移动，卫星波束在地表的覆盖区也不断移动（场景 C2、D2）。3GPP Rel - 16 对卫星与终端间业务链路的工作频段进行了定义。考虑复杂度等因素，以及卫星上通信载荷的性能受限、相位噪声损失、峰均比（PAPR）高等影响，例如，在 5G 新空口现有的技术设计中，上行采用 DFT - S - OFDM 波形等。

表 6 - 1　非地面网络 6 种参考部署场景

卫星平台类型	透明载荷	再生载荷
基于地球静止轨道卫星的非地面网络	场景 A	场景 B
基于低轨道卫星的非地面网络：可调节波束	场景 C1	场景 D1
基于低轨道卫星的非地面网络：波束随卫星移动	场景 C2	场景 D2

下面是相关标准中研究的 5G NTN 网络一些关键技术。

1. 网络架构及网元部署

包括基于透明载荷的网络架构和基于再生载荷的非地面网络架构，以及网元功能定义和部署。

2. 卫星波束与小区、跟踪区管理

对基于波束随卫星移动的低轨道卫星（即参考部署场景 C2、D2）的非地面网络，卫星波束在地面扫描，同一个小区在地面上的覆盖区是不断移动的。3GPP 研究使用相对地面来定义跟踪区，即"相对地面固定的跟踪区"方案，保持 TAI(Tracking Area Identity，跟踪区号码) 与一个固定地理区域对应的原则。可采用与地面网络类似机制进行跟踪区管理，并降低位置更新信令开销。

3. 移动性管理

移动性管理包括终端空闲模式下的移动性管理和终端连接模式下的移动性管理。空闲模式下的终端需执行小区选择/重选、跟踪区管理等过程。对终端连接模式下的移动性管理，非地面网络的技术挑战包括：低轨道卫星在不断移动中对终端测量的有效性；终端与卫星间在视距传输中，从小区中心到小区边缘卫星信号的变化相对平缓，在非地面网络中避免频繁的乒乓切换。3GPP Rel – 16 阶段研究中提出了对 RRM(Radio Resource Management，无线资源管理) 测量配置、测量报告的一些增强方案；在触发切换的机制上，除了传统的基于测量的触发外，对基于终端位置、基于定时器或基于源小区与目标小区的仰角等触发切换的机制也进行了研究。

4. 物理层技术

3GPP 在 5G 新空口中，采用 S 频段利用低轨道卫星和地球静止轨道卫星的非地面网络为普通的手持终端（全向天线、功率 23 dBm）提供通信服务；如果采用高天线增益的其他类型终端（如 VAST 终端），则采用 S 频段或 Ka 频段都可以提供通信服务。此外，还有下列物理层技术在进一步研究或标准化：

（1）终端与基站之间定时关系增强

在 NTN 网络中，较大的双向传输时延将导致用户间上行数据帧时序存在较大偏移，需增强 NR 中物理层的时序关系。对于通过 DCI 调度 PDSCH 传输、通过 RAR grant 调度 PUSCH 传输，在 PUCCH 上传输 ARQ、MACCE 响应、CSIRS、非周期 SRS 传输等与上下行交互有关的时序关系时，引入 Koffset 参数做时序增强。

上行定时提前用来指示 UE 根据指定提前相应时间发送上行数据，确保接收侧的时间同步。R16 将 TA 设计为公共 TA 和 UE 专用 TA 的组合形式，并讨论了两种 TA 的补偿方式。

R17 研究根据 UE 是否具有定位能力来确定是否增强 RACH。若 UE 可精确获取用户位置信息并进行时频偏预补偿，则可复用 R15 PRACH 和报文序列；若 UE 不能进行时频偏预补偿或无定位能力，则需要增强设计 PRACH 和报文序列。此外，NTN 也可考虑采用 R16 中的两步接入来简化初始接入流程。

（2）上行链路频率同步增强

卫星移动性导致的大多普勒频移将严重影响帧同步、随机接入等流程，NTN 中考虑多普勒频偏估计与补偿。对于下行频率补偿，在网络侧进行波束专用的公共频偏预补偿，复用 R15 SSB 设计就能提供稳健性能。对于上行频率补偿，在网络侧进行波束专用的公共频偏后补偿。UE 利用下行 RS、UE 位置信息及星历信息做频偏估计，并在 UE 侧完成上行 UE 专用频偏补偿；或网络侧通过上行 RS 做频偏估计，并指示 UE 做上行频偏预补偿。

（3）可容忍时延重传机制

在 NTN 中，由于 RTT 较大，所需最小混合自动重传需求（HARQ）进程数远远多于 NR 支持的 16 个，R16 中支持 HARQ 可配置及可容忍时延重传机制，优化 HARQ 进程数目。

①HARQ 关闭机制。支持 HARQ 反馈的激活与去激活。网络侧可准静态配置 HARQ 开关状态。当 HARQ 功能关闭时，下行数据传输无上行反馈。为了保证数据传输可靠性，针对不同用户或业务，可配置不同重传次数或连续时隙聚合数。

②HARQ 传输增强机制。另一种解决 NTN HARQ 进程数需求多的方法是增加 HARQ 进程数来匹配更长的卫星双向传输时延。HARQ 进程数量的增加需考虑 HARQ 反馈、HARQ 缓存大小等因素的影响。

（4）其他

包括 PRACH 序列和格式的增强；低轨道卫星场景下，馈电链路切换对物理层过程的影响；频率复用下的波束管理和 BWP（Bandwidth Part，带宽部分）操作等。

在核心网方面，3GPP R15 核心网系列标准包括 NSA（Non‐Standalone，非独立组网）技术路线和 SA（Standalone，独立组网）技术路线的一系列核心网相关标准，是 3GPP 5G 首个标准版本，已于 2018 年 9 月正式冻结。3G GPP R16 核心网标准对 5G 核心网能力进行了全方位的增强和优化。R16 核心网标准进展主要包括：①固移融合，实现固网核心网与移动核心网的融合，为用户提供一致性业务体验。②5G LAN，提供私有定制的 LAN 服务。③TSN（Time Sensitive Networking，时延敏感网络）。④NPN（Non‑Public Network，非公共网络），通过非授权频谱或者授权频谱创建专有网络。⑤uRLLC，支持超低时延超高可靠业务，实现方案除了网络切片之外，还包括用户面冗余传输机制、端到端的实时 QoS Monitoring 机制、业务性机制等。⑥5G IoT，实现基于 EPC 的 IoT 特性到 5G 核心网的迁移和适配，以支持 NB‑IoT/eMTC 终端接入 5G 核心网。⑦卫星通信，接入侧采用 3GPP 5G NR 协议，卫星作为回传，或者作为基站的部分/全部功能，核心网的架构、功能、接口适配卫星通信特点进行优化，重点是移动性管理、会话管理、多连接管理。R17 研究主要关注 NB‑IoT/eMTC 支持 NTN 网络。

6.6　卫星网络切换策略

6.6.1　卫星网络中切换问题

用户终端相对卫星的运动速度和对地的高度的不同，对其在移动卫星通信网络中的切换性能影响不同。

1. 地面静止终端在低轨卫星网络中切换

由于 LEO 卫星对地的高速运动（超过 25 000 km/h），平均可视时间为 10 min 左右，地面静止用户终端在通信过程中往往需要切换，切换策略是影响系统性能的重要因素。用户在同一卫星下面不同的点波束（即小区）之间的切换称为波束间切换，用户在不同卫星之间的切换称为星间切换。一些文献提出的星间切换策略有：基于用户位置和卫星信号强度的策略，在简化的两颗卫星的交叠区模型中，该策略的用户切换触发位置的精确性和呼叫终止概率达到较好性能，但算法复杂度较高；最大仰角策略，在切换时，选择仰角最大的卫星，但由于无线链路中阴影效应等影响，空间几何上仰角最大的卫星并不一定能提供最好的通信质量，故该策略的切换性能不佳、实用性不强；最强信号强度策略，该策略仅考虑信号强度，但信号强度最强的卫星不一定有足够的带宽来容纳新用户，故该策略的阻塞率较大；最小负荷策略，用户在切换时，选择负荷最小的卫星，该策略可使全网的负荷分配比较均衡，但其只考虑负荷因素，通常只作为参考策略；最长可视时间策略，用户在切换时，选择能提供最长通信连接保持的卫星，该策略具有较低的切换频率，但呼叫终止概率大。

切换过程要保证用户的通信质量在一个可以接受的水平之上；卫星的空闲信道数反映了卫星的负荷情况，空闲信道数越少，则卫星的负荷越大，切换到该卫星时，因没有空闲信道而切换失败的可能性就越大，卫星网络的信道利用率就越低。已有的星间切换策略往往难以兼顾切换性能的优化和策略的实用性，在综合考虑接收信号的信噪比和卫星负荷这两个因素的基础上，分别提出了两种星间切换策略，即负荷和信噪比加权策略、改进的最小负荷策略，具有较好的切换性能和实用性。

2. 高动态终端在卫星网络中切换

高动态终端，速度非常快，比如时速大于等于 $3Ma$，$1Ma$ 即一倍声速。这类高动态终端移动速度非常快，移动方式多为飞行，飞行轨道高度一般距离地面 20 km 以上，而卫星通信具有通信容量大、覆盖区域广、不受地形地物等自然条件影响以及不易受自然或人为干扰等优越性，因此，卫星网络对高动态终端的通信支持具有很好的研究前景。

高动态终端的上述特点，决定了其与低速终端在卫星通信网络中切换技术的不同。国内外文献关于高动态终端在卫星网络中的切换研究的论述比较少。已提出的高动态终端星间切换算法有最短路径优先算法、最长覆盖时间和最短路径优先融合算法，主要解决 LEO 卫星网中高动态终端到地面控制台的端到端时延、切换次数的问题。

最短路径优先算法：该算法主要解决 LEO 卫星网中高动态终端到地面控制台的端到端时延问题。假设当卫星把高动态终端发送的数据传送到其中任何一个地面站时，控制台就收到高动态终端的发送回来信息，完成了高动态终端到控制台的通信。然后由收到信息的那一个地面站向高动态终端发送指令。算法依照高动态终端和地面站之间的星间路径最短的原则来选择切换。也就是说，由于多星覆盖造成星间链路选择的多样性，当高动态终端或者地面站要进行切换时，会先

计算出当前地面 – 星座 – 终端总链路长度 L 的各种可能值，然后选择能使 L 达到最小的卫星作为切换星。例如，在某时刻有 M 颗卫星覆盖着地面站，有 N 颗卫星覆盖着高动态终端，则有 $M \times N$ 种选择方式来建立星间链路，其中某一种选择可以使链路总长度最小。当数据产生后，系统首先在该卫星上寻找是否有空闲信道，有则建立连接，没有则选择使 L 值小的卫星作为切换星，依此类推；如果当前覆盖范围内的卫星均无空闲信道，通信中断，经过一个时间值后，重新寻找信道。该算法的优点是使通信传输时延最短，因为较短的时延对于高实时性要求的高动态终端通信非常重要。算法的缺点是频繁的切换增大了系统开销，也加重了高动态终端的信令负荷，没有考虑通信质量、切换时延问题。

最长覆盖时间和最短路径优先融合算法：该算法主要解决 LEO 卫星网中高动态终端到地面控制台的端到端时延、切换次数问题。该算法思想是：在高动态终端方面，利用最长可视时间准则进行切换星的选择，即高动态终端切换时，选择能为其提供最长服务时间的覆盖星；而在地面段方面，则采用最短路径算法，即地面站选择能使到达高动态终端的总链路长度最短的卫星作为切换星。该算法的优点是降低高动态终端的切换次数，减小了高动态终端的信令负荷，增加了通信的可靠性，另外，不至于使通信时延过大。算法的缺点是没有考虑通信质量、切换时延问题。

高动态终端的运动速度和飞行高度不同，对切换性能的影响不同。本书针对三种高动态终端即航天器、低空高速飞行器、LEO 卫星在移动卫星通信网络中的切换技术进行了研究，重点分析了高动态终端在移动卫星通信网络中的可视性，分析切换存在的问题，设计适用于高动态终端在移动卫星网络中的切换信令流程和切换策略。

6.6.2　地面静止终端在低轨卫星网络中的切换星间切换

LEO 卫星对地高速运动（超过 25 000 km/h），地面静止用户终端在通信过程中往往需要切换。切换时，必须保证基本的通信质量，接收信号的信噪比反映了无线链路通信质量；卫星的空闲信道数反映了卫星的负荷情况，空闲信道数越少，则卫星的负荷越大，切换到该卫星时，因没有空闲信道而切换失败的可能性就越大，卫星网络的信道利用率就越低。

图 6-10 给出了地面静止终端在低轨卫星网络中的星间切换信令流程。

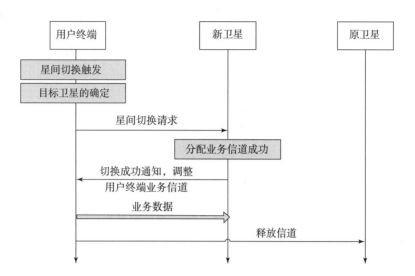

图 6-10　地面静止终端在低轨卫星网络中的星间切换信令流程

6.6.3　高动态终端在卫星网络系统中的星间切换

高动态终端运动速度不小于 $3Ma$，移动方式多为飞行，飞行轨道高度一般距离地面 20 km 以上，高动态终端本身的特点决定了其与低速终端在移动卫星通信网络中的切换存在的问题不同。针对 LEO 卫星作为高动态终端在 GEO 卫星通信网络中的切换场景分析切换存在的问题，设计了核心信令保护机制的星间切换信令流程，定义了三种切换定时器。

1. 切换场景

移动卫星通信网络的一个重要的发展趋势是加强星上处理技术，开展星间通信技术的研究，LEO 卫星可作为一种高动态的用户终端在 GEO 卫星通信网络中通信。由于 LEO 卫星通信网络的研究还在初级阶段，目前国内外文献对此课题缺少相关论述。此外，LEO 卫星和 GEO 卫星构成双层卫星网络提供通信支持时，结合了 LEO 卫星传播时延短、传播损耗小的优点及只用几颗 GEO 卫星即可实现廉价的移动卫星通信的优点，具有一定的研究价值。在上述两种情况下，为了保证通信的连续性，LEO 卫星需要在 GEO 卫星通信网络中切换，切换场景如图 6-11 所示。

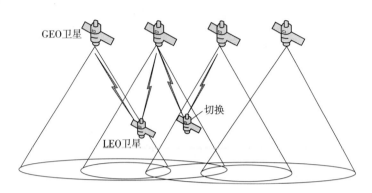

图 6 - 11　LEO 卫星在 GEO 卫星通信网络中的切换场景

2. 星间切换策略和协议流程

星间切换策略包括切换触发策略和切换选星策略。切换触发策略用来触发切换的发生，切换选星策略用来选择确定新的目标卫星。本章在综合考虑信噪比和覆盖时间的基础之上，给出信噪比门限的最长覆盖时间策略。

（1）最强信噪比星间切换策略

星间切换触发策略：可视卫星中的最大信噪比与当前服务卫星的信噪比之差大于等于一个门限时，星间切换被触发。

星间切换选星策略：选择最强信噪比的卫星作为新的目标卫星。

（2）最长覆盖时间星间切换策略

星间切换触发策略：当前服务卫星的剩余覆盖时间低于门限值时，星间切换被触发。

星间切换选星策略：选择剩余覆盖时间最长的卫星作为新的目标卫星。

（3）信噪比门限的最长覆盖时间星间切换策略

星间切换触发策略：当前服务卫星的信噪比低于门限值或服务卫星的剩余覆盖时间低于门限值时，星间切换被触发。

星间切换选星策略：选择信噪比大于等于门限值的最长剩余覆盖时间的卫星作为新的目标卫星。

星间切换流程如图 6 - 12 所示。

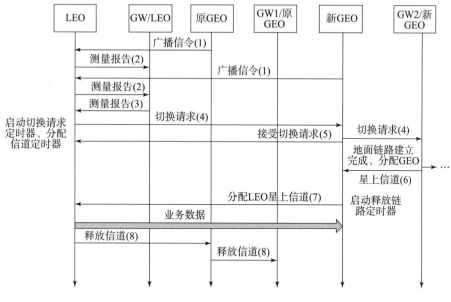

图 6 - 12　星间切换流程

■ 6.7　卫星网络切换协议

6.7.1　基于移动 IP 协议的卫星网络切换

卫星网络中，应用最广泛的切换协议是 Mobile IP(MIP)。它是由因特网工程任务组（IETF）提出的，用来处理用于移动数据通信的因特网主机的移动性。MIP 基于归属代理（Home Agent，HA）和外部代理（Foreign Agent，FA）的概念，用于将数据包从一个移动节点（Mobile Node，MN）传送到通信节点（Communication Node，CN）。基本上通过以下步骤完成：

当切换开始时，MN 在 FA 中注册自己，等待 FA 中的信道分配，并更新其在 HA 目录中的位置。HA 封装发送给它的数据包。然后将封装的数据包发送到 FA。FA 对这些数据包进行反封装，并将其发送到 MN。

移动 IP 协议原理如下：移动 IP 的目的在于实现移动过程中的不间断网络访问。移动 IP 能够保证网络设备在移动过程中，在不改变现有网络 IP 地址、不中断正在进行的网络通信即不中断正在执行的网络应用的情况下，实现对网络的不间断访问。移动 IP 支持在不改变自身 IP 地址，又不影响正在执行的网络应用的情况下，从一个网络链路移动到另外一个网络链路，能够实现无线网络中的无缝漫游功能。移动 IP 的主要概念如下：

➢ 移动主机（Mobile Host，MH）：移动主机是处在网络中移动计算机通信设备节点。

➢ 本地链路（Home Link，HL）：本地链路是与移动节点具有相同 IP 网络前缀和网络掩码的网络链路。

➢ 本地 IP 地址（Home Address）：本地 IP 地址是移动节点在本地链路上时所指定的 IP 地址。

➢ 本地代理（Home Agent，HA）：本地代理是位于本地链路上具有代理功能的路由器。

➢ 外部链路（Foreign Link）：外部链路是 IP 网络前缀不同于本地链路的其他链路。

➢ 转交地址（Care – of address，COA）：转交地址是移动节点移动到外部链路上时获得的 IP 地址。转交地址具有与外部链路相同的网络前缀。

➢ 外部代理（Foreign Agent，FA）：外部代理是位于外部链路上的具有代理功能的路由器。

➢ 隧道（Tunnel）：隧道是当移动节点位于外部链路上时，本地代理将中途截取到的目标地址为源数据包再进行网络层的封装，再次封装后的 IP 数据包的目标 IP 地址为移动节点的转交地址，IP 数据包由外部代理处理，到达移动节点后进行解包处理。

在移动节点分配一个转交地址后，经过再封装后的 IP 数据包的目标 IP 地址为外部链路上的 IP 地址，该数据包可通过正常的路由途径从本地代理传递给位于外部链路上的移动节点，而不需要对本地代理与外部代理之间的路由器进行改动。

6.7.1.1　基于移动 IP 的卫星网络移动性分析

基于移动 IP 的卫星网络，不仅能降低成本，还使卫星网络与地面网络具有良好的互操作性。然而，基于移动 IP 卫星网络的一个主要的问题是，由于需要保持 IP 卫星网络节点与地面网络 IP 节点之间的连通性，导致频繁的切换。由于卫星绕地球旋转，卫星与地面站之间的断开和重新连接，需要解决移动 IP 卫星网络的移动性管理问题，这种移动管理包括两个方面：一个是本地管理，解决移动后的可达性问题；另一个是切换管理，解决移动后的通信连续性问题。

卫星网络在围绕地球旋转时，通过星间链路连接在一起，使用星地通信链路与不同的地面站进行连接，卫星 IP 网络和地面 IP 网络形成集成网络，在这个集成网络中，两个网络的节点都是移动的，这种移动性引起对等通信节点的 IP 地址的改变，通过移动性管理是维护两个通信节点的连接，以及主机可达的连续性要求。与地面网络类似，考虑主机移动性和网络移动性。

1. 主机移动性

主机移动性有两种情况：一种是卫星节点作为路由器；另一种是卫星节点作为主机。

（1）卫星节点作为路由器

卫星节点作为 IP 路由器，当地面主机 D 与某个通信节点 C 通信时，先连接到某个卫星路由器 A 上，在卫星围绕地球旋转运行的过程中，会被切换连接到另一个卫星路由器 B 上。在卫星连接切换时，地面主机 D 需要在两个卫星路由器 A 和 B 之间保持一个连续的传输层连接，与通信节点 C 通信。在卫星 B 与地面连通时，通过卫星 A 与卫星 B 的星间链路通信，卫星 A 的数据仍无缝传输到地面。不同的卫星之间，甚至同一卫星上不同通信设备之间，可以分配不同的 IP 子网地址，在切换期间，对于地面主机而言，由于 IP 地址变化，需要一个网络层的切换管理。

（2）卫星节点作为主机

在卫星与不同的地面站连通时，地面站属于不同的 IP 子网，卫星节点需要改变 IP 地址。与不同的地面站连通时，可通过移动性管理保持卫星与地面站节点的连续连接。

2. 网络移动性

当几个卫星节点一起移动时，通过管理这些节点的集成运动，可保持多个卫星在运动中的组网连续性，实现各个卫星之间的协同。

（1）卫星上的网络设备作为局域网节点连接在一起移动

卫星之间通过星间链路连接，并通过星地链路与地面站连接。卫星上的网络设备作为一个连接在网络上的移动节点设备，卫星节点的网络设备移动时考虑为一个集成方式的局域网进行移动管理。

（2）卫星星座作为一个移动子网整体移动

卫星星座节点可以看作一个或多个 IP 子网单元，它是一个连接到地面 IP 网络的移动子网，这个移动子网通过一个或多个卫星移动路由器连接。移动子网与地面站连接，在移动子网内对卫星的管理进行透明（直接）处理。

6.7.1.2　移动 IP 工作流程及卫星移动管理应用

1. 移动 IP 工作流程

移动 IP 的工作流程如图 6 - 13 所示，分为 5 个步骤：代理发现；移动检测；获取转交地址；转交地址注册/取消；数据接收和发送。

①代理发现：判断移动节点现在所处的位置是本地链路还是外部链路。

②移动检测：移动检测的目的在于确定移动节点是否从一个链路移动到了另外一个链路。

③获取转交地址：当移动节点确定它位于外部链路上时，获取一个转交地址。

④转交地址注册/取消：转交地址注册是移动节点将在外部链路上获得的转交地址告知本地代理，取消注册是移动节点将请求本地代理取消注册。

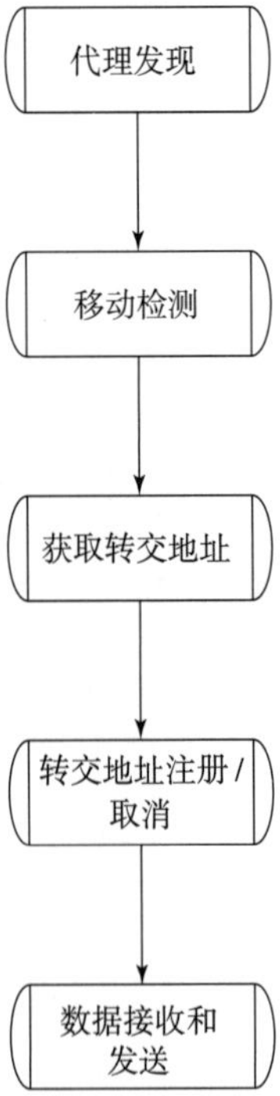

⑤数据接收和发送：在数据发送时，如果外部代理存在，移动节点可以选择外部代理作为默认路由器；如果外部代理不存在，移动节点将选择外部链路上的其他路由器作为默认路由器。

2. 卫星移动管理应用

移动 IP 在卫星网络移动管理应用的总体架构如图 6 - 14 所示。

图 6 - 13　移动 IP 工作流程

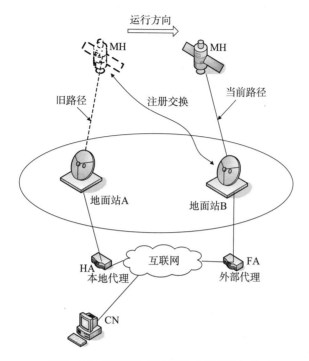

图 6 - 14　移动 IP 卫星网络应用总体架构

　　考虑卫星移动主机 MH；本地代理 HA 与地面站 A 连接，外部代理 FA 与地面站 B 连接，并通过地面互联网与通信节点 CN 连接。在本地链路连接网络中，卫星移动主机 MH 与通信节点 CN 之间的数据交换通过旧路径，即通过本地代理 HA 和地面站 A 与通信节点 CN 通信。当卫星移动知道自己进入地面站 B 时，在外部链路连接网络中，启动获得转交地址程序，在获得转交地址后，转交地址被通知到本地代理 HA，这样就连通了从本地代理 HA 到外部代理 FA 的 IP 封装隧道，实现数据传输。

6.7.1.3　移动 IP 切换性能优化

　　在传统的移动 IP 方案中，系统把数据转发和转交地址获得过程耦合在一起进行管理，此外，在获得转交地址后，需要在本地代理和外部代理之间建立隧道，而在获得转交地址后没有保持旧连接，所以切换时延大，丢包率高。系统改进方案是采用 IP 地址多样性（IP diversity）方案，即在获得新 IP 地址的同时保持旧连接，直到新连接建立或新 IP 地址确认，之后再进行旧 IP 地址老化处理，从而提高系统切换性能，减少丢包率，尤其在地面站 A 和地面站 B 与卫星有重叠区域切换时更高效。系统切换流程如图 6 – 15 所示。整个过程包括路由广播消息处理、IP 地址自动配置、IP 地址改变消息和确认处理、数据传输重新定向到新 IP 地址消息和确认处理、本地管理更新、旧 IP 地址老化 6 个步骤。

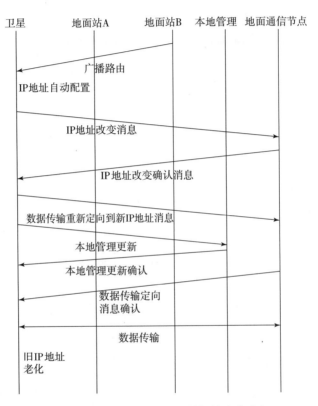

图 6 – 15　基于 IP 地址多样性切换方案流程

6.7.2　IEEE 802.21 媒体独立切换协议

IEEE 802.21 工作组致力于用标准的形式将异构无线网络之间的无缝切换进行规范，以消除未来可能的混乱状态，达到运营商和用户的双赢。802.21 的核心思想是在二层和三层之间引入一种新的功能模块，即媒介独立切换 MIH（Media Independent Handover）或媒介独立切换功能实体，IEEE 802.21 媒介独立切换架构如图 6 – 16 所示。MIH 对等存在于终端和网络设备中。通过与不同低层介质间的相互作用以及与对等 MIH 层的通信来屏蔽介质异质性，使高层无须了解低层网络的差异，简化了网络的操作和管理。需要说明的是，MIH 只涉及控制平面和管理平面，本身并不涉及数据传输平面。对于高层而言，MIH 只需定义统一的服务访问点（MIH_SAP），以获得对 MIH 功能实体各种服务的访问。而对于低层而言，则需针对不同的网络定义不同的与介质相关的服务访问点（Media_specific SAP），以获得对各种介质的访问和控制。

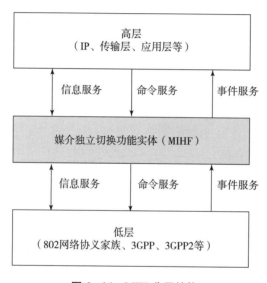

图 6−16　MIH 分层结构

MIH 需要定义一套完整的功能集，以结合不同的策略和算法来实现无缝切换。介质独立性切换技术包括 MIH 功能（MIH Function）、介质独立的事件服务（Media Independent Event Service，MIES）、介质独立的命令服务（Media Independent Command Service，MICS）、介质独立的信息服务（Media Independent Information Service，MIIS）。介质独立性切换协议（Media Independent Handover Protocol，MIHP）用来定义本地 MIH 功能实体与各层协议层之间及对等 MIH 功能实体间交换信息的功能、规程（procedure）和相关数据格式，这样移动终端和网络可以相互交互和协作来优化切换。它所交换的信息是基于上述三种服务所定义的内容。

MIES 提供本地或远程的事件给上层。MIES 支持对链路层的动态变化的传输、过滤、分类。

MICS 给 MIH 用户（使用 MIH 功能实体的上层实体）提供管理和控制链路层的功能。如果 MIH 用户想要切换和移动，它可以通过 MICS 控制媒介接入控制（Media Access Control，MAC）层。

MIIS 获得所需的去执行切换的信息。这些信息包括临近的可达的接入网络。使用这些信息，移动终端做出切换判决。

通过引入 MIH 功能实体，802.21 可以有效改善多模终端在网络发现、网络选择、切换发起、接口激活和功耗优化等方面的性能。在 MIH 的协助下，异构网络间的切换时延及切换丢包率能够得到大幅度的改善。802.21 考虑更多的是切换触发和切换准备，而切换执行由其他协议处理，如 mobile IP v6。切换触发（Handover Initiation）包括旧链路的配置、无线测量报告、新链路的发现。安全检查和切换决定不在 802.21 协议版本的范围之内，无线资源预留功能在当前版本的 802.21 协议版本内没有，但将来会被包含在内。

6.8　软件定义卫星网络切换

在 SDSN 中，数据平面由简单执行基于流的数据包转发的卫星交换机组成，控制平面由位于地球站的控制器组成，它们集中所有网络智能并执行路由、切换和资源分配的网络控制。基本思想是控制平面生成所有流条目，并通过卫星网络 OpenFlow（Satellite Network OpenFlow，SNOF）通道将所有流条目发送到每个卫星上的交换机，并使卫星的底层数据平面像流表管道一样操作。

采用 SDSN 架构后，卫星网络将具有新的特点：易于部署新应用、灵活更新和改变业务、方便测试新协议。设计一种基于 SDSN 网络架构的无缝切换协议，以在宽带卫星网络中提升卫星切换性能。图 6-17 说明了 SDSN 中的切换场景。控制器逻辑连接到位置服务器（LS），位置服务器（LS）存储所有便携式卫星终端（PST）的国际卫星设备标识（ISEI）及其网关低轨（LEO）卫星分配的临时地址。在 SDSN 架构中，控制器通过地球静止轨道（GEO）卫星将 SNOF 控制包发送到 LEO 卫星。这就简化了控制平面的拓扑结构并减少了控制流量，但需要额外的硬件。

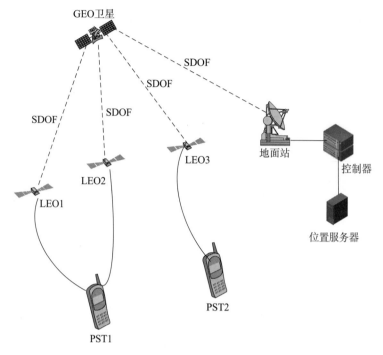

图 6 – 17　SDSN 切换过程

每个 PST 都会定期搜索来自 LEO 卫星的传输。一旦 PST 接收到 LEO 卫星的广播信号，它就会向 LEO 卫星询问本地地址（LA）并保持数据链路处于活动状态。如果一个 PST 被多个卫星覆盖，它会测量每个接收信号强度指标（RSSI），选择最强的数据链路作为主数据链路（Main Data Link，MDL），并将其他数据链路保留为弱数据链路（Weak Data Link，WDL）。在图 6 – 17 中，PST1 有两条数据链路，PST2 只有一条数据链路。LEO 卫星和 PST 之间的实线表示 MDL，虚线表示 WDL。下行数据包可以通过 MDL 或 WDL 发送，但上行数据包只能通过 MDL 发送。每个唯一的数据包都通过一条链路传输。

当 PST2 想要对 PST1 进行实时呼叫时，它首先通过 SNOF 控制通道向 LS 发送位置查询请求（LQR）。LS 将与 PST1 的 MDL 关联的当前主地址返回给 PST2，然后，PST2 将实时数据发送到其网关 LEO 卫星，该卫星充当 SDN 交换机并转发数据到 LEO2。PST1 收到来自 LEO2 的数据后，通过其当前的 MDL 回复 PST2。这样就建立了 PST2 和 PST1 之间的呼叫。

在图 6 – 18 中，展示了构建的 SDSN 模拟器中的三个流表条目。每个包都包含一个随机生成的会话 ID，用于标识唯一数据流并在 SDSN 中对其进行跟踪，并包含一个 ISEI，以指示此数据流的目标。

Data Forward	SrcAdd-PST2	DesAdd-PST1	SessionID-0x111F	ISEI-PST1	Priority-12	Counters	Actions-to LEO2	Timesout	Cookie
LS Request	SrcAdd-PST2	DesAdd-LS	SessionID-0x136F	ISEI-LS	Priority-11	Counters	Actions-to CC	Timesout	Cookie
LS Reply	SrcAdd-PLS	DesAdd-PST2	SessionID-0x136F	ISEI-PST2	Priority-11	Counters	Actions-to PST2	Timesout	Cookie

图 6-18　SDSN 流表入口例子

如图 6-19 所示，LEO 卫星在轨道上从左向右移动，PST1 测得 LEO2 的 RSSI 变弱，LEO1 的 RSSI 变强。当其当前 MDL（即 LEO2 链路）的 RSSI 低于预定义阈值时，PST1 将其设置为 WDL，并将与 LEO1 链路设置为其 MDL。切换过程如下。

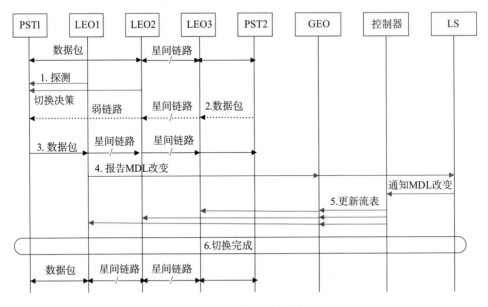

图 6-19　建议切换流程

过程 1：PST1 周期性地测量所有接收到的卫星信号的 RSSI。当测量到 LEO1 的 RSSI 高于其当前 MDL（即 LEO2 链路）的 RSSI 时，PST1 决定移交给 LEO1，即设置来自 LEO1 的链路为其 MDL，并将之前的 MDL 设置为一个 WDL。

过程 2：由于 LS 没有被告知 PST1 的切换，PST2（针对 PST1）发送的数据仍然会由 LEO3 转发到 LEO2，然后再从 LEO2（现在是 WDL）转发到 PST1。

过程 3：PST1 通过 LEO1 发送所有数据和确认。

过程 4：LEO1 从 PST1 接收数据包，并检测到 PST1 已将其 MDL 更改为 LEO1 – PST1 链路。LEO1 通过地球同步轨道卫星并通过 SNOF 控制通道向 LS 发送 MDL 变更报告。

过程 5：LS 在 PST1 将 MDL 更改通知控制器。控制器更新与 PST1 相关的所有流量表条目，并通过 SNOF 通道将更新后的条目发送到每个卫星上的交换机。

过程 6：更新所有流量表后，切换完成。所有下行链路数据将通过当前 MDL 发送至 PST1。

6.9　软件定义卫星网络切换移动管理

目前存在的卫星网络移动管理切换方案是基于 IP 网络设计的，星地链路频繁的切换会导致管理开销的增加，如何降低管理开销是研究的重点。图 6 – 20 所示是应用于移动 IP（MIP）的低轨卫星网络。

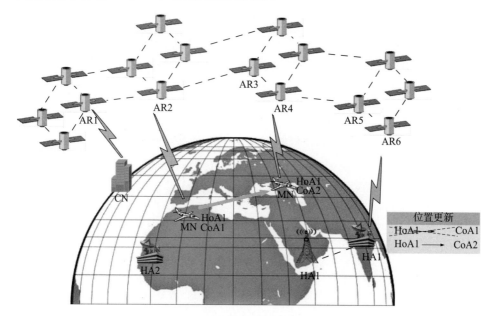

图 6 – 20　传统星地网络业务切换流程

在该场景中，HA1 是移动节点（MN）的家乡代理（Home Agent），并且设置移动节点家乡地址为 HoA1。在空间环境下，移动节点包括卫星和终端设备，移动节点在卫星接入路由（Satellite Access Router）之间切换的时候，需要获取转交地址 CoA2，用来更新 HA1 的转发表。集中式的管理方式在切换中会产生大量的更新报文，如果 HA1 的距离较远，那么管理开销会在频繁的切换过程中快速增加。并且当通信节点 CN 需要与移动节点 MN 建立链路的时候，将很难保证最优路径的选择。

基于 SDN 的移动管理切换方案，通过部署 SDN 来实现移动锚点的分布式管理，使其尽可能地接近移动节点。基于 SDN 的星地分布式移动管理（Distributed Mobility Management，DMM）方案设计基于以下考虑：

（1）位置信息管理

通过 SDN，实现了 HA 的位置管理和转发管理，使其能够和卫星网络协同处理信息，由于卫星存储、转发资源的有限性，位置信息主要通过地面网关进行传输。当移动终端和卫星连接时，注册信息将会发送至最近的地面网管，SDN 控制器将会在最大覆盖范围对所有的网关进行位置信息同步。

（2）地址信息管理

在集中式移动管理方案中，生成的转交地址会在整个移动通信过程中保持有效性。这样的机制产生了很大的管理开销和导致非最优路径选择，通过 SDN 的 DMM 方案，可以实现每个接入卫星的地址唯一性，从而减少管理开销。

（3）数据转发管理

由于基于 IP 的传输机制与位置管理器绑定，因此地面网关还需要提供转发功能。当 CN 请求与 MN 建立连接时，数据包将会发送到最近存储有 MN 位置信息的网关，网关将会以此为根据进行转发。不合理的地面网关位置信息，会导致带宽资源的浪费和路由环路的产生，引入 SDN 的转发控制分离机制，能够有效地避免以上情况。

软件定义卫星网络切换移动管理设计方案如图 6-21 所示。

图 6-21 中的方案包括两个功能实体：

（1）卫星移动锚点（Satellite Mobility Anchor，SMA）

其在卫星节点部署，主要功能是使卫星在切换过程中保证终端的接入和数

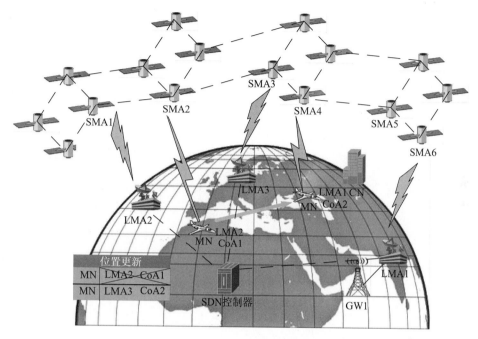

图 6 - 21　SDN - DMM 星地网络部署示意图

据的转发。如果切换是本地化过程，邻间节点 SMA 可以动态地建立无缝切换链路。

（2）位置移动锚点（Location Mobility Anchor，LMA）

其在地面网关部署，主要功能是支持位置管理和数据转发。位置管理需要完成网关之间的同步功能和 OpenFlow 协议。

在该场景中，当 MN 接入 SMA2 时，最近的网关为 LMA2，所以 LMA2 将被作为家乡地址来注册，LMA2 将存储 MN 的位置信息发送至控制器，与此同时，位置信息将会同步更新到其余网关，以降低管理开销。当 CN 请求与 MN 建立链路时，数据将会被转发至最近的网关 LMA3，此时，LMA3 可以将 MN 的实际地址转发至 LMA2，形成隧道机制。通过 SDN 控制器对 LMA 进行管理，当移动节点移动并发生切换管理时，SDN 控制器同步更新所有 LMA 表项，使得移动节点总能在最近的 LMA 进行数据接收。

◼ 6.10 本章小结

卫星网络切换技术是下一代卫星互联网的关键技术之一,本章首先描述卫星网络的星地链路信道模型、星间链路模型,低轨卫星网络切换、高低卫星网络切换,包括卫星切换、链路切换、点波束切换,以及切换策略和算法,阐述了卫星网络标准和切换问题;其次描述了卫星网络切换协议,包括移动 IP、IEEE 802.11 媒体独立切换协议等,最后说明软件定义卫星网络切换过程,以及软件定义卫星网络切换移动管理。总体看来,软件定义卫星网络切换技术还有许多问题需要研究,还需要攻克其中一些的关键技术。

第 7 章
天地一体化网络进展

7.1 概述

天地一体化网络的核心是卫星互联网，早期提供卫星互联网服务主要通过地球静止轨道（Geostationary Earth Orbit，GEO）卫星来实现，目前主要发展目标是新一代高通量卫星（High Throughput Satellite，HTS），已在轨运行的高通量卫星包括美国 Viasat 系列、EchoStar 17、EchoStar 19 及我国的中星 16 号、亚太 6D 等卫星。目前国际上针对移动通信需求而发展的低轨道卫星通信系统有近十种，其中就包括著名的第二代铱星系统（Iridium NEXT）、全球星（GlobalStar）、一网系统（OneWeb）和星链系统（StarLink）等。此外，还有以 O3b 系统为代表的中地球轨道（Medium Earth Orbit，MEO）卫星通信系统。尤其是低轨星座卫星通信系统，其具有优越的技术性，已经能向人们提供包括语音、数据、传真、定位、电视等内容的形形色色的通信服务功能。高速数据通信是低轨道卫星通信系统中的一项重要的服务功能，它可以为飞速发展的包括电话会议、全球双向交互式多媒体业务在内的计算机数据通信提供强有力的支撑。低轨道卫星通信系统必将成为今后世界上最具市场效益的通信产业之一。

■ 7.2　国外卫星通信系统介绍

7.2.1　宽带通信卫星系统介绍

宽带通信卫星系统经过了多代的发展，有着广泛的应用。其中，典型卫星系统为"宽带全球卫星通信"（WGS）卫星、"太空之路"（SpaceWay-3）卫星系统。此外，美国在 21 世纪前 10 年还发展了"转型通信卫星"（TSAT），虽然因资金预算等问题而放弃，但是在一定程度上也代表了宽带骨干传输卫星的最高发展水平和当时的发展方向。近年来，国外在中低轨宽带小卫星星座方面发展较为迅速，催生了"其他 30 亿人"（O3b）和"一网"（OneWeb）等系统的产生。

1. WGS 卫星

WGS 卫星是高轨卫星系统，WGS 是美军重要的全球宽带卫星通信系统，WGS 的卫星采用波音 702HP 卫星平台，发射质量为 5 900 kg，设计寿命为 14 年。包括了 WGS Block Ⅰ卫星，卫星通信容量可达 3.6 Gb/s；WGS Block Ⅱ卫星通信容量达到 6 Gb/s；WGS Block ⅡA 卫星通信容量可达 11 Gb/s（下行速度）。最初的目的是作为美国向 TSAT 卫星过渡的中间型号，采用部分商业通信卫星技术，弥补卫星换代期的能力需求差距。最新的 WGS-10 卫星于 2019 年 3 月 15 日由联合发射联盟的德尔塔 4 中型火箭发射完成。

WGS 卫星提供两个频段的通信业务：X 频段和 Ka 频段。整个 WGS 有效载荷最低能提供 1.2 Gb/s 的单向吞吐量，最大能达到 3.6 Gb/s。WGS 将 DSCS 卫星和 GBS 系统的功能合二为一，用 X 频段（7~8 GHz）替代现在的 DSCS 卫星、Ka 频段（上行 30~31 GHz，下行 20~21 GHz）替代目前的 GBS。另外，WGS 卫星在 GBS 单向广播的基础上，还具有 Ka 频段高容量双向通信有效载荷，能为未来的 Ka 频段移动/战术终端提供全新的 Ka 频段双向通信能力。

WGS 卫星能支持多种网络拓扑，如广播、集中星型拓扑、网状拓扑（netted）和点对点连接，如图 7-1 所示。WGS 将提供 4.875 GHz 的瞬时交换带宽，由 39 个 125 MHz 的信道组成。依据地面终端的类型、数据率和调制技术的不同，单颗 WGS 卫星向战术用户的单向传输总容量为 1.2~3.6 Gb/s。因此，每颗 WGS

卫星的容量超过 DSCS – 3 卫星的 10 倍。当达到 2.1 Gb/s 时，单颗 WGS 卫星容量就相当于现役所有 DSCS – 3 卫星和 GBS 系统容量的总和。

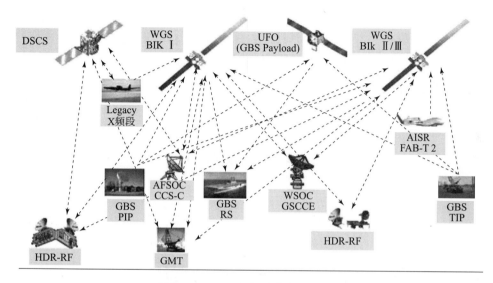

图 7 – 1　WGS 卫星系统应用示意图

　　WGS 能高效地利用卫星带宽使每个用户之间相互联通。数字信道化器将上行带宽分成近 1 872 个 2.6 MHz 的、独立路由的子信道。每个信道带宽 125 MHz，因此，每个信道可分成 48 个子信道。而 48 个子信道乘以总共 39 个信道即得到 1 872 个独立路由的子信道。另外，信道化器还支持多播和广播业务，为网络控制的上行频谱监测能力提供了极高的效率和灵活性。WGS 卫星执行的仍是电路交换，即 WGS 是一颗面向连接的数字化处理转发操作的卫星。因而作为过渡型号，WGS 卫星着重解决的是带宽问题，网络化通信能力有限。

　　2. SpaceWay – 3 卫星

　　SpaceWay 卫星是高轨卫星，是由美国休斯网络系统公司运营的商业宽带通信卫星，用于提供卫星宽带接入业务，SpaceWay 共包括 3 颗卫星。2007 年发射的 SpaceWay – 3 卫星是全球第一颗基于星上再生交换的 Ka 频段宽带多媒体通信卫星，无论是在单星容量还是在技术水平或性能指标方面，都代表了当今宽带通信卫星的一个发展方向。

　　SpaceWay – 3 卫星（图 7 – 2）由波音公司研制，星载转发器均为 Ka 频段，它的独特性能使高数据速率联网技术及具有创新意义的应用成为可能，它运行在 Ka 频段，采用高性能、星载数字处理、分组交换和点波束技术，能提供直接的站点间的连通性，数据传输速率为 512 Kb/s～16 Mb/s。SpaceWay - 3 卫星采用先进的多点波束天线和星载数据处理技术，它具有在用户终端之间实现单跳连通的网络，支持新出现的应用业务轮廓和业务标准等特性。它具有最成熟的高级数据包传输结构，以及基于 IP 的用户界面、卫星终端、广泛的网络管理和业务管理功能。

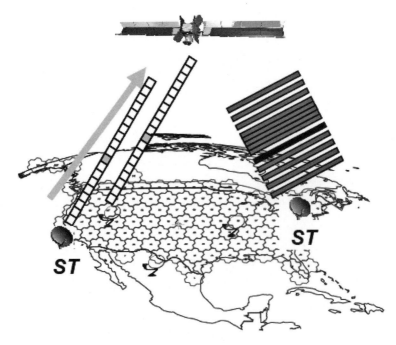

图 7 - 2   SpaceWay - 3 卫星系统应用示意图

SpaceWay - 3 卫星采用创新的星载数字处理器、分组交换和点波束技术。点波束技术使卫星能为小型终端提供业务，而星载路由器能实现网络的连通性。系统用户将能直接同该系统的其他任何用户通信，而不必向中心网络集线器发出连接请求。

SpaceWay - 3 卫星利用简洁而经济的终端实现双向高速率传输，提供不同的业务选择性，利用 16 Mb/s 的上传速率和 30 Mb/s 的下载速率满足各种需求。该卫星采用了全点波束结构，而舍弃了美国大陆（CONUS）波束加点波束的传统结构，这样就能重新利用彼此并不临近的点波束频率，通过频率复用提高了频率的使用效率，使一颗 SpaceWay – 3 卫星在容量上等效于 8 ~ 10 颗采用传统技术制造的卫星。

为了将卫星信号转换成可通过星上处理器传输的数字信号，SpaceWay – 3 卫星必须对信号解调，在传送回地球前，再对其进行二次调制。这一再调制过程大大提高了信号的功率，使 SpaceWay – 3 卫星终端成本与普通 VSAT 终端相近，但性能显著提高。SpaceWay – 3 装载了星载处理器。这个处理器能够将比特从一个上行链路点波束移到一个或者多个下行链路点波束，从而实现真正的点到点的连通性。

3. TSAT 卫星

TSAT 卫星系统包括 5 颗卫星组成的核心骨干网，通过激光和射频链路实现星间通信以及星地通信，并且与全球信息栅格（GIG）及陆海空天各类用户平台互联。TSAT 将宽带和防护系统的卫星功能合二为一，构成转型通信体系的主体。未来 TSAT 卫星系统将作为 GIG 的空间部分，是 GIG 的天基传输层，使遍布全球的 GIG 互联成一个整体。根据美国转型通信系统规划，美国 TSAT 卫星通信系统（TSAT）有 20 ~ 50 条 2.5 ~ 10 Gb/s 的激光链路，8 000 条天基网与地面通信的射频链路。

对于 TSAT 星座，激光链路和射频混合终端提供宽带链接，如与陆基数据网 GIG – BE、WIN – T、JTRS 及在轨 Milstar 卫星和 DSCS 卫星的连接。5 颗 TSAT 的内部星间链路支持 10 ~ 40 Gb/s 的流量。EHF 和 Ka 频段与 WGS、APS、MUOS、AEHF 及卫星地面站链接，支持速率 300 Mb/s，同时，射频链路可链接到地面转发终端，速率为 256 Kb/s ~ 45 Mb/s。TSAT 提供 20 ~ 50 路的高速激光链路，速率为 2.5 ~ 10 Gb/s，提供 8 000 路"低速"射频链路。

基于激光和射频技术的发展，TSAT 卫星将是唯一基于激光的、安全的、受保护的、在移动中实现与 1 ft① 大小终端的宽带通信卫星。这将可以实现在移动中通信，可以避免在通信时需要停下来的缺点。因此，TSAT 计划是美国国防部规划中解决通信瓶颈，实现海、陆、空通过 IP 协议链接通信的关键部分。

---

① 1 ft = 0.304 8 m。

TSAT 项目的主要关键技术有 3 项，分别是激光通信技术、星上基于 IP 的路由和"动中通"技术。在 2009 年 4 月，美国 TSAT 卫星计划遭遇放弃。其余大部分空间段计划也经受了不同程度上的成本超支和研发时期推后。TSAT 卫星通过空间段的高性能卫星将美国本土及海外的用户与美国的各类资源连接起来，实现类似陆地互联网的整个大型的互联互通的网络。其中，不同类型的通信卫星为各类用户提供不同的能力，包括宽带、窄带、防护等。

虽然美国转型通信体系目前遇到了重大挫折，但是我们看到了未来通信卫星的发展方向和趋势。总结其发展过程，我们可以发现，以骨干卫星节点为基础、构建天基综合网络已经成为重要的发展方向。与传统通信卫星系统相比，转型通信体系可谓是系统的系统、网络的网络。系统内部单元独立、可互操作，可为各类用户提供全天时、全天候的天基、空基信息采集资源，以及安全、可靠的通信链路，支持更加持久、全球性的情报、监视和侦察（ISR）能力；同时，还具备集成网络任务规划能力，可实现网络资源动态分配，极大地提高了整个体系的效率。

4. O3b 宽带卫星星座

O3b 星座系统是 MEO 卫星通信系统，如图 7－3 所示。O3b 公司是一家总部在英国的新兴宽带卫星通信公司，专门提供卫星宽带批发业务，得到了欧洲卫星公司（SES）和谷歌等大型公司的支持与资助。公司下设五大业务品牌：O3bTrunck，为地面电信运营商提供干线传输服务；O3bCell，为地面无线网络运营商提供蜂窝网数据回程传输服务；O3bEnergy，面向石油和天然气企业提供离岸平台的通信服务；O3bMaritime，面向传统海事市场用户提供宽带连接；O3bGovernment，面向美国国防部、国防信息系统局，以及美国的盟国政府机构和非政府机构提供宽带服务。

第一代 O3b 星座有 20 颗卫星已在轨运营，可为亚非拉及中东地区提供互联网宽带接入。计划发射第二代 22 颗 O3b 卫星，组成 42 颗卫星的中轨道卫星星座，这些新增卫星将会兼用倾斜和赤道轨道，把 O3b 星座覆盖范围从目前的南北纬 50°之间扩展到地球两极。

5. OneWeb 宽带星座计划

OneWeb 卫星星座是低轨卫星系统，是美国 OneWeb 公司建设的宽带 LEO 卫

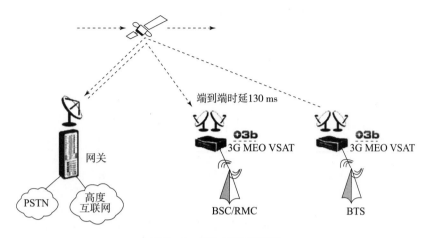

图 7 - 3　O3b 网络示意图

星通信系统。星座由 Google 和 O3b 星座创始人 Greg Wyler 发起参与的大型宽带星座计划。2015 年 1 月，Greg Wyler 将公司改名为 OneWeb，并宣布获得英国维珍集团和美国高通的投资，2015 年 6 月，OneWeb 宣布获得 7 家公司共 5 亿美元投资，星座项目正式启动。美国 Hughes 公司负责整个星座地面通信系统的设计、研发和生产。OneWeb 公司于 2020 年 7 月被英国政府和印度 Bharti 公司联合收购。

根据其向 FCC 提出的申请，OneWeb 系统大致由三部分组成。第一部分由 648 颗工作于 Ku/Ka 频段的 LEO 卫星构成，分布在轨道高度为 1 200 km、倾角为 87.9°的 18 个轨道面上，每个轨道面部署 40 颗 OneWeb 卫星，星座容量达到 7 Tb/s。第二部分将添加 1 280 颗 V 频段 MEO 卫星，分布在轨道高度为 8 500 km、倾角为 45°的中轨轨道上。2020 年 5 月 28 日，OneWeb 公司向 FCC 提交申请，再次增加近 4.8 万颗卫星。目前，OneWeb 在轨卫星数量已达 110 颗，运行在 20 个不同倾角的、850 km 和 950 km 高度的两个圆形轨道上，覆盖包括南北极在内的地球表面。工作频段为 Ku 频段：12 ~ 18 GHz。每一颗卫星的通信吞吐量为 6 Gb/s，全星座总吞吐量约为 3.84 Tb/s，是现有全球在轨同步轨道卫星、中低轨道通信卫星总容量的约 4 倍，可以为每一用户终端提供 50 Mb/s 的宽带接入服务。

按照 1∶50 的带宽复用率计算，OneWeb 整个星座可以支撑约 400 万个宽带卫星 +4G/WiFi 基站一体化用户终端，同时服务地球每个角落的 2 亿人口，如图 7－4 所示。如成功，OneWeb 及今后的类似星座将不仅改变卫星通信的走向，也该改变移动互联网的发展走向。

图 7－4　OneWeb 星座示意图

OneWeb 星座的显著特点：20 ms 的空间时延，克服了原来同步轨道卫星长时延信道对 IP 应用的限制；1 000 km 的 Ku 频段空间链路，使卫星转发器、关口站、用户终端的天线和射频单元的小型化、低成本化成为可能；批量订购卫星、火箭、发射公司服务的规模生产化模式，改变了传统卫星行业个性设计定制，是保证轨道寿命和运行可靠性长周期制造测试的火箭和卫星制造方式。

OneWeb 的每一小卫星重 150 kg，可在轨运行 5 年左右，如图 7－5 所示。小卫星采用相控阵天线，可以灵活地对地面特定区域进行连续覆盖，小卫星 MDA 公司负责小卫星天线和载荷的研发与制造。

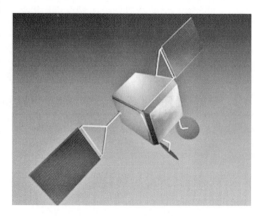

图 7－5　OneWeb 小卫星构想示意图

美国休斯公司将负责 OneWeb 终端小站的研发和生产，美国高通公司负责用户终端关键芯片的研发和生产。

OneWeb 的所有终端均为热点覆盖形态，将卫星调制解调、地面 LTE/3G、WiFi 集成为一体，为小站周边一定区域的个人用户提供互联网服务。OneWeb 的通信终端将包括机载、车载、固定安装等各种应用场景的终端。

7.2.2　移动通信卫星系统介绍

移动通信卫星系统的发展经历了 30 余年的发展，通信体制和系统性能不断演进。20 世纪 90 年代起，移动通信卫星系统迎来发展高潮，逐步在语音通信的基础上提供数据业务。近年来，新兴星座计划不断涌现，早期部署的卫星系统也进入更新换代期，不断推动移动通信卫星系统向宽带接入的方向发展。

1. Iridium 卫星星座

Iridium 移动通信系统是美国于 1987 年提出的第一代卫星移动通信星座系统，1991 年，美国摩托罗拉公司决定用 66 颗低轨道卫星组成 Iridium 移动通信系统。目前是第二代铱星系统（Iridium NEXT）。

Iridium 系统是基于卫星网络，以提供语音、数据为主的全球个人通信系统。其主要由三大部分组成：卫星网络、地面网络、移动用户，如图 7 - 6 所示。系统业务允许在全球任何地方进行语音、数据通信。通信的特点是星间交换，直到所拨打用户所在地区上空的卫星。

图 7 - 6　Iridium 卫星系统应用示意图

66 颗低轨卫星分布在 6 个极轨平面上，每个极轨平面分别有一颗在轨备用星。在极轨平面上的 11 颗工作卫星，就像电话网络中的各个节点一样，进行数据交换。7 颗备用星随时待命，准备替换由于各种原因不能工作的卫星。卫星在 780 km 的高空以 27 000 km/h 的速度绕地球旋转，100 min 左右绕地球一圈。每颗卫星与其他 4 颗卫星交叉链接，2 个在同一个轨道面，2 个在临近的轨道面。

空间段第一代卫星主承包商是摩托罗拉公司，卫星平台研制由洛马公司负责。平台采用洛克希德 – 马丁公司的 LM – 700 卫星平台，星体为三棱柱体，高 4.3 m，每个面宽 1 m，太阳翼翼展 8.4 m，这种构型便于一箭多星发射。卫星发射质量 690 kg，设计寿命 5~8 年，携带有 115 kg 的肼燃料。卫星带有 2 个砷化镓太阳电池翼以及 50 A·h 氢镍蓄电池组，寿命末期功率 1.2 kW。卫星配有 3 副主任务相控阵天线，每副天线尺寸 86 cm×188 cm，质量 30 kg，由 106 个阵元组成，提供 16 个 L/S 频段通信波束。卫星还装有 4 副 Ka 频段星间链路天线，两副用于轨道面内通信，两副用于轨道面之间的通信。4 副 Ka 频段星地通信天线，用于卫星与地面关口站之间的通信。卫星通信体制为 FDMA/TDMA/SDMA/TDD/QPSK，链路分成多个 TDMA 信道，每个 TDMA 载波被分成多个 TDD，同一用户的上行链路和下行链路分别处在同一条 TDMA 载波的同一帧的不同时隙内，用户链路占用 10.5 MHz 的带宽，每条 TDMA 载波的速率为 50 Kb/s，每条下行链路载波占用的带宽为 31.5 kHz，每个 TDMA 帧的帧长为 90 ms，每条 TDMA 载波可支持 4 条全双工信道，每颗卫星最多可提供 3 840 条信道。

地面段网络包括系统控制和关口站两大部分。系统控制部分是 Iridium 系统管理中心，它负责系统的运行和业务的提供，并将卫星的运动轨迹数据提供给关口站。系统控制部分包括 4 个自动遥测跟踪和指令节点、通信网络控制以及卫星网络控制中心。关口站的作用是将 Iridium 星座与地面网络系统连接，并对 Iridium 系统的业务进行管理。Iridium 系统的商用关口站设在美国亚利桑那州，此外，还在夏威夷设置了专用关口站。

用户段主要包括手持机和数据终端，其商业服务市场包括航海、航空、急救、石油及天然气开采、林业、矿业、新闻采访等领域。

2. GlobalStar 卫星星座

GlobalStar 是由美国劳拉公司和高通公司倡导发起的卫星移动通信系统，通过 48 颗低轨卫星向全世界范围提供无线通信业务的数字通信系统，提供高质量、低价格的数字语音、数据、短信息、传真业务；提供与不同地面移动通信制式网络相兼容的漫游服务；提供便携、实用、多模式手机及固定终端；是现有的地面电信网络的延伸和补充，并与现有电信网联合组成覆盖全球的通信网络。

如果要求实现全球覆盖，则 GlobalStar 系统需要在全球建 100～150 座关口站。空间段卫星第一代的主承包商是劳拉空间系统公司，卫星采用 LS－400 卫星平台，外形为截顶三棱柱，便于一箭多星发射。卫星采用三轴稳定设计，尺寸为 0.6 m×1.5 m×1.6 m，两侧带有可展开太阳电池翼，翼展 12 m，发射质量 450 kg，寿命末期功率 1 200 W，设计寿命 7.5 年。位于卫星面对地球一侧的 2 副六角形阵列天线，其中较大的 1 副是 L 频段接收天线阵列。卫星上还安装有 GPS 接收机。卫星采用透明转发器，每颗卫星的馈电链路采用全球波束，用户链路有 16 个点波束，每颗卫星提供 2 500 条 2.4 Kb/s 的信道。一颗卫星的过顶时间为 10～15 min，每颗卫星的波束覆盖区直径约为 5 800 km。

第二代"GlobalStar"卫星由泰雷兹－阿莱尼亚航天公司（Thales Alenia Space，TAS）研制，星座构型未变，卫星发射质量 700 kg，设计寿命 15 年，寿命末期功率 1 700 W。

地面段主要由关口站、卫星运行控制中心（SOCC）、地面运行控制中心（GOCC）和全球星数据网（GDN）组成。关口站把全球星卫星的无线网络与地面公网及移动网相连。每一个关口站同时与 3 颗卫星通信，把来自不同数据流的信号进行合成。全球星与固定网、移动网之间相互兼容有保障，因此用户也只有一个话费计账点。关口站的设计采用了灵活的模块式结构，可随着市场需求进行扩建。

用户段主要是指使用全球星系统业务的用户终端设备，包括手持式、车载式和固定式。手持式终端有三种模式：全球星单模、全球星/GSM 双模、全球星/CDMA/AMPS 三模。手持机包括 SIM 卡/SM 卡及无线电话机两个主要部件；车载终端包括一个手持机和一个卡式适配器；固定终端包括射频单元（RFU）、连接设备和电话机，它有住宅电话、付费电话和模拟中继三种。用户终端可提供语音、数据（7.2 Kb/s）、三类传真、定位、短信息等业务。用户终端生产商包括美国的高通、瑞典的爱立信（Ericsson）、意大利的 Telital。前者生产基于 CDMA

的产品，后两者生产基于 GSM 的产品。手机尺寸略大于常见地面蜂窝手机，通话时间和待机时间与现有地面蜂窝手机相当。

3. 其他高轨移动通信卫星

除上述 2 个典型的在役低轨移动通信卫星星座以外，还有许多利用 GEO 大型通信卫星提供移动通信服务的卫星系统。例如，阿联酋的"瑟拉亚"Thuraya 卫星系统，卫星由波音公司研制，工程实现中采用 FDMA 接入技术。该星能同时处理 13 750 个电话业务，可为 2 500 个全双工电路提供路由切换，兼容地面 GSM 终端。

移动通信卫星的典型代表是美国新一代窄带通信卫星——移动用户目标系统（MUOS）（图 7 - 7）。MUOS 项目将在静止轨道上形成由 4 颗星组成的星座。该星座继续采用 UHF 频段，WCDMA 多址接入技术。星上 WCDMA 载荷由爱立信研制。该卫星与其他商业移动通信卫星不同，星上采用透明转发体制，4 颗工作星配合地面站布局，信号的处理、路由和交换均在地面进行。因此，任意两个终端之间的相互通信都需要两跳传输。

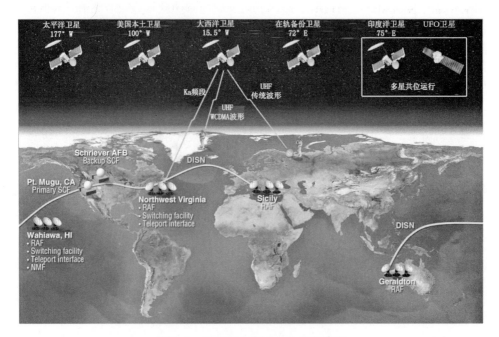

图 7 - 7　MUOS 卫星系统应用示意图

　　此外，商业移动通信卫星为了满足室内和遮蔽地区的信号覆盖，采用了天地协同的一体化设计方式，典型代表包括 TerreStar 和 Skyterra 卫星系统，将在后面对天地一体化技术发展中进行详细论述。

■ 7.3　国内卫星通信系统介绍

　　国内天基网络系统主要包括鸿雁卫星星座网络系统、虹云卫星星座网络系统、天启卫星星座网络系统，以及智慧天网系统。其中，鸿雁卫星星座（全球低轨卫星移动通信与空间互联网系统）由中国空间技术研究院设计，已发射了第一个试验卫星，该系统配置多波束天线系统，支持移动通信应用、宽带业务应用、物联网应用等。虹云卫星星座网络系统也已发射第一颗技术试验星，配置多波束天线系统，支持共享宽带接入互联网，可应用于应急通信、传感器数据采集以及工业物联网、无人机设备远程遥控等信息交互实时性要求较高的应用需求。天启卫星星座网络系统是一个低轨天基物联网通信小卫星星座，设计为 38 颗卫星，向纬度在 60°以内的区域提供窄带通信服务。卫星部署在 800～1 000 km 高度的轨道上，采用 UHF 频段发射和接收。

■ 7.4　卫星通信地面系统介绍

　　传统的卫星通信地面系统包括卫星广播地面系统、宽带卫星通信地面系统、卫星移动通信地面系统。

　　卫星广播地面系统主要包含卫星广播地面上行站，负责电视广播信号的发射，同时具有一定的信号监测能力。

　　宽带卫星通信地面系统面向大规模运营，一般采用星状组网的方式，卫星馈电波束下建设信关站，实现终端接入控制、入网鉴权、资源分配，同时建设网络管理系统和运营支撑系统，实现网元管理、移动性管理、用户管理、业务管理等。宽带卫星通信地面系统承载 IP 化、网络化业务，基于现在的交换路由技术和设备可以实现与地面网络、支持 IP 的其他网络的互联互通。

　　卫星移动通信地面系统面向大规模运营，一般采用星状组网方式，卫星馈电波束下建设信关站和运控系统，集中进行终端接入控制、资源管理、网络管理等。正在建设的天通系统，采用类似 3G 的协议栈，分为电路域和分组域，电路域以支持低速话音业务为主，实时性高；分组域对应数据业务，采用 GTP 等技术实现分组业务的传输。卫星移动通信地面系统电路域可基于软交换等技术实现与地面 PSTN、ISDN 等的互联互通，基于路由交换技术和设备能够与地面互联网互联互通。

▮ 7.5　国外天地一体化网络系统发展现状

目前，国外开展了天地一体化信息网络的建设和实践。总体来看，国外天地一体化信息网络中天地互联的方式相对较为简单，即通过设置电信港或信关站，实现天基网络通信协议与地基网络通信协议的转换。但是，随着应用的逐渐广泛和深入，以及市场竞争日益激烈化，天地一体化融合的趋势更加明显。在具体发展实践方面，在全球信息网格（GIG）框架下构建了天地一体化信息网络，在地面网络的基础上将空间段卫星作为传输手段，将 GIG 扩展至全球。Intelsat 公司除拥有 50 余颗在轨卫星外，还发展了 IntelsatOne 地面网络和电信港。SkyTerra 和 TerreStar 公司发展天地一体化的移动通信网络。此外，欧洲产业界还提出了综合通信、导航和遥感等各类卫星的综合天基基础设施，结合地面节点和网络，提供天地一体化的信息服务。

7.5.1　全球信息网格（GIG）

全球信息网格（GIG）是美国国防部全球互联的、端到端的信息能力、相关过程和人员的集合，能根据人员、决策层和保障人员的需求对信息进行收集、处理、存储、分发和管理。GIG 包括所有专有的和租用的通信和计算机系统与服务、各种软件（包括应用）、数据、安全服务，以及实现信息安全的其他相关服务。如果从提供的服务来看，GIG 可以被看作一系列计算平台、武器系统、传感器通过全球互联的网络实现信息交换。

GIG 从体系结构上来看，包括：应用单元；计算单元，主要功能组件有硬件、软件操作系统，软/硬件支持设备，信息接入和处理，共享空间/存储等；通信单元，主要为所有用户提供信息传输和处理服务；基础单元，主要有标准、政策、结构、测试、频谱等内容；信息管理单元，主要有在全寿命周期对信息进行控制和确定优先级，包括信息的产生、收集、处理、分发、使用、存储和删除等；网络运管单元，主要为 GIG 提供完整的、安全的、端到端的网络和应用管理，它还包括信息确认、信息分段传输/分发管理，即在合适的时间和地点接入与交付正确的信息。如图 7-8 所示。

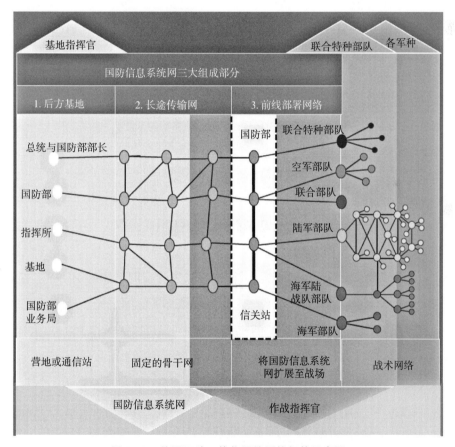

图 7-8　美国天地一体化通信网络拓扑示意图

其中，通信单元是确保美国各类网络互联互通、各类信息汇聚和分发、支持各类应用到达全球的关键。而 GIG 的通信单元就是由地基网络、天基网络及天地互联等部分构成的，它涵盖光纤、有线、微波、射频、航空、卫星等多种手段。

从其实际构成（图7－9）来看，GIG的通信基础设施包括天基、地基及信关站/电信港三个部分。

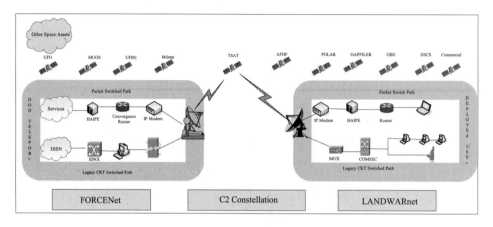

图7－9　美国天地一体化网络体系架构示意图

地基网络主要是DISN，它是DISA负责建设和管理的美国基础信息系统，由多个不同的业务系统构成，从业务上来看，DISN具体包括提供语音业务的DSN、DRSN、EMSS等，提供数据业务的NIPNET、SIPRNET、JWICS等，提供视频业务的VTC、DVS－G等。从功能上来看，DISN则分为三个部分：一是基地部分（Base），包括哨所、营地、基地等局域网络；二是骨干网（Long Haul），主要进行长途传输，以GIG－BE计划为代表；三是前线部署的网络核心节点与信关站。信关站的主要作用就是扩展DISN的覆盖范围，可以使用DISN的信息和服务，这种信关站既可以面向地面网络，也可以面向卫星通信系统。

天基网络方面包括宽带、窄带、防护、中继和商业系统五个系列，其建设均采用"天星地网"的思路，不同系统之间仍为条块分割的格局。除防护系列卫星和中继卫星有星间链路以外，其他卫星系统均需通过地面处理和交换，而且基本上所有系统仅用作底层的数据传输，单系统的IP网络支持能力也相对有限。例如，窄带系统星上采用透明转发体制，处理和交换均在地面进行，利用地面无线接入站和交换站实现全球信息交换，因此，任意两点间通信至少需要两跳传输；宽带卫星虽采用星上数字信道化技术，具备一定的信道交换能力，但其本质仍为电路交换，并且交换矩阵需要预先设定；防护卫星采用了星上基带处理与交换，但也是电路交换，难以支持网络化 IP 应用；中继卫星更是功能单一的中继节点，仅提供一条数据传输通道，并且服务用户对象和数量都非常有限。

在信关站和电信港方面，美国通过遍布全球的九大电信港实现天地网络互联，负责将天基系统接入地面 GIG 网络，可以与非保密 IP 路由网互联，实现大范围的信息共享。作为美国实现天地一体化网络的关键节点，电信港（Teleport）的作用至关重要。电信港的前身是 X 频段"标准接入点"（STEP），目前已发展成为具备网络管理与控制、网络服务、基带处理、射频终端等多个部分组成的综合性信关站。为支持网络中心化，不断提升动态带宽分配、IP 交换、QoS 控制及加密等能力，并且从 X 频段终端扩展至 UHF、Ka、EHF，以及商用 C、Ku 频段。因此，电信港不但要支持原有的卫星体制，而且要向网络中心化体系过渡。

7.5.2　Intelsat 天地一体化通信网络

国际通信卫星公司（Intelsat）在 2009 年前后推出了 IntelsatOne 地面网络服务，综合集成原有的天基和地基系统，提供一体化传输服务。因此，Intelsat 公司天地一体化信息网络可看作由天基部分的通信卫星和地基部分的 IntelsatOne 网络两大部分构成。

在天基网络部分，Intelsat 公司拥有 50 余颗通信卫星在轨运行，实现全球 99% 人口的覆盖，目前正在发展新一代 Ku 频段宽带高吞吐量卫星 IntelsatEPIC。在地基网络部分，即 IntelsatOne 网络，由基于 IP/MPLS 协议的网络、36 000 mile[①] 地面光纤、多个电信港和多个接入点等四个部分构成。天基网络和地基网络配合，提供宽带服务、媒体服务和移动通信服务。

IntelsatOne 网络结构如图 7 – 10 所示。Intelsat 公司将全球分为三大区域，共设置了 13 个核心交换节点和 11 个核心接入点。这些核心之间通过地面光纤相互联接，并以核心接入点为基础向外扩展。通过合作伙伴及其他公司的信关站与其他地面网络相连，典型合作伙伴包括 Globecast、KDDI、Telenor、Rainbow 等。在卫星连接方面，Intelsat 公司在全球设置了 9 个电信港，其中 7 个位于美国本土，另有 1 个位于夏威夷、1 个位于德国法兰克福。

————————————

① 　1 mile = 1.609 km。

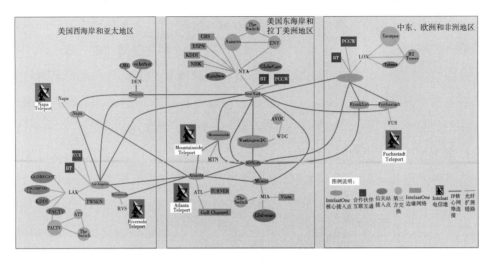

图7-10　IntelsatOne 网络体系架构示意图

下面以一项典型服务来分析 Intelsat 公司的天地一体化信息网络。对于互联网干线传输业务，主要面向电信运营商、互联网服务提供商和企业网络服务提供商，以批发销售端到端服务的形式，提供高速互联网骨干接入服务。

如图7-11所示，左侧为电信港，与地面通信网络相连，右侧为用户小口径地面站，二者通过通信卫星相连。假设右侧为部署在偏远地区的用户局域网络，

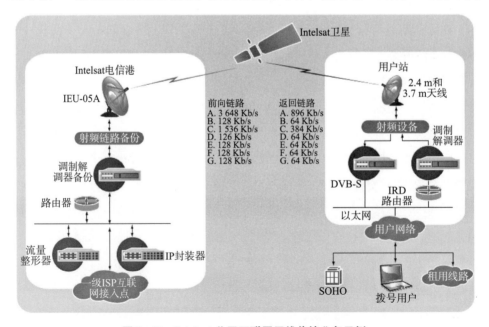

图7-11　Intelsat 公司互联网干线传输业务示例

通过地面通信手段实现内部互联。在进行远距离通信时，则可以在汇总数据和信息后，经过路由和调制，通过 2.4 m 或 3.7 m 口径的反射器天线发送给卫星。卫星根据事先的资源分配，再将数据转发到相应的地面电信港，这一部分的通信网络可以看作天基网络。发送到电信港的数据经过解调和路由，再进行流量整形和 IP 封装，以满足地面 TCP/IP 网络传输标准，由一级互联网服务提供商接入整个地面网络。

7.5.3　光平方公司天地一体化移动通信网络

光平方（Lightsquared）公司成立于 2010 年，其前身可以追溯到 SkyTerra 公司和 MSV 公司。自 2001 年起，多次向 FCC 申请天地一体化网络运营牌照，在 L 频段、2 GHz 频段、1.4 GHz 频段和 1 670～75 MHz 频段，利用 59 MHz 频谱开展网络建设。

自 20 世纪 90 年代全球卫星移动通信发展高潮以来，大量系统建设部署，使得卫星移动通信在多个领域的应用逐渐加深。但是，卫星应用的日益广泛也逐渐暴露出一些不足，例如卫星在高楼林立的城市以及室内覆盖性不佳，导致在人口密集地区无法与地面移动通信网络竞争。

21 世纪初，北美卫星移动通信运营商开始提出发展基于辅助地面组件（ATC）技术的卫星移动通信的计划。将卫星与大量 ATC 基站组合在一起，可以很好地实现大区域无缝覆盖，虽然涉及卫星和 ATC 基站频率复用、天地系统切换和协调控制等复杂问题，但是其优点也是非常突出的。北美移动卫星风险公司（MSV）提出的 ATC 技术主要有以下三大特点：一是卫星和 ATC 基站复用同一频段，使用几乎相同的空中接口信号格式，无须双模终端；二是终端的天线、体系和软硬件水平保持和现有的地面网络终端相当，即使终端和卫星进行通信，也无须专用外置天线；三是卫星并不限制空中接口信号形式，地面的 3G、4G（GSM、CDMA、WiMAX、OFDM）等移动通信空中接口可以通过卫星链路运行，卫星不会在地面技术的快速发展中很快失去作用。该技术的提出，在体系结构设计方面具有划时代的意义。

根据国际电信联盟（ITU）的建议标准，一体化卫星移动通信系统是指工作在 1～3 GHz 频段，在美国和加拿大使用 ATC 技术、在欧洲使用 CGC（地面补充组件）技术的卫星移动通信系统。"一体化卫星移动通信系统是指综合使用卫星和地面组件的系统，其中，地面组件作为补充或是卫星系统的组成部分，和卫星一起提供综合服务。在该类系统中，地面组件受卫星资源和网络管理系统控制。而且，地面组件使用与相应卫星系统相同的频段。"

一体化卫星移动通信网络的构建，需要解决多址接入、资源管理、QoS 体系、控制、移动性、安全控制等一系列问题。对于呼叫控制，需解决延迟流程、信令、控制管理等，适应 2G 网络电路交换、3G 或 4G 网络分组交换的特性。此外，还需解决与 PSTN 等第三方网络互联的问题，以实现漫游等服务。

21 世纪以来，国外天地一体化卫星移动通信系统的研究主要集中在北美、欧洲和日本，而商业实践则主要是在美国，天地通（SkyTerra）和地网星（TerreStar）两家公司分别开展了 L 频段和 S 频段的一体化网络建设。但是受商业运营、资金、频谱管制、频率干扰等多方面因素影响，这两家公司的发展计划均面临一定的阻碍。

光平方天地一体化网络将由 2 颗地球静止轨道通信卫星和 4 万个地面发射基站（ATC 基站）组成。公司计划在市区和城镇人口密集的地区，通过地面基站开展服务，在偏远地区通过卫星提供网络接入服务。整个通信系统由两个相对独立的网络构成：天基网络（SBN）和辅助地面网络（ATN），如图 7 - 12 所示。

天基网络主要由卫星和卫星网关站构成。通过 2 颗大容量多波束卫星实现空间分集接收和发送，再在卫星网关站实现最佳合并和处理。这样的两条独立链路有利于提高系统性能。光平方天基网络的在轨灵活性很强，能够进行频谱修正、容量重新分配、点波束重新分配。如果一个地区发生了严重的自然灾害，地面蜂窝基础设施遭到破坏，光平方的天基网络能够为当地提供超过预定容量的语音和数据服务。

光平方公司采用了美国波音公司制造的 Skyterra - 1 和 Skyterra - 2 卫星、4 个上行网关和地基波束成形设备。Skyterra 卫星是 2 颗新一代大容量高功率的同步轨道通信卫星，基于美国波音卫星系统公司的 702HP 平台研制。Skyterra - 1 卫星于 2010 年 11 月 14 日发射升空，定点于西经 101.3°轨位；Skyterra - 2 卫星规划定点于西经 107.3°，预计寿命均为 15 年。

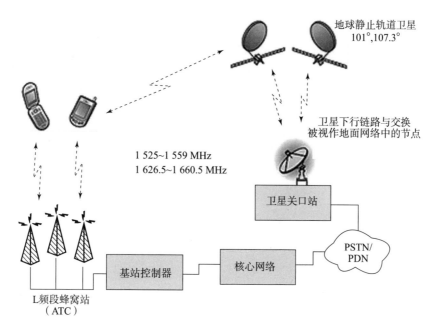

地球静止轨道卫星
101°,107.3°

卫星下行链路与交换
被视作地面网络中的节点

1 525~1 559 MHz
1 626.5~1 660.5 MHz

卫星关口站

PSTN/
PDN

基站控制器　　核心网络

L频段蜂窝站
（ATC）

图 7-12　光平方公司天地一体化网络示意图

按照设计规划，光平方公司的地面辅助网络由采用各种协议的 ATC 基站
（GSM、CDMA2000、W-CDMA、WiMAX 基站等）构成，基站能够为室内或视
距遮挡的地区提供通信服务。网络控制中心可以对空间网络和地面网络进行实时
协调控制，终端在系统的控制下能够自动在 ATN 和 SBN 之间进行无缝切换，终
端用户不会感觉到是通过 ATC 基站还是通过卫星进行通信。即使没有卫星，用
户在大量 ATC 基站覆盖的服务区仍然能够享受移动通信服务。

光平方公司并没有选择自己建设地面网络，而是与 Sprint Nextel 签署了 4G-
LTE 网络建设协议。Sprint Nextel 公司负责 LTE 网络 4 万个 ATC 基站的建造、维
护和管理。通过这样的天地一体化布局，光平方公司能够为用户提供"无处不在
的"高速、稳定的宽带网络服务。

但是，这一宏伟的计划在现实中遭遇了重大挫折。光平方公司所使用的 L 频
段与美国 GPS 卫星系统所使用的频段相邻，地面 ATC 基站大功率发射信号会对
GPS 信号产生较为严重的干扰，导致 FCC 取消了光平方公司开展业务的申请。
因此，光平方公司仅剩天基网络可以运行。光平方公司在 2012 年宣布申请破产

保护，终止了 L 频段天地一体化网络的建设。

7.5.4　ISICOM 天基综合信息网络

2008 年 9 月 26 日，欧洲通过了一项名为"推进欧洲航天政策"的决议，要求切实推进伽利略、GMES、空间与安全，以及里斯本战略空间应用等四项高优先级的计划。而这四项计划都需要卫星通信的支持。在此背景之下，"卫星通信综合倡议"（ISI）组织提出了"面向全球卫星通信的综合空间基础设施"计划（ISICOM）（图 7 - 13），不仅要与未来全球通信网络全面融合，而且要对伽利略和 GMES 系统形成补充。

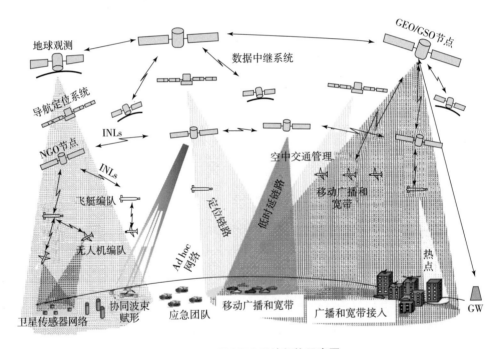

图 7 - 13　ISICOM 系统架构示意图

从其系统架构来看，ISICOM 把不同类型的网络节点综合在一起实现一种所谓的物联网形式。总的来说，ISICOM 的系统结构包含两类节点单元：空中部分节点单元和地面部分节点单元。空中部分由一些完全与导航和地球观测节点综合在一起的通信单元组成，包括地球静止轨道卫星或地球同步轨道卫星（GEO/GSO）、中轨/低轨卫星（MEO/LEO）、高空平台（HASP）、无人机（UAV）等。

其中卫星可以是各种不同类型，包括从大型卫星到皮卫星。地面部分与空中部分一起构成一个完备的整体，通过增加一些特殊的地面节点单元，如大容量的固定和可移动信关站、地面中继、分布式天线系统，用于研究、专业、消费类的固定和移动式通信终端，导航和位置应用的定位设备，用于监测的传感器设备，射频DI 标签等。

图 7 – 13 中典型的节点如下：

（1）地球静止轨道/地球同步轨道（GEO/GSO）星座

图中顶层为 GEO/GSO 轨道弧线，通常由 3 颗等间距 GEO 卫星节点构成星座，3 颗卫星间用光学链路互连互通，覆盖全球。GEO 星座是空间段的核心基础结构。通过星间链路为对地观测卫星和非地球同步轨道（NGO）星座等各种卫星提供信息传输和处理服务；通过星地链路直接为对地覆盖波束内中央站、地面信关站（GW）和各种用户终端提供通信广播服务。

（2）NGO 星座

图中次层为 NGO 弧线，通常由多颗 NGO 卫星节点构成星座，各星间用光学或无线电链路互连互通，无缝覆盖全球。NGO 星座主要用途：通过星间链路与GEO 卫星互通信息并接受其管理；通过无线电链路为高空平台（HAPS）等飞行器提供信息传输服务；通过星地链路为对地覆盖波束内中央站、GW 和各种用户终端提供通信服务。

（3）导航/定位卫星星座

导航/定位卫星星座拟用"伽利略"（Galileo）导航系统。主要为对地观测卫星、各种地球站和各种用户站（车辆、汽车、无人机、HAPS 等运动物体）提供导航定位信息。

（4）对地观测卫星星座

对地观测卫星星座拟选用全球环境与安全监测系统（GMES）。当对地观测卫星飞行在其地面设施遥感接收站视区以外时，可通过 GEO 卫星将其获取的遥感信息实时中继到遥感接收站，还可将对地观测卫星系统中央站经处理和融合后的综合信息通过 GEO 卫星转发广播给各用户站。

（5）HAPS 系列

HAPS 与 NGO 星座通过星台链路互通信息，接受 NGO 卫星服务；通过台机链路向无人机（UAV）转发 NGO 卫星信息，为 UAV 服务；通过台地链路与提供快速应急通信服务的自组织（Ad-Hoc）网络互传信息；通过台地链路直接向热点（Hot spot）地区提供专项通信服务；通过台地链路直接向相关地区提供广播和宽带通信接入服务。

（6）UAV 系列

UAV 与 HAPS 通过机台链路互传信息，接受 HAPS 服务。

（7）地面设施

包括用作物联网通信的卫星传感器网络、用于进行干扰管理等任务的协同波束成形分布式天线系统、对地观测卫星地面网站、通信卫星 GW 等。

7.5.5 SpaceX 星链卫星网络系统

SpaceX 星链卫星是低轨卫星星座，目前，SpaceX 系统向 ITU 共申报了约 4.2 万颗卫星，截至 2021 年 2 月 18 日，SpaceX 已经进行了 21 批卫星的发射，总共发射了 1 145 颗卫星。

1. SpaceX 星链试验卫星

美国太空探索技术公司（SpaceX）于 2015 年提出建设低轨宽带互联网星座的计划，并于 2017 年将该星座正式命名为"星联（Starlink）"星座。北京时间 2018 年 2 月 22 日，SpaceX 公司成功发射 2 颗试验通信卫星"微星-2A/2B"（Microsat-2A/2B），计划开展多项演示和试验工作，为其 Starlink 低轨宽带互联网星座系统的建设提供前期在轨验证。Microsat-2A/2B 首先进入高度 514 km、倾角 97.44°的太阳同步轨道，随后抬升至 1 125 km、倾角 97.44°的预定任务轨道，轨道周期 1.8 h。两颗卫星配置相同，采用三轴稳定工作方式，发射质量约 400 kg，设计寿命 6~12 个月。星上配置了供配电、姿轨控、热控、推进等主要的平台分系统。载荷方面，星上载有 Ku 频段的发射和接收相控阵天线各一个，天线对地视场约为 40.62°，发射波束为右旋圆极化（RHCP），接收波束为左旋圆极化（LHCP），波束指向精度可控制在 ±0.1°；星上测控转发器包括 Ku、Ka、X 频段下行转发器和 Ku、S 频段上行转发器，遥测下行速率为 50 Kb/s~10 Mb/s；另外，星上载有激光星间链路发射接收设备，载有 GPS 接收机，还载有一个低分辨率的成像系统。为了避免对同频段 GEO 卫星的干扰，两颗试验卫星均采取了干扰控制措施。当试验卫星下行波束方向与 GEO 卫星地面站视轴之间夹角低于 12°时，该下行波束及 SpaceX 的相应测试地面站发射机将自动关机。

两颗试验卫星的宽带通信载荷工作在 Ku 频段，下行带宽合计 500 MHz，上行带宽合计 375 MHz，最高可采用 64QAM 调制方式，通信速率高达 1 440 Mb/s，具体见表 7 - 1。

表 7 - 1　Microsat - 2A/B 卫星宽带通信载荷频率方案

链路类型	航天器	频率/GHz	调制方式	数据速率
宽带下行	Mcirosat - 2A/B	11. 07 ~ 11. 32； 11. 82 ~ 12. 07	最高支持 64QAM	最高 1 440 Mb/s 对应 40 Msymbol/s
宽带上行	Mcirosat - 2A/B	13. 062 ~ 13. 187	最高支持 64QAM	最高 720 Mb/s 对应 20 Msymbol/s
		14. 12 ~ 14. 37	最高支持 64QAM	最高 1 440 Mb/s 对应 40 Msymbol/s

2. Starlink 星座

SpaceX 公司于 2019 年启动 Starlink 在轨工作星的部署，计划 2024 年完成首批 4 425 颗卫星部署。Starlink 第 1 期星座实现全运行能力需要部署 4 425 颗卫星，分布在 83 个轨道面上，轨道高度从 1 110 km 到 1 325 km 不等，在用户端最低 40°仰角条件下，可满足全球无缝连续覆盖，见表 7 - 2。SpaceX 公司计划分 2 个阶段建设该系统，第一阶段发射 1 600 颗卫星，分布于 32 个 1 150 km 的轨道面上，每个轨道面 50 颗卫星；第二阶段发射 2 825 颗卫星，分布于 1 110 km、1 130 km、1 275 km 和 1 325 km 等 4 个不同轨道高度，分别对应 32、8、5、6 个轨道面，各轨道面 50 ~ 75 颗卫星不等。

表 7 - 2　Starlink 第 1 期星座轨道设计

轨道参数	初期部署（1 600 颗）	最终部署（2 825 颗）			
轨道面数	32	32	8	5	6
单轨道面卫星数量	50	50	50	75	75
轨道高度/km	1 150	1 110	1 130	1 275	1 325
轨道倾角/(°)	53	53.8	74	81	70

第二阶段计划用 2 825 颗卫星完成全球组网，分为 4 组：第 1 组由 1 600 颗卫星组成，分布于 32 条轨道上，每条轨道 50 颗，轨道高度 1 100 km，轨道倾角 53.8°。第 2 组由 400 颗卫星组成，分布在 8 条轨道上，每条轨道 50 颗，轨道高度 1 130 km，轨道倾角 74°。第 3 组由 375 颗卫星组成，分布在 5 条轨道上，每条轨道 75 颗，轨道高度 1 275 km，轨道倾角 81°。第 4 组由 450 颗卫星组成，分布在 6 条轨道上，每条轨道 75 颗，轨道高度 1 325 km，轨道倾角 70°。

载荷方面，Starlink 卫星将具备数字信号处理能力，同时配备先进的相控阵天线，具体波束配置目前不详，但每颗卫星的星下可覆盖范围半径达 1 060 km，约合 350 万平方千米，如图 7 - 14 所示。据 SpaceX 公司推算，第 1 期星座完全部署状态下，在美国大陆最多可见卫星数量约 340 颗。从容量看，卫星用户链路下行总可用带宽约 2 GHz，工作频率规划情况见表 7 - 3，根据并发用户情况不同，单星吞吐量可达到 17 ~ 23 Gb/s。如果按照平均 20 Gb/s 计算，首批 1 600 颗卫星的总吞吐能力可达到 32 Tb/s，而整个星座的数据吞吐量将达到接近 100 Tb/s。为确保接入能力、实现该速率目标，SpaceX 将在地面互联网接入节点附近配建关口站，在星座第一阶段部署完成后，仅美国大陆预计就将部署约 200 个关口站为星座提供支持，后期将进一步根据用户需求扩充关口站数量。SpaceX 星座采用激光星间链路实现空间组网，配合星上处理与相控阵波束赋形技术，可在用户层面更加灵活地调度和分配频谱资源，同时，在轨道层面灵活规划数据流，达到网络优化管理及服务连续性的目标，实现整个星座系统高度的适应性。

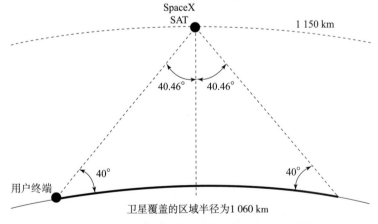

SpaceX
SAT

1 150 km

40.46°   40.46°

用户终端

40°   40°

卫星覆盖的区域半径为 1 060 km

图 7 - 14　Starlink 第 1 期星座卫星覆盖情况示意图

表 7 – 3　Starlink 第 1 期星座工作频率情况

工作链路	频率范围/GHz
用户下行	10. 7 ～ 12. 7
馈电下行	17. 8 ～ 18. 6 18. 8 ～ 19. 3
用户上行	14. 0 ～ 14. 5
馈电上行	27. 5 ～ 29. 1 29. 5 ～ 30. 0
测控下行	12. 15 ～ 12. 25 18. 55 ～ 18. 60
测控上行	13. 85 ～ 14. 00

SpaceX 公司第 2 期星座计划 7 518 颗 V 频段低轨卫星星座，轨道设计高度分布在 330 ～ 350 km 范围内，具体轨道配置情况见表 7 – 4。

表 7 – 4　Starlink 第 2 期星座轨道设计

轨道高度/km	345. 6	340. 8	335. 9
轨道倾角/(°)	53	48	42
卫星数量	2 547	2 478	2 493

在卫星设计方面，同样具备星间链路收发设备、相控阵天线等先进载荷。用户链路和馈电链路工作于相同的频段，用户链路下行可用带宽达 5 GHz，上行 3 GHz，具体工作频段情况见表 7 – 5。

表 7 – 5　Starlink 第 2 期星座工作频率情况

工作链路	频率范围/GHz
用户下行	37. 5 ～ 42. 5
馈电下行	
用户上行	47. 2 ～ 50. 2
馈电上行	50. 4 ～ 52. 4
测控下行	37. 5 ～ 37. 75
测控上行	47. 2 ～ 47. 45

3. 星链业务应用

主要业务方向致力于提供个人消费者级宽带服务，将采用易于安装的高指向性窄波束相控阵天线，具备良好的旁带抑制性能，最高可获得传输速率将达到 1 Gb/s，远超当前地面光纤网络的平均速率，通信时延则控制在 25～30 ms 的水平。全球宽带网络速度测试网站 Speedtest 的最新报告显示，星链卫星互联网服务几乎已经与固定宽带速度一样快，可以取代传统的电信运营商。在 2021 年第二季度的美国，星链的下载速度达到 97.23 Mb/s。在传输速度方面，星链的平均上传速度为 13.89 Mb/s。在时延方面，星链的时延为 45 ms，虽然与固网的 14 ms 仍有不小差距，但是完全满足日常需求。在加拿大，2021 年第二季度星链的平均速度为 86.92 Mb/s，已经超过了固定宽带的 84.24 Mb/s。在新西兰，星链的平均下载速度为 127.02 Mb/s，远高于固网 78.85 Mb/s，星链的上传速度为 23.61 Mb/s，几乎与固网 23.51 Mb/s 相同。在英国，2021 年第二季度星链的平均下载速度为 108.30 Mb/s，远超固定宽带的平均下载速度 50.14 Mb/s，上传速度为 15.64 Mb/s，也更快于固网速度 14.76 Mb/s。

■ 7.6 本章小结

本章围绕国内外天地一体化网络进展，首先介绍了国外卫星通信，包括宽带卫星通信系统和移动通信卫星系统，以及国内几个卫星星座研究概况，重点阐述了国外天地一体化网络系统发展现状，重点阐述了包括 SpaceX 星链在内的国外 5 个天地一体化网络的内容。天地一体化网络未来将会得到进一步的发展，随着 SpaceX 星链网络应用，必将改变传统电信网络的格局。

第 8 章

天地一体化网络

■ 8.1 天地一体化网络相关技术

8.1.1 技术概述

1. 空中接口技术

天地一体化信息网络的无线空中接口需要支持高效的频谱和能量利用率，具备灵活的可重配置能力，实现不同系统间的无缝切换，具有信道损耗和终端移动情况下的稳健性及安全性等。

2. 网络与传输技术

天地一体化信息网络将与地面互联网和电信网结合为一个整体，必须采用与地面现役网络相兼容的组网方式和网络协议，包括现有的 IPv4 和 IPv6 网络，以及 Ad – Hoc 网络。对于特殊的应用，也必须考虑目前应用于空间系统的 CCSDS 协议和 DTN 协议。

3. 资源管理、路由控制和网络安全技术

天地一体化信息网络中的终端在保障高效通信与资源分配的同时，还有可能进行频繁的切换，要求网络管理技术的改进。此外，需要在 MAC 层、网络层、传输层和应用层等不同层面提供安全性保障。

4. 跨层优化技术

在一个多层次、源于服务的系统架构中，跨层优化将扮演一个增加能量及频谱效率的基本角色和手段，从而满足天地一体化信息网络的用户需求。

5. 一体化路由技术

未来的天地一体化网络的发展趋势是多层卫星网络，集中使用各层卫星网络的优点，所以，设计路由算法的第一步就是设计一个合理的网络拓扑结构。目前大多数路由算法只考虑链路最优化，没有考虑网络的整体流量分布，造成卫星链路的负载不均匀，降低了网络的整体吞吐量。所以，在设计路由算法时，需要考虑网络的其他因素，如网络的流量分布等。路由算法还存在的一个问题就是使用的性能衡量标准多样，如有的使用最小时延，有的使用最小跳数，还有的使用网络吞吐量等，这使得很难对各种路由策略进行比较，并找出一个最优的路由技术。在设计路由策略时，所用的网络拓扑结构模型太过理想化，如假设所有的星间链路的传播时延都相等，而实际结果是不相等的，这样出的实验结果与实际会有差距，而且很多路由算法的参数很难确定。卫星网络拥有全球的覆盖范围，并可以提供多种多样的服务，如语音服务和视频服务等，而许多应用都需要发送者把同一个消息传送给多个接收者，所以需要为卫星网络设计一个高效的多播算法。

8.1.2 空间段技术

1. 星座系统及可重新配置轨道系统

天地一体化信息网络的空间段部分是由不同轨道的星座和航天器集群构成的，以适应不同应用需求，包括固定通信、移动通信、对地观测等。此外，这种轨道配置和组合也应当是动态可变且可扩展的，以适应未来天地一体化信息网络的扩展。

2. 星间链路技术

为提升网络效率，确保整个网络体系的灵活性与可靠性、网络的快速和自组织配置能力，卫星之间往往需要设置多种不同的星间链路。而且在整个网络大容量数据传输的需求下，激光星间链路逐渐成为最佳的解决技术之一，骨干节点间的激光链路传输速率往往要求在数十乃至上百 Gb/s。

3. 多射频频段共用技术

在新兴高速率应用和传统应用需求并存的局面下，天地一体化信息网络中的节点将会使用 C/S、Ku/Ka、Q/V 乃至 W 等多种窄带和宽带频谱，因此，要求应用不同频段的系统能够在一起工作，确保相互之间连通且互不干扰。

4. 先进有效载荷技术

无论是中高轨大卫星还是低轨的小卫星，未来的应用都要求其有效载荷具备灵活配置且高效利用频谱的能力，典型的先进有效载荷技术包括星上路由、可重配置软件、认知无线电频谱动态分配、先进天线系统、MIMO 通信、软件无线电、灵活多波束等技术。此外，其他超前的技术还包括不同卫星间的协同通信技术、分布式卫星内容存储与管理技术等。

5. 与地面移动通信网络兼容的空口技术

目前地面 5G 已部署应用，与 4G、3G、2G 不同，5G 并不是一个单一的无线接入技术，而是多种新型无线接入技术和交换技术演进集成。每一代通信技术都可向下兼容，在原基站的基础上升级技术，目前 4G 就可以兼容 2G。5G 部署和应用满足高速发展的移动互联网和物联网业务的需要。另外，卫星网络与 5G 融合将发挥重要的作用。

8.1.3 地面段技术

1. 大容量的信关站

天地一体化信息网络的多层次架构，在地面信关站产生非常大的业务流量，需要设计比当前卫星信关站容量大得多的固定信关站。

2. 可移动信关站

天地一体化信息网络中设有固定的信关站，基本可以满足常规的通信需求。但是对于某些传统信关站无法设置或经济性低的情况下，如灾害场合、偏远地区等，也可以灵活配置中小型信关站，进行补充和增强。

3. 地面中继站

为了获得室内穿透和覆盖增强，天地一体化信息网络设计一个补充的地面分段。除了那些传统意义上的专设中继设备，也可将一些非专设的中继功能嵌入增强型的固定或移动用户终端中。

4. 分布式天线系统

为对天地一体化信息网络进行干扰管理和协调、波束成形，可以引入分布式天线系统。

8.1.4　终端技术

天地一体化信息网络将以通信为关键基础，融合时空信息、地理图像信息等应用于一身的复杂网络，必将产生大量不同的应用，从而产生不同的终端类型。这些终端可能需要具备信关站能力、协同通信、认知接入等功能。因此，对终端的发展要求包括但不限于以下几个方面：

①射频前端设备的灵活性和可重配置能力，保证不同系统之间和覆盖范围内的切换。

②开发智能和开源的接口，允许用户到机器、用户到网络、机器到机器的交互。

③开发自动射频重配置和认知终端，通过动态频谱分配实现更好频谱利用以及环境感知通信。

④利用协同设备，实现资源高效使用、系统和覆盖的重配置、应急应用等。

⑤实现具有轻载荷协议的多跳终端和传感设备，支持环境/健康监测等多种应用。

■ 8.2　天地一体化网络关键技术

1. 移动性管理技术

移动性管理技术是天地一体化网络的关键技术之一。当 IP 用户接入网络后，采取了高频次绑定卫星的操作，当用户数量增多时，绑定操作消耗的系统资源将超出系统可接受的范围。特别是当运行实时流业务时，切换发生的频度十分高，约数分钟就要进行一次。而且同时发生切换的用户数量十分庞大，系统在短时间尺度上的负荷较重。用户仅能在卫星网络中进行位置登记，并使用卫星网络的资源，不能借助与地面网络的位置登记信息进行联合的位置管理，也不能实现在卫星和地面网络间进行切换。

2. 多星分层路由技术

多星分层路由技术是天地一体化网络的关键技术之一，当采用卫星网络内部最短路径时，网络中的流量分布极不均衡，部分链路的负载较重，超出了链路的物理带宽或转发能力，导致网络发生拥塞。发生拥塞时，部分连接的丢包率上升，端到端延时明显增大，导致业务服务质量显著下降。当该技术应用于天地一体化网络时，这种效应会更加明显。另外，网络中还有闲置的带宽资源，如果能采用流量工程的方法对天网和地网的流量进行统一的调度，将部分拥塞链路上的流量引导至闲置链路上去，则能有效缓解网络拥塞的状况。对于单个业务流而言，减少了数据包丢包的概率，也减少了在缓存中排队等待的时间，使得该业务的服务质量明显提升；对于全网而言，减少了网络拥塞，增加了闲置链路的利用，客观上提升全网的吞吐能力，扩展了可服务用户的数量。

3. 大规模用户接入技术

目前的用户多址接入方式包括 FDMA、TDMA、CDMA 及其混合模式，这些多址方式各有其优缺点。对于特定的多址方式，要提高多址接入用户数，就需要提高处理带宽。目前，接入链路处理带宽一般仅为数十 MHz，需要提高星载无线接入设备处理能力，逐步将处理带宽提高到几百 MHz、1 GHz。

4. 卫星链路信道资源管控技术

卫星链路信道资源分配决定了地面用户使用灵活度。目前，信道资源分配多为固定方式，当存在大量不同接入能力的地面终端时，往往导致一方面信道资源利用率低，另一方面很多终端又无法正常接入。为了解决这一矛盾，需要提高信道资源分配灵活度，做到按需分配，满足不同能力地面终端同时接入需求。

5. 宽窄带业务自适应处理技术

实现宽窄带业务应用无线接入高灵活度，即提高星载无线接入设备自适应处理能力。目前，星载设备多采取固定的处理模式（或者根据遥控指令在几个固定处理模式之间切换）。未来需要提高星载无线接入设备自适应处理能力，使其能够满足不同链路状态、不同能力、不同传输体制下宽窄带业务用户灵活接入需求。

6. 网络动态可重构技术

天地一体化网络需要满足各类节点灵活、快速地加入和退出网络、系统扩容等要求，这要求整个网络的接入控制协议能自适应完成网络重构与功能适变，即要求某节点接入网络后即能根据整体网络环境和自身功能、参数进行自动配置，实现与其他节点的通信，并在任务变化或发生故障时方便地从网络中退出，而不需要复杂的系统再配置，从而实现安全可控、快速随机地接入天基网络。

可重构网络，其基本思想是通过网络用户业务聚类和承载网络服务隔离，将网络用户业务和承载网络服务间传统的紧耦合关系转变为松耦合关系；网络服务提供者根据用户的业务需求，高效动态地组织网络资源，提供网络服务，并最终实现资源可配置、节点可重构、功能可重组的可重构网络。

空间网络拓扑结构的改变主要是由于网络故障及新增节点造成的结构改变，空间网络管理系统应当能够检测到发生了网络结构的变化，并进行自主重构。当网络节点或通信链路出现故障时，或者是通信受到一些安全威胁时，具有重组能力的空间网络管理系统将及时发现问题，给出解决策略，迅速处理问题，使网络恢复正常通信。然而空间网络的安全性、可靠性和高效性有着更高的要求，结合空间网络的体系结构，设计一种新网络模型并具有一定的抗毁性网络重构策略。利用备份节点星、任务星以及通信链路，可以以最小的代价、最快的速度和最好的效果完成网络的恢复。

▨ 8.3　天地一体化网络系统架构

天地一体化信息网络架构包括天基骨干节点、天基接入节点、地面骨干节点。天基网络和地基网络形成一体化的服务体系，并能够实现互联互通，如图8-1所示。

天基网络与地基网络实现互联互通，形成一体化的互联结构，能够为用户提供一个统一的信息通道。随着技术的进步和未来系统发展，天基网络和地基网络可以实现资源的统一管理和调配，能够按照用户的接入需求实现天地两条通道的自由切换或并发传输，从而实现频谱资源的高效利用。

天基网络主要是作为地基网络的拓展和外延，实现对地基网络无法覆盖的时空区域的延伸。

8.3.1　天基网络系统架构

天基网络包括各类通信卫星，实现与各类用户终端的互联，为各类用户提供数据、语音等各类通信业务服务。各类通信卫星之间可以按需配置星间链路，构

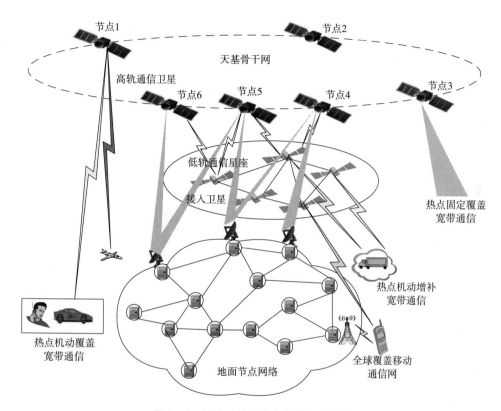

图 8-1　天地一体化信息网络系统架构

成天基网络，实现信息在天基系统内的按需传输和分发。

天基网络由"环线网"共同组成，实现与陆海空天各类用户终端的信息接入，并完成对必要信息的天基处理，实现接入信息的天基组网传输。

1. 天基骨干网

由环状拓扑的"一环"组成，包括骨干节点，完成中继通信、宽带通信，节点之间通过星间链路环接，通过星地链路连接，从而组成天地一体化的立体干线组网。环"节点"是网络功能复合体和空间资源汇聚点，每个"节点"按需可配置 1 颗或若干颗卫星，实现传输分发与信息处理等多种能力。

2. 天基接入网

由"线网结合"的"一线、一网"构成；由"一线"的高轨接入节点和"一网"的低轨接入节点共同构成。

①"一线"由高轨接入节点构成，星间无链路，通过与地面网络各自相连，形成天星地网结构。瞄准亚太核心区域，实现专用手持终端移动通信，重点解决应急、安全和公益需求。

②"一网"由低轨接入节点构成，通过星间链路形成网状拓扑，从而构成网状网。实现通用终端的随遇接入，突出商业拓展，解决热点通信、ADS－B、数据采集等综合性应用。

8.3.2　地基网络系统架构

地面节点网实现卫星信号的落地处理，以及在地面的传输分发。地面节点网通过专用网关与地面移动通信网、地面互联网等现有地面网络系统实现接口互联，能够实现天地一体化业务的互联互通。

地基网络与天基网络实现互联互通，共同构成一个立体化的栅格网络结构。地基网络重点需要完成对天基网络的统一资源管理和动态调配，完成对天基网络各类用户接入流程的控制、对天基接入信息向地面网络的转发、对天基网络业务综合运行的管理控制。

1. 信息网络综合管控系统

网络管理体系架构也称网络管理组织模型，是建立网络管理系统的基础。不同的管理体系架构会带来不同的管理能力和管理效率，从而决定网络管理系统的不同复杂度、灵活度和兼容性。目前通信网络中比较典型的网络管理体系架构包括集中式网络管理架构、分级式网络管理架构和分布式网络管理架构。

集中式网络管理架构能够保持管理的一致性，快捷地进行处理，而且易于实现。但集中式结构往往无法满足大型通信网络的需求。网络中存在若干子网的时候，集中式的管理架构就无法有效地行使其管理职责。

在分级式网络管理架构中，管理信息从下至上逐级汇聚在各管理中心，由各级管理中心进行融合、处理，信息传输和处理的压力逐级增大。一旦网络拓扑发生变化或信道质量较差，上级网管中心往往不能够及时获取下级网管中心状态的变化。

分布式网络管理架构允许在网络管理系统中存在多个管理中心，由多个网络管理中心相互协调，共同完成通信网络的管理任务。这个管理架构使得网络管理的功能分布到网络各处，为网络管理人员提供更加高效的、大型的和地理分布广泛的网络管理技术。在分布式网络管理架构中，由于网络管理功能不再局限于某个点或某些点，大大提高了系统的健壮性和可扩展性。同时，由于需要在运行过程中不断地进行全网信息的融合和同步，会对网络通信造成一定程度的影响。

天地一体化信息网络具有网络层次化的特点，并且按照网络的思想可划分为许多域。所以，对该网络设计分层分域的管控架构，如图 8 – 2 所示。首先，将网络分为骨干网域和接入网域，这两个域下可细分为子域，每个域设置管理节点，通过网络中的链路和路由关系实现管控数据的上传和下发。管控架构具有动态组织特性和高速移动节点高速运动下的适应性。

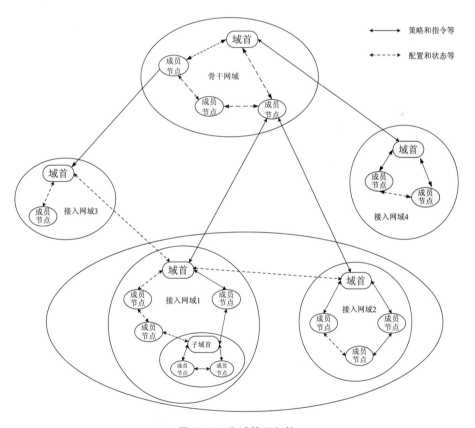

图 8 – 2　分域管理架构

2. 信息网络自主管控业务流程

天地一体化信息网络自主管控的重点业务流程涉及实时信令处理，包括终端接入鉴权、终端移动过程的切换、基于 QoS 保障的资源分配。终端接入鉴权和基于 QoS 保障的资源分配流程如图 8-3 所示。

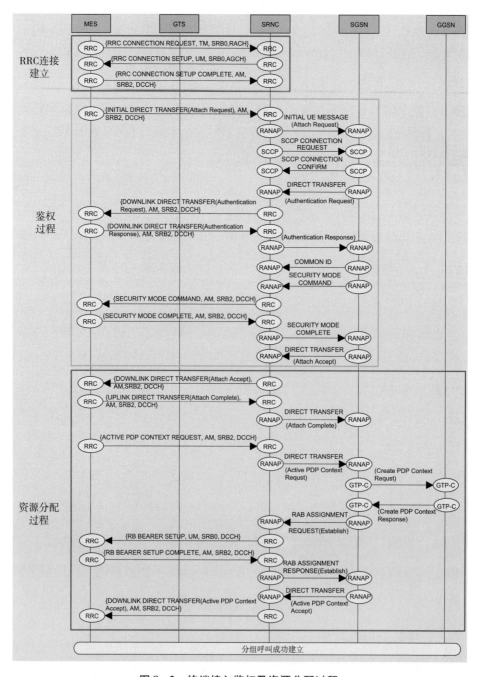

图 8-3　终端接入鉴权及资源分配过程

终端移动过程的切换实现天地垂直切换流程的设计，如图 8-4 所示，将这一过程主要分为网络发现阶段、切换决策阶段和切换执行阶段，如图 8-5 所示。

图 8-4　用户在天地网络之间垂直切换的过程

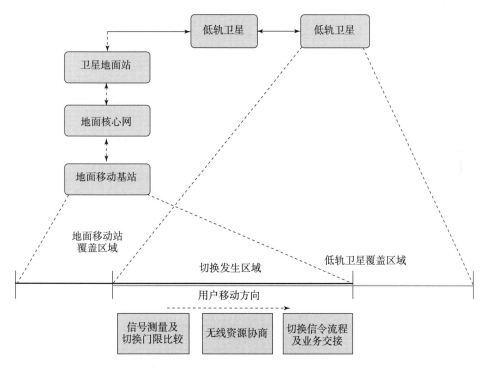

图 8-5　用户在天地网络之间垂直切换的控制管理

①网络发现阶段：终端搜索和发现当前可用的无线候选网络，将搜集的异构网络信息参数上报。

②切换决策阶段：网络侧根据切换决策算法选择合适的目标网络进行切换，并给出切换触发时间。

③切换执行阶段：通过控制信令和管理协议完成会话的平滑切换。

3. 信息网络业务运营支撑模式

在分层分域网络管控之上，面向业务和应用需要设计天地一体化信息网络业务运营支撑的架构，如图 8-6 所示。该架构需要解决网络运营商、业务运营商、用户之间的关系，满足网络运营商基础设施维护与提供、业务运营商业务运营操作、用户业务获取的快速便捷等需求。运营支撑架构划分为管理、运维、商业、分析等维度。通过能力引擎和 IRE 层实现架构运行的支撑。

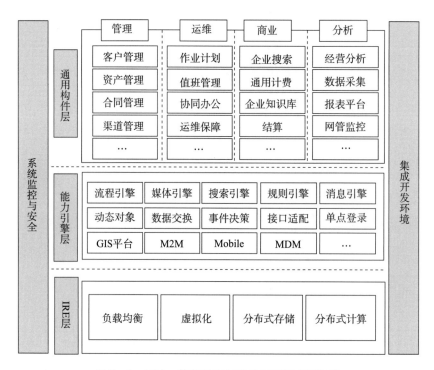

图 8-6　天地一体化信息网络业务运营支撑架构

8.3.3　基于业务驱动的异构组网架构

天地一体化网络是由位于不同轨道平面上的各种卫星以及地面各类网络节点共同组成的立体层次化网络，网络中各节点的动态行为和运行规律完全不同于单一网络结构，是一个具有三维立体拓扑结构的网络，如图 8-7 所示。面向天地一体化网络应用需求，结合不同轨道上飞行器的特点，综合考虑各种空间信息系统和网络的构成、属性、角色、关联性，基于"骨干/接入"模型的分层和自治相结合的空间异构网络模型，从而保证网络组织结构仍然能够在这种节点高速运动和拓扑变化环境中不间断地提供各种通信任务和实时业务，而且能够根据业务需求来灵活调度不同类型的节点资源协同完成。

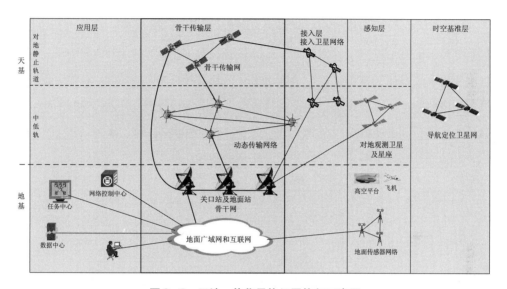

图 8-7　天地一体化异构组网构架示意图

空间层骨干网由不同轨道的通信卫星节点组成，卫星实现网络节点的接入，负责完成全球覆盖，以及对路由和整个网络的管理。地面层网络包括各种天基系统的地面站与指挥控制中心、固定骨干网络、移动无线网络，以及各种固定或移动终端。网络控制中心通过地面站完成对空间段节点的指控、监测和管理，并将空间段网络与地面骨干网络连接在一起，并与地面其他的各种有线和无线网络进行有机的融合，形成一体化的空间网络。地面层中的固定或移动终端，通过配备相应的无线接口，可接入对应的空间网络或者地面网络，使用其提供的移动通信和各种网络服务。如果终端同时拥有两种或以上的网络接口，则可同时接入多种网络，并在不同网络之间进行切换。

■ 8.4　天地一体化网络的网元部署与运维管控

8.4.1　天地一体化网元部署

设计天地一体协同网元弹性部署体系架构，如图8-8所示。包括高轨卫星、低轨卫星、地基节点三层，以地面网络为依托，以卫星网络为拓展，采用统一的技术架构和技术体制进行设计。低轨卫星分为综合接入卫星和宽带接入卫星，通过激光链路相连，以减少本地业务切换频率，并且有效支持多星多波束协同和空间分集传输；高轨根据业务需求部署接入网和轻量化核心网，配置 AMF、SMF、UPF 等功能，高轨星利用微波实现对低轨星的管控。

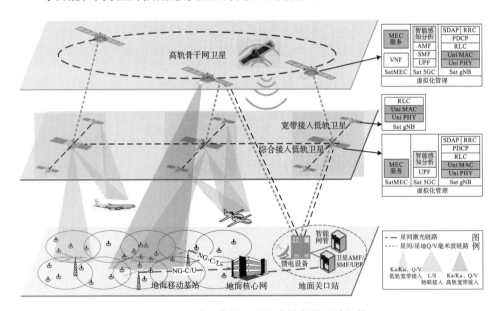

图8-8　天地一体接入网元弹性部署系统架构

根据业务需要及平台资源限制条件，设计不同接入网元部署策略，实现不同等级服务质量保证，达到综合效能最优。图8-9所示是网元功能及接口定义，包括空间段的高轨卫星和低轨卫星网元，以及地基节点网元，支持天地一体化协同传输，空间段配置 S-Feeder 馈电链路单元、星载路由器单元、星载基站单元，以及星载用户面单元，同时支持高轨卫星和低轨卫星。星载路由器支持星间链

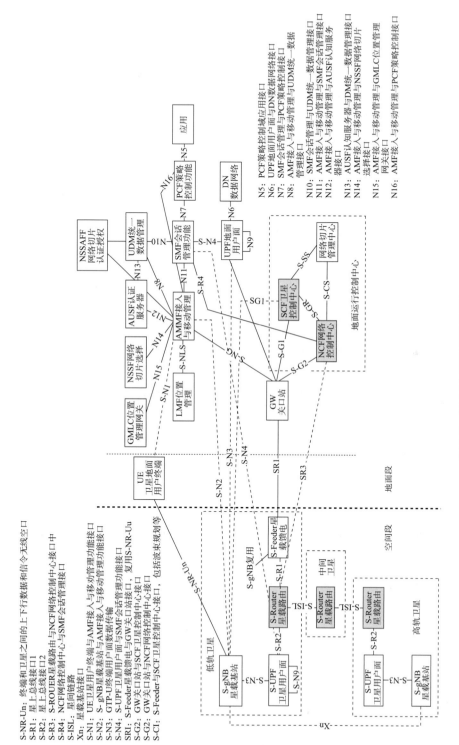

图8-9　网元功能及接口描述

S-NR-Un: 终端和卫星之间的上下行数据和信令无线空口
S-R1: 星上总线接口1
S-R2: 星上总线接口2
S-R3: S-ROUER星载路由与NCF网络控制中心接口中
S-R4: NCF网络控制中心与SMF会话管理接口
S-ISL: 星间链路
Xn: 星载基站接口
S-N1: UE卫星用户终端与AMF接入与移动管理功能接口
S-N2: S-gNB星载基站与AMF接入与移动管理功能接口
S-N3: GTP-U终端用户面数据传输
S-N4: S-UPF卫星用户面与SMF会话管理功能接口
SR1: S-Feeder星载馈电与GW关口站接口，复用S-NR-Uu
S-G2: GW关口站与SCF卫星控制中心接口
S-G2: GW关口站与NCF网络控制中心接口
S-CI: S-Feeder与SCF卫星控制中心接口，包拓波束规划等

N5: PCF策略控制域应用接口
N6: UPF地面用户面与DN数据网络接口
N7: SMF会话管理与PCF策略控制接口
N8: AMF接入与移动管理与UDM统一数据管理接口
N10: SMF会话管理与UDM统一数据管理接口
N11: AMF接入与移动管理与SMF会话管理接口
N12: AMF接入与移动管理与AUSF认知服务器接口
N13: AUSF认知服务器与DM统一数据管理接口
N14: AMF接入与移动管理与NSSF网络切片选择接口
N15: AMF接入与移动管理与GMLC位置管理网关接口
N16: AMF接入与移动管理与PCF策略控制接口

路，在地面段配置 AMF 接入与移动管理单元、SMF 会话管理单元、PCF 管理单元、UE 地面用户终端单元、GW 关口站单元、NCF 网络管理中心、SCF 控制中心单元等。实现天地一体用户面功能，通过星载路由单元优化来减少本地业务应用卫星切换频率，空间段网元配置实现了天地一体融合接入，网元功能分割适应按业务需求弹性部署，针对不同宽窄带业务，设计网元部署策略，实现不同等级服务质量保证。采用统一的微服务技术架构设计，满足对系统业务性能的灵活调度，根据系统业务，按照细粒度原则划分出的每一个服务都具有类似组件的特征，具有极高的可复用度，能独立部署。系统通过采用这种通用架构，可以对各个服务进行独立开发、测试、部署、运行和升级，运行在架构内的各个微服务组件在结构上互相松耦合，但是在功能上又作为一个整体统一对外提供服务。

8.4.2 智能运维管控技术

1. 网元智能管控技术

天地一体化信息网络运营多种网络单元，从太空到地面，网元数量巨大，对网络的故障检测、定位和自愈构成了极大压力。传统的网络管理系统所使用的低速、非实时、需要人工干预的管理方式，将无法适应天地一体化网络多维度、立体化的综合管控需求。因此，建立智能的天地一体化网络网元智能管控技术，对网络中的故障实时检测和精确定位，并按照网络资源最大有效综合利用的原则对网络进行优化是天地一体化信息网络的关键。

（1）基于 KPI 统计分布的故障诊断技术

在天地一体化信息网络的网元管控中，计算当前测量的 KPI 分布与网络正常状态下历史 KPI 分布的偏差，判断网络是否出现偏离正常的运行状态，如图 8 - 10 所示。如果网络出现异常，则把 KPI 统计分布偏离度作为 BP 神经网络的输入进行故障诊断。

（2）网络覆盖、容量以及质量间的均衡预测

按照天地一体化信息网络架构，建立用于无线网络资源均衡的贝叶斯网络，确定各种无线网络测量报告数据及综合指标和与网络均衡的对应关系，将无线网络资源均衡的过程实际转化成贝叶斯网络推理的过程，即利用已知征兆信息去计算网络资源均衡情况的概率信息，得出网络是否均衡的结论，从而推导出网络均

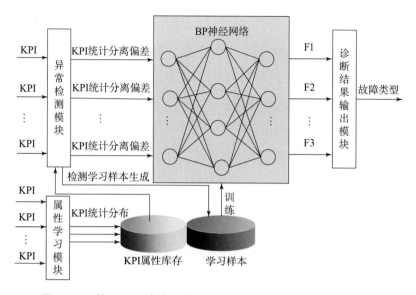

图 8 – 10 基于 KPI 统计分布偏离度的 BP 神经网络故障诊断模型

衡策略，如图 8 – 11 所示。

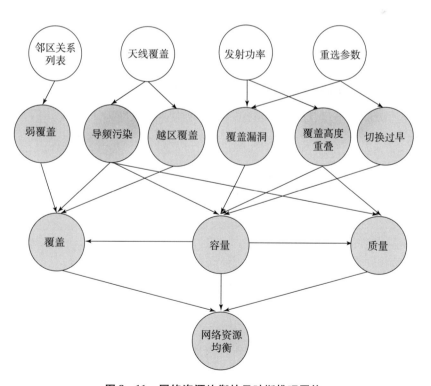

图 8 – 11 网络资源均衡的贝叶斯推理网络

2. 业务智能管控技术

根据网络应用中业务多样复杂，应用目标、服务质量和资源需求不尽相同的 QoS 需求，设计网络传输需求和网络结构之间的关系，提出任务协调和网络路由策略。设计业务 QoS 需求和性能的关系，全面感知用户行为、服务分布以及网络拓扑、网络流量等网络资源状态，作为生成任务协调和网络路由策略的参考，使网络在确保分组数据可靠完整性的同时，能够保持较高的网络整体性能，实现网络的高效传输。

（1）基于链路可靠性的分配算法

算法通过物理网络拓扑预处理和选择可靠性高的承载路径，提高了资源分配后网络的可靠性；利用 Q 因子分配节点到无线底层物理网络中相对集中的区域，从而大大改善了因拓扑稀疏和链路可靠性低而导致的虚拟网络构建率低等问题。

（2）基于链路干扰避免的网络分配算法

在无线网络环境中，资源分配需要面临诸如链路的干扰、节点的移动等无线特征，使得分配问题变得更加复杂和困难。较之于有线链路固有隔离性，无线链路具有的广播特性使得无线虚拟网络的分配存在链路的干扰问题，从而影响到虚拟网络的性能。

有人提出基于链路干扰避免的网络分配算法，保证节点和链路分配之间的协调性更强，分配效率更快，更适应无线网络环境中的虚拟网络分配，如图 8 - 12 所示；同时，算法基于信道的约束性，考虑同一碰撞域内相同信道的分配会造成

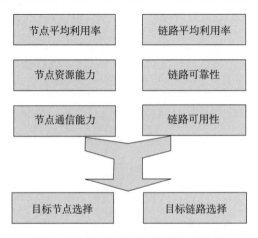

图 8 - 12　目标节点和目标链路的选择

链路干扰，使得链路彼此之间可靠性下降，如干扰性足够强，则会导致链路分配失败，因而在信道的约束下，同一碰撞区域内选择分配不同的信道来降低链路之间干扰性，使得链路构建成功率得到提高。

█ 8.5 天地一体化骨干网传输技术

8.5.1 天地一体化骨干网组成

天基骨干网由 GEO 卫星节点组成，每个卫星可以独立自主运行，也可以按需配置功能载荷与地面网络，形成功能互补，如图 8-13 所示。

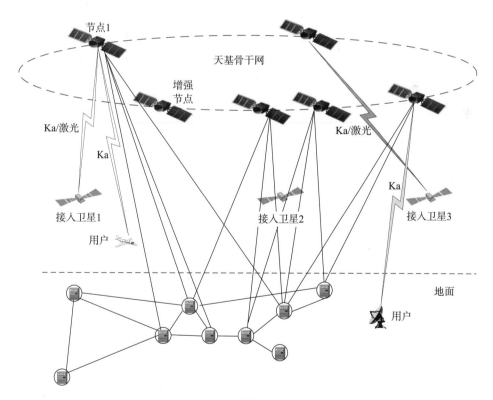

图 8-13 天基骨干网示意图

天基骨干网通过微波链路或激光链路互联，实现骨干网终端间的数据交互，也支持异构网系间信息的转发，为信息的高速传输提供通路。骨干网能够不受地面干预自主运行、自主控制，也可以接受地面的指令，依据地面的控制、调配准则实施相应的资源分配、用户管理、业务监视及健康状况收集，并将信息周期性下发至地面管控中心。

1. 天基骨干网的通信功能

通过微波链路或激光链路与地面栅格相连，具备天基自主运行控制能力和天地一体化信息交互能力，地面控制端具备任务中断优先权。

2. 天基骨干网的处理功能

天基骨干节点由天基骨干节点构成天基核心网，完成实时性强、高动态信息的处理功能。地面骨干节点构成地面骨干网，完成静止、缓变、大容量信息的处理。

8.5.2　天基骨干网与其他系统异构组网

天基骨干节点由 GEO 卫星节点构成。为了改变单星节点处理能力受限、不易扩容升级的问题，每个骨干节点可以由多颗卫星构成，这些卫星以分布式的方式构成星簇，通过星间链路实现星间协同，共同实现一颗卫星节点的作用。

在天基信息网的整体架构中，各类型的接入网，包括低轨卫星系统、窄带通信系统等，都需要通过宽带骨干网实现系统间的互联互通，构成一个紧密耦合的天基信息网络。与宽带骨干节点内部的组网不同，异构通信系统的协议体系、接口协议各有差异。为了实现这些不同系统间的融合，需要有协议转换网关来完成地址映射、接口格式转换、封装等操作，将外网的数据包转换成可在骨干网内传输的数据包，如图 8 – 14 所示。

8.5.3　天基骨干网传输接入技术

天基宽带骨干网可以为地面站点提供宽带信息传输服务，也可以为低轨卫星等提供自主接入服务。通过任务提前规划，对信道资源进行提前预留，只要物理层建立连接，即可通过预置完成信道接入过程。而自主接入具备智能和灵活的特性，设计可靠、灵活的支持服务扩展的接入控制协议，以支持自主接入和服务获取功能。

在完成自主接入的条件下，天基骨干网能够为接入用户提供高速的干线传输

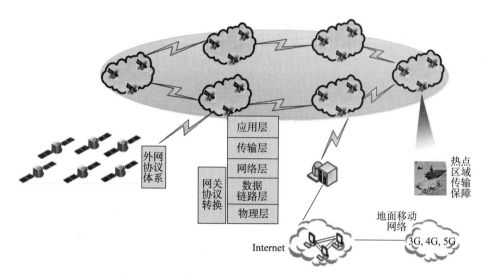

图 8 – 14　天基骨干网与其他系统异构组网示意图

能力。天基骨干节点改变了原有的数据中继等卫星的任务规划模式，形成了用户
主动介入系统的面向用户服务的工作模式。天基骨干网能够完成对用户的自主接
入，在用户发起接入请求的条件下，骨干节点与地面节点联合完成接入流程，如
图 8 – 15 所示。

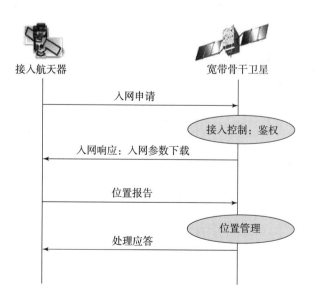

图 8 – 15　天基骨干网节点完成业务接入请求流程示意图

天基骨干节点具备如下的接入能力和功能特征：

①航天器等高速移动目标用户可在天基骨干节点内完成用户鉴权及自动接入。

②天基骨干节点通过与目标用户进行信令交互，结合轨道预测，完成用户软切换。

③天基骨干节点基于任务驱动的模式，实现在轨用户管理。

④天基骨干节点利用星上处理交换载荷，实现路由查询，支持数据智能路由交换与分发。

通过自主接入，天基骨干网节点具备更加强大的用户接入能力，能够保障用户卫星按需接入系统，并能实现灵活、动态的资源调配，如图 8-16 所示。

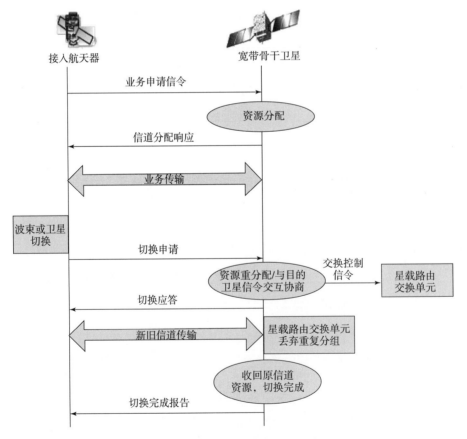

图 8-16　天基骨干网节点完成业务传输流程示意图

8.5.4 天基骨干网组网功能设计

1. 天基骨干节点自主分级路由功能

天基骨干网组网需要设计自主分级路由技术，实现天基骨干网内的信息多跳传输，如图 8-17 所示。天基骨干节点的双层网络路由拟采用顶层静态路由 + 底层按需路由相结合的方式。

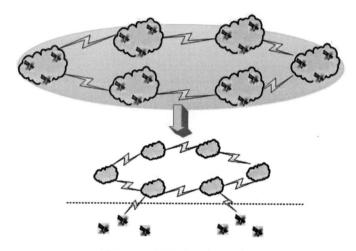

图 8-17　网络分层关系示意图

将每个轨位上的若干个卫星认为是骨干网节点，这些节点间相对关系固定，星簇内成员的变化不会对顶层的拓扑产生影响。分层的网络拓扑可以借鉴地面 Internet 网络的自治系统（Autonomous System，AS）方式，将每个骨干节点认为一个 AS，骨干节点间的通信即是 AS 间的通信。AS 间的代表性路由协议为边界网关协议（Border Gateway Protocol，BGP）协议。该协议以距离矢量协议为基础，通过节点间的路由信息交互，每个节点维护到网内任意一个节点的完整路径及所用的开销。该协议可以很好地解决典型的距离矢量路由协议 RIP 中的"计数到无穷"问题。BGP 协议在协议开销及可操作性上都有较强的优势。

对于虚拟节点内的多颗成员卫星，其以自组织的方式运行，考虑到可扩展性及系统健壮性，随时可能有新的节点增补，也可能有节点意外故障或被攻击，因此，顶层节点间的路由技术将不适用于本层的路由。簇内的路由需要具有对拓扑变化的随时更新能力，支持自主路由。如果簇内节点间均为一跳，则簇内可以考虑使用 TDMA 的方式进行通信。

2. 边缘骨干节点多协议转换网关功能

天基骨干网与其他信息接入系统向量构成一个异构的通信系统，如图 8 – 18 所示。异构通信系统的协议体系、接口协议均不相同，骨干网中的边缘骨干节点完成地址映射、接口格式转换、封装等操作，将外网的数据包转换成可在骨干网内传输的数据包。

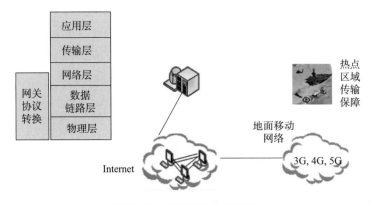

图 8 – 18　边缘骨干网关节点

网关节点实现了异构网系的互联互通，满足多网融合的需求，对天地一体化网络的建设具有重要意义。这里的融合有两种模式：第一种模式是指骨干网络能够与互联的异构网系进行互操作，理解外网的信令，提供接口实现外网和内网间数据的格式转换以及 QoS 映射；第二种模式是指骨干网络忽略来自异构网系的业务性质，将外网分组作为数据再次封装到内外分组中，通过点对点的方式逐跳发送至对端。

天基骨干网关技术面临的首要问题是系统编址问题。以 IP 化网络为背景，如果未来各网系均是基于 IP 网络的，则为异构网系融合带来极大方便，网关更多关注接口、封装层面的问题；如果未来网系中仍然存在非 IP 化的系统，则异构系统的编址方式、编址形式均需转换至骨干系统可识别的 IP 地址，因此，网关首先应通过类似于域名服务器一类的设备解决系统编址、寻址问题。

其次，网关技术还要解决应用的 QoS 保障。由于不同网系服务的用户及承载的业务均有差异，因此，骨干网关在对汇集的异构网系的异构业务进行服务时，如何正确匹配其在骨干网络中的定义并采取针对性的服务保障措施成为另一个关键问题。骨干网应依据可能服务的业务进行多等级划分，并按照实际业务需求进行精确匹配，完成从外网业务到骨干网服务的映射。

3. 天基骨干网管控架构及协议规范

天基骨干网络管理对天基骨干网络运行提供指控管理，网络管理功能与地面协同工作，按照指令和网络协议自主控制管理天基网络资源和业务服务，是整个天基网络信息体系的大脑和中枢神经，可对未来天基骨干网络实施有效管控。天基宽带骨干网作为空间信息系统的基本单元，未来的网络管理将涉及资源、用户、业务、应用等更多范畴的控制管理，将不再局限于通信设备工作参数的修改，而需要更加面向应用、及时响应的控制系统配合作用，共同完成对骨干网络的多维度、分级综合管理控制。

天基骨干网络管理从不同域进行划分，可以分为管理业务域、管理功能域及管理层次三个维度，如图 8 - 19 所示。

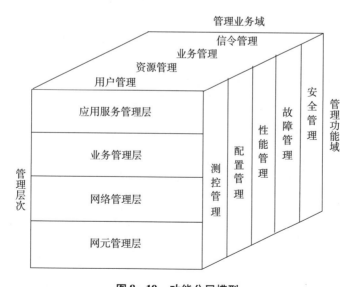

图 8 - 19　功能分层模型

按照地面的典型管理系统的发展，有基于 OSI 模型的 OSI/CMIP 网络管理模型，该模型成为讨论网络管理问题的基础；在电信网络管理领域，国际电联提出了一整套的电信管理网（Telecommunication Management Network，TMN），TMN 提供了先进的电信网管理解决技术，可以涵盖整个电信网领域，不仅能满足单一专业通信网的需求，也完全适用于复杂的综合业务通信网络。这两种管理方式都适合大规模的网络，实现较为复杂，不适合天基骨干网的应用。SNMP 是由互联网工程任务组（Internet Engineering Task Force，IETF）开发的，它用于快速解决不同类型计算机网络之间的通信问题，是一种相对简单、实用的非 OSI 标准的网管标准。

SNMP 是当今使用最为广泛的标准网络管理框架，对天基骨干网的应用具有很好的借鉴价值。SNMP 提供了一个基本框架用来实现对被管设备的管理。在 SNMP 管理模型中，管理者是管理的主动方。通常情况下，在网络管理中心上的用户运行网络管理应用程序，向所要管理的被管设备发起"取请求"或"设置请求"操作。被管设备包含处于等待状态、准备为"请求"提供服务的代理。代理对管理者发来的"请求"操作进行分析，如果该操作是允许的并且是可能实现的，就执行该操作，发送相应的"响应"报文，然后回到"等待"状态。代理的主要功能之一是将管理者的标准请求信息转换成本地数据结构，进而转化为与该"请求"等效的操作，并执行该操作，返回相应的"响应"报文。

4. 支持软件定义的宽带卫星交换功能

天基宽带卫星交换网络需要面向卫星接入网和大型地面网关提供空间信息宽带高速交换、干线中继以及综合业务传输服务，信息的按需、高效交换是其中的一个关键问题。现有交换技术的控制平面和数据平面紧密耦合，当网络运行模式改变时，数据平面的交换行为无法进行更新，无法匹配多业务的服务保障需求；在载荷的可重用、可重构、可定制能力上无法保证，限制了交换技术的灵活性，在资源受限情况下的多业务服务保障；在资源的划分方面，不能将不同的服务资源进行有效隔离，无法区别对待各部分资源，实现对控制信令及业务数据的安全转发。因此，在交换技术中引入 SDN 思想，设计软件定义的，具有可重构、可定制的高速交换技术成为宽带骨干网中的一个关键技术。

传统的 IP 网络交换设备是一个整体，其内部的软硬件资源是共享的，虽然可以实现划分虚拟网络如 VLAN 等功能，但也只限于同一种业务类型，不能实现异构数据在同一交换设备内的软硬件资源划分，从而形成虚拟的交换设备。

基于 SDN 网络的设计思想将交换网络从整体结构上自上而下划分为业务平面、控制平面和数据平面三个层次。数据平面由简单的交换设备群构成，其功能相对简单，仅完成数据的转发和必要的控制信息处理，由控制平面统一的控制器完成对交换设备群的控制。交换设备不针对某一种数据格式进行设计，而是采用通用的数据信息提取方式，从而提升了对不同数据类型的兼容性。控制平面通过在网络操作系统上运行的网络控制器和标准的南向接口对数据平面的交换设备群进行控制，可以通过配置完成交换设备内以及交换设备之间的资源划分，形成虚拟的交换设备。

支持软件定义的宽带卫星网络技术为小型终端、大型终端及地面站设备提供高速的网络交换服务，适应不同终端设备完成不同功能，在整体的硬件转发资源中，通过软件虚拟的方式划分出一部分资源，以适应业务传输的特性需求，相当于形成了一台虚拟的专用交换设备，剩余资源可以再划分为适应其他系统的转发设备。

为满足高速多元匹配检索处理的要求，需要根据实际规则库的容量、规则更新频率和数据速率等方面选择适应的流分类算法。目前实际应用的快速流分类算法主要有 TCAM 和哈希两种方式。TCAM 查找速度快，但是资源消耗量大，属于用资源换速度的方式。在速度要求高，同时表项不大的情况下，可以采用 FPGA 实现，并且可以采用通配方式。

哈希方式，速度较快但是需要选择较好的散列算法，以避免表项冲突。另外，需要对表项信息进行预处理，从而降低冲突概率及实现部分内容的通配操作。如果过多表项内容经哈希散列后映射为同一个哈希值，则冲突较严重，会降低实际的使用效率，表项易于更新。

如果要求速率不高，可以通过构建二叉树的方式建立流分类表，但是速度低，在有限的资源下可以支持较多的表项，更新速度较快。

5. 面向宽带应用的按需接入功能

天基宽带骨干网的按需接入根据应用业务及服务等级提供三种接入能力：

（1）具有最高 QoS 保障的接入技术

通常，地面有若干大型固定站点间需要交互信息，宽带卫星为这类节点预留接入信道/时隙，开机即入网，保障信息的实时传输，避免关键节点因资源分配不足或不及时导致的延误。这里的资源预留与骨干网的管控以及网络规划都有密切关系。

（2）具有自主移动服务的接入技术

骨干网的宽带传输对移动的遥感卫星以及境外的信息传递具有重要意义。当移动中的终端接入信道后，通过与宽带骨干节点间的握手交互、身份认证及资源分配即可完成接入过程。当终端由于移动而需要完成波束或卫星的切换时，终端与卫星间的操作均可以通过双方的交互自主完成，无须地面的干预。这一接入技术打破了现有接入技术通过预先规划、预留资源的方式，极大地提高了资源利用率，提升了星上的自主能力，增加了服务用户数量，对系统的应用具有重要意义。

（3）竞争接入技术

竞争方式是最基本的网络接入形式，在电话网络、移动通信网络中广泛使用。与之类似，竞争接入的方式提供公共的上行信道，有通信需求的终端在公共上行信道上发送接入请求，如果当前有可用资源为其服务，则为其预留资源并发送资源信息，反之，则拒绝该申请。这种竞争的接入方式未对接入行为做任何保障，是尽力而为型的服务。

上述三种接入形式对资源的要求不同，系统资源的整体划分取决于网控中心对资源的管理。

6. 天基骨干网自适应传输功能

自适应编码调制技术是指发射端能根据信道的干扰情况，自动选择调制方式和纠错编码方式，在保证一定的误码率条件下，提高系统的频带利用率。比如在高信噪比的信道环境中采用高效率的调制方式和较高的数据率，而信噪比较小时，则采用与此相适应的其他调制方式来降低数据速率，提高 E_b/N_0，即每比特能量与噪声功率谱密度之比。

星载宽带信号处理的主要难度和技术点是：

①带宽更宽：在整个带宽内的非线性、幅频不一致性、群时延抖动等对传统窄带调制解调器不是问题的问题，将变得突出，并会影响产品的性能指标。

②速率更高：调制解调算法需要的速率一般是符号速率的 2 倍。

③速率自适应：为了提高系统的频谱利用率，增加产品的适应性，一般通过多种调制方式和多种码率以及不同的符号扩展因子来实现变信息速率，这需要收发设备在处理结构设计时考虑多调制方式及多码率的共模块设计，减少星上资源的开销。

针对宽带信号的星上处理，主要处理技术如图 8-20 所示。

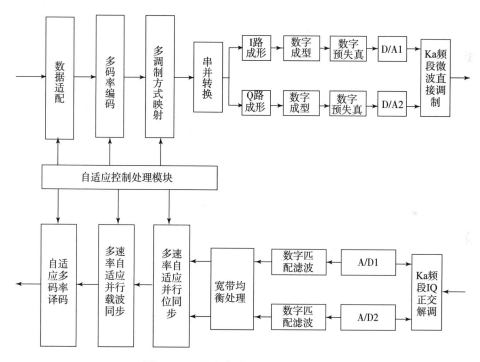

图 8-20　星上高速调制解调处理框图

■ 8.6　低轨接入网移动宽带接入技术

8.6.1　低轨接入系统与地面融合技术

天基接入网面向移动应用需求与地面 5G 一体化融合设计，形成天地一体移动接入网络，实现更为广域的覆盖范围、更为灵活的组网方式、更为高效的通信效率。

　　融合系统能够解决地面系统话务量的时间不均匀性。部分地区的话务量的峰值和均值比相差悬殊。特别是一些旅游景区,当旺季到来时,话务量激增,甚至超过一些城区的话务量;淡季时,游客寥寥,话务量与偏远地区相当。地面移动通信系统建设时,尽管已经考虑了旺季时期的话务量需求,在旺季到来时,还是会发生通信资源不足,接通率大幅度下降的情况。考虑到从全球范围看,这类通信热点地区的出现具有一定的时间分散性,即某些地区不再是通信热点时,另一些地区会成为新的通信热点,对于低轨卫星而言,话务的时间均匀性相对稳定。如果使用融合系统的卫星部分解决这些溢出的通信需求,则能解决话务量不均匀造成的短时通信资源不足。

　　使用融合系统能够增强地面系统的抗毁性和容灾能力。地面移动通信系统受地震、海啸、台风等自然灾害的影响较大,当灾害发生时,地面移动系统的基础设施,如基站、干线光纤等会不同程度地受到破坏,造成通信中断。而低轨卫星通信网络不易受灾害影响,能够提供灾害发生时的应急通信需要。

　　使用融合系统能够减少地面通信系统的基础设施建设。地面移动通信系统基站的覆盖范围较小,即便是使用宏蜂窝模式的基站,覆盖半径一般也不超过30 km。在一些人口稀疏的地区,话务量相对较小,但是为了满足覆盖的要求,不得不建设大量的基站,同时要为这些基站配套相应的光纤网络或微波接力网络,这极大地浪费了资源。如果这部分地区能够使用卫星作为接入手段,则能为地面移动通信系统的建设节省大量费用,同时又能增加低轨移动通信系统的用户群,降低单个用户的通信资费,形成良性运营。

　　天地一体化移动接入网络包括无线子网、传输子网、应用终端和网络控制器四个组成部分,如图 8-21 所示。无线子网由多颗移动接入卫星和若干第五代移动通信基站组成(含在偏远地区或大型交通工具上设置的小型基站),实现对全球移动终端的天地一体化无缝覆盖;传输子网由低轨星间链路网络、低轨传输卫星、卫星网关站和地面传输网络组成,实现移动接入卫星和地面(5G)基站的互联互通;网络控制器负责对天地一体化移动接入网络的实施统一的资源调度;应用终端是指各类用户终端,包括手持机和嵌入式终端等。

　　通过天地一体化移动接入网络可以向个人、移动载体及物联终端等提供双向实时的语音、数据和图像等通信业务。

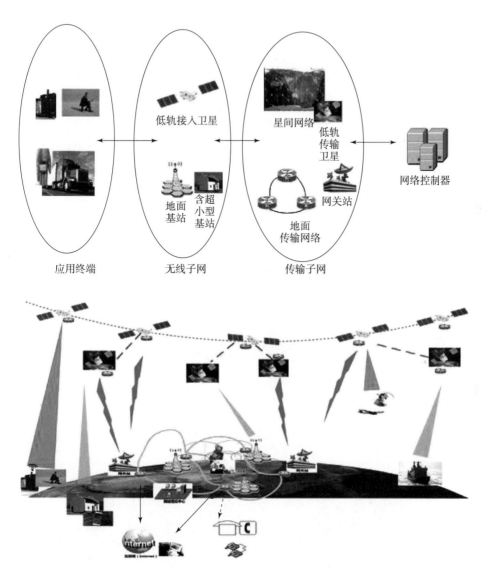

图 8 – 21　天地一体化移动接入网络

8.6.2　低轨接入系统的星座技术

低轨接入系统建设需要满足多方面的需求：

①信息全球无缝覆盖，保障基本通信服务。

②对系统带宽和容量需求大，降低单位成本。

③针对低轨接入卫星星座的基本框架，通过把接入卫星变为传输卫星的方式

实现扩容，实现热点区域的大容量移动宽带通信服务。

低轨卫星同轨道面的相邻两颗卫星之间有星间链路，同方向运行的异轨面卫星之间也存在星间链路。这样，所有低轨接入卫星通过同轨道面及异轨道面星间链路组成一个能够相互联通的星间通信网络，如图 8 - 22 所示。组网采用对等网的方式，每颗卫星与前后左右 4 颗卫星建立星间链路，实现星间组网运行，如图 8 - 23 所示。

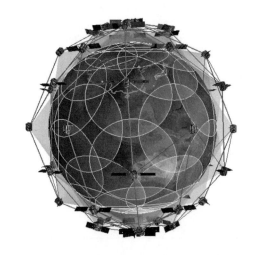

图 8 - 22　低轨接入卫星网络示意图

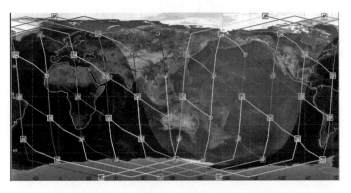

图 8 - 23　低轨接入卫星组网拓扑示意图

为了给地面移动基站，特别是给偏远地区灵活部署的小型基站提供数据回传通道，实现不便于部署地面传输网络的地区基站的互联互通，传输子网增加了低轨传输卫星，如图 8 - 24 所示。低轨传输卫星采用 Ka 频段工作，采用灵活按需的方式建立与地面基站间的传输通道。由于低轨传输卫星的通信延时较短，能够支持 10 ms 以内的通信时延，便于开展工业网、车联网等 5G 移动通信最新开展的网络业务，与 5G 发展的要求相适应。

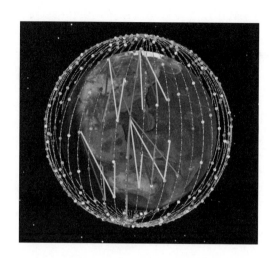

图 8 – 24　低轨传输卫星与接入卫星链路建立示意图

传输卫星采用星间层级组网和地面组网两种组网方式。

（1）星间层级组网

传输卫星直接与前侧接入卫星建链，或者与同轨道面传输卫星建链后再与前侧接入卫星建链。最终将数据汇聚到接入卫星进行路由交换。

（2）地面组网

用户数据通过传输卫星直接落地，通过地面网络进行路由交换。直接在当地网络落地，减轻星间链路压力，发挥系统容量优势。当地地面站可以通过天基骨干网、地面光纤网与地面站实现互联互通。

8.6.3　低轨卫星组网及移动性管理技术

低轨传输卫星通过星间链路与低轨接入卫星构建星间链路形成星间网络。与地面传输网络一体化后，构成的网络结构较为复杂，并且存在网络间的相对运动，对该一体化传输网络的拓扑形成、组网协议、移动性管理等组网技术进行设计。

①拟采用高度扁平化的组网拓扑形态，集中统一的网络控制模式构建天地一

体化移动接入网络。在该扁平化架构中，低轨接入卫星和地面基站的地位对等，卫星可认为是位于太空覆盖范围更大的基站。低轨接入卫星、地面基站、网关站均具备路由的功能，与低轨传输卫星、地面传输网络中的网络设备共同构成了互联互通的网络，共同承载用户业务数据。全网的资源分配，统一在网络控制器中进行，这样可以充分发挥一体化的优势，实现资源的最优利用。

天地一体化移动网络通过网关与地面 Internet 及 PSTN 互联。借助扁平化组网优势，与外部网络互联不再单纯依赖卫星网关站，可借助地面移动通信网络的多个网关，实现更为灵活的互联，最大限度地避免了"瓶颈"节点的出现，如图 8 – 25 和图 8 – 26 所示。

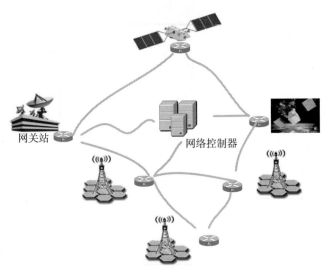

图 8 – 25　扁平化网络拓扑

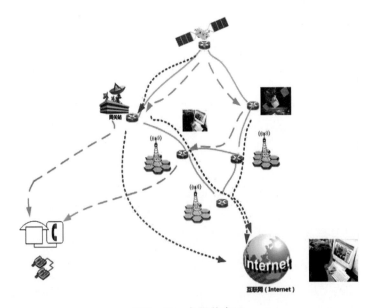

图 8 – 26　多网关出口

②针对卫星拓扑形成复杂，需要综合通信容量、覆盖、卫星碰撞风险、星间链路建立条件等多方面的约束的问题，采用多轮迭代的方式确定卫星网络的拓扑形态。

首先根据通信密集需求区域的基本容量需求，假定单星的覆盖范围，并根据全球覆盖的需要确定所需要的轨道高度，再根据卫星规避碰撞的约束，确定轨道的倾角和卫星间的相位关系，形成基本轨道形态。然后根据星间的距离和相对运动关系，计算建立星间链路的代价，评价是否能够建立星间链路以及星间链路是否能够支撑基本的容量需要。如不满足，返回上一步骤进行迭代。经过多次反复迭代后，初步确定拓扑的基本形态，如图 8-27 所示。

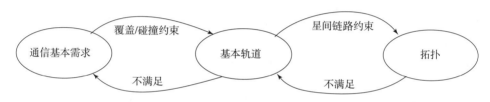

图 8-27　拓扑基本形态

拓扑基本形态确定后，还需要根据低轨网络的星座规模和流量的分布情况确定组网的基本层级形式。基本层级形式分为两种类型：中心化网和对等网。在中心式网络结构（图 8-28）中，一部分互联互通的卫星组成网络的干线网。干线网中的每颗卫星配置星间链路，实现互联互通，是整个网络的交换和路由分配节点。其余的网络节点接入干线网，完成信息的发送及接收。接入点一般比较单一，不与干线网络中的其他节点发生互联关系。

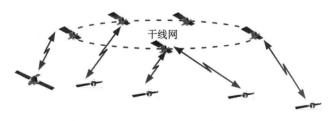

图 8-28　中心化网络

在对等式网络结构（图 8-29）中，网络中各节点的地位平等，不依赖于固定的网络基础设施。网络节点既是终端，也是路由器。当某个节点与其覆盖范围之外的节点进行通信时，需要中间节点的多跳转发。

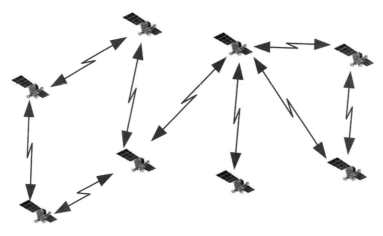

图 8 - 29　对等网络

采用多角度比较的方式确定空间网络的基本层级关系。比较的角度为路由复杂度、灵活性和动态拓扑的适应性。低轨卫星网络中，卫星依托星间链路实现互联，随着节点数量的增多，网络的连接关系复杂度逐步提升，随之带来路由建立和维护复杂度的增长。当网络节点数量和连接度在一定范围内时，无层级的网络路由的复杂度在可接受的范围内，而网络的路由的灵活性较大，便于实现流量的均衡，也便于规避发生故障的链路；当网络的节点数量较多或网络节点的连接度超过一定限度时，网络路由建立和维护的开销加大，一方面，导致路由收敛时间的增大；另一方面，造成控制信息占用链路资源过多。此外，由于低轨卫星轨道为非静止轨道、大多数卫星之间保持着相对运动关系、星间天线指向等因素的影响，星间的可见性也具有时变性，不同的网络层级关系对于动态拓扑的适应性不同，可能出现层级化网络顶层拓扑动态变化导致底层网络路由难以收敛，或对等网络拓扑变化过于频繁导致网络难以适应的情况。采用多个比较的角度，综合比较对等或层级网络的优劣，最终选择合理的层级结构。

在建立星间链路时，卫星节点可以选择与周边的卫星建立星间链路，选择建立星间链路的卫星不同，最终生成的拓扑结构不同。由于卫星网络根据星间链路所连接卫星所处轨道不同，卫星网络中星间链路分为同轨道内星间链路（Intra -

ISL）和不同轨道间星间链路（Inter – ISL），同轨道内星间链路存在于同一个轨道平面内的相邻两个卫星之间，不同轨道间星间链路存在于两个不同的轨道平面内的两个相邻卫星之间。根据轨道面运行方向的不同，不同轨道间星间链路可以分为同向运行和逆向运行两种。在同轨间建立星间链路一般能够获得比较稳定的链接关系，保持拓扑的相对固定性，在不同轨道建立星间链路情况较为复杂，需要综合比较。

首先考察建立星间链路的短期稳定性，如在逆向运行的卫星间建立星间链路，受卫星高速相对运动的影响，星间链路维持的时间较短，可传输的数据有限，但会给路由计算带来较大的动态性。当依赖该星间链路传输的数据不足以抵消星间链路的建立造成的复杂度时，则不考虑建立该星间链路。其次将考察星间链路的长期稳定性。部分星间链路建立后，虽然会受到天线指向的影响而在短时间内中断，但经过一段时间后，仍能恢复之前的拓扑连接关系，使得路由的过程较为简单；部分星间链路建立后，需要在不同的卫星间进行星间链路的切换，造成路由复杂度的提升。星间链路设计将根据星座构型、卫星轨道技术等因素，综合考虑比较不同邻星星间链路建立方式的优劣性能等。

③针对卫星和用户都具有移动性，使得整个网络中没有可参考的位置节点，无法采用简便的方式确定终端和网络接入点间的位置匹配关系的问题，引入虚拟相对参考点的概念来解决。

位置的变化需要参照相对固定的坐标系统，当偏离当前参考点所能提供通信服务的地理范围时，认为位置发生了变化。地面移动通信网络中，基站的位置是固定不动的，若干基站组成的地理区域就构成了位置区。在位置区内则认为没有发生移动，在位置区外则认为发生了移动。低轨系统中的虚拟参考点也是相对地球固定的坐标系统，移动用户相对该坐标发生移动后，则向系统发出位置更新，同时，卫星相对该坐标系统移动后，也需要进行位置更新，如图 8 – 30 所示。相对于地面移动通信系统，可以认为是基站和用户都进行位置更新，这样就可以将卫星和用户双移动性的问题化简为两个独立的单移动性问题分别解决。显然，卫星位置更新的尺度应远大于终端位置更新的尺度。进一步优化量化设计位置更新的尺度问题，在保证相互匹配工作的前提下，尽可能降低位置更新的频次。

在采用全 IP 架构后，终端需要采用 IP 地址进行标示。然而 IP 地址具有身份

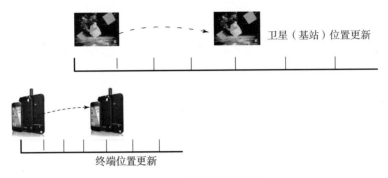

卫星（基站）位置更新

终端位置更新

图 8 – 30   终端位置更新

和位置两重属性。IP 的身份属性本质上要求该标示具有一定的稳定性，而 IP 的位置属性则要求该标示应随位置变动。不同于地面网络采用的复杂隧道机制，引入身份与位置分离的移动性管理架构解决低轨网络的位置管理问题。身份与位置分离机制通常定义了两个名字空间，接入标示一般在应用层或者传输层用于表示用户在全网中的唯一身份标示，路由标示一般在网络层用于表示用户所在的拓扑位置。当终端移动时，虽然代表终端位置的路由标示发生变化，但终端的接入标示保持不变，因此，通信对端可以通过对接入标示发起通信连接。在采用接入标示寻路的过程中，需要对接入标示和地理位置信息进行匹配。匹配的过程类似于DNS 过程。由于系统用户数量庞大，如果全网采用单一服务节点提供匹配功能，则容易造成系统性能的"瓶颈"，因此，需考虑分布式进行身份位置匹配的问题。

不同于地面网络的切换过程，卫星网络的切换频度十分高，约数分钟就要进行一次。而且同时发生切换的用户数量十分庞大，系统在短时间尺度上的负荷较重。通过引入面向第五代移动通信的移动优先（mobility first）机制和面向网络移动的概念来解决卫星网络的切换过程。引入移动优先（mobility first）机制后，切换的过程可以在相邻的卫星间完成，而无须向集中管理的单元进行注册。如图 8 – 31 所示，当用户终端发生移动时，绑定位置从当前的位置移动到了相邻卫星的覆盖范围。终端发出的数据包通过当前绑定的卫星直接进行路由；对端节点发向该移动终端的数据包到达之前的卫星后，通过身份标识查询终端切换后的注册信息，并依据该注册信息进行二次路由。这样发向该移动节点的数据包也可以被可靠送达。

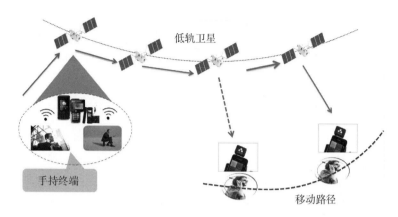

图 8-31　低轨卫星拓扑结构

由于是多个节点同时发生切换操作，在进行地址分配时，借用网络移动性的理念，当其中一个连续地址段中的信息发出了切换请求后，通过广播的方式通知地面具有相同地址前缀的移动用户他们被统一切换到了下一颗接续的卫星上，而无须所有的用户都发起切换的请求。这样可以大大节省切换耗费的资源，并保障切换的可靠性。

④针对地面网络与天基网络位置管理方法差异大，不便于一体化组网的问题，引入更高层级的位置管理方法。该方法考虑了天基网络与地面网络位置区的范围的差异化特性，以及卫星波束覆盖区高速运动的特点。更高层级的位置管理方法能够与低层级的位置管理方法交互，即通过高层级的管理方法，实现地面网络和卫星网络位置信息的互通。进而在该高层级位置管理方法的基础上，设计跨系统的位置更新信令流程和异构寻呼的信令流程，使得在信令层面实现互通。

采用基于过程的仿真方法，模拟跨域位置更新和异构寻呼的全过程，检验该位置管理方法及相关信令的可用性。仿真过程中，通过设置探针的方式，获取跨域位置更新的开销及异构寻呼的开销。当开销偏大时，拟重新对位置管理方法进行优化，使得开销降低到系统能够接受的程度。

⑤针对天基网络与地面网络采用的系统参数不同，不便于用户无缝使用天网和地网两种资源的问题，采用基于过程的仿真方法，检验切换判决准则、切换信令过程及资源分配机制的性能。

天地垂直切换需要考虑更多的因素：

- 信道参数的获取

由于网络的异构性，天基网络与地面网络的信息流程不同，空中接口的质量并不能完全代表通信链路的质量。参数获取时，还应考虑如网络当前带宽等其他因素。

- 乒乓效应

天基网络与地面网络提供的参数不同，不具备直接可比性。切换的标准较为模糊。切换的过程中易出现切换判决的乒乓效应，即在两个网络间往复切换。为避免乒乓效应，应设计合理切换准则，减少不必要的重复切换。

- 切换信令流程的高效性

切换信令流程时延较大，切换的信令流程尚未结束，源切换网络已经不能提供有效的服务了。这一点在地面网络与天基网络的融合系统中尤为明显。低轨网络的切换控制功能实体与地面切换控制实体相距较远，延时很大，这为切换的高效性增加了难度。

- 切换过程中服务质量的保证

天基网络与地面网络的资源分配方式不同，切换时如何为切换的用户分配资源需要进行设计。如果分配的资源不能与用户的业务相匹配，则易造成服务质量下降。切换过程还涉及用户之间资源的协调和调度问题，如果不能及时为切换用户分配到足够的通信资源，也会引发服务质量下降，甚至造成切换失败。

垂直切换是多判决指标问题，为获得良好的切换效果，首先应对判决需采集的信息及其可获得性进行分析。在综合采集信息的基础上，对切换的判决指标进行设计。该指标应综合考虑信道的状况、资费、业务特性等多种因素。在明确判决指标的基础上，设计跨域的信令流程，流程应尽量做到简化，以减小时延。

资源分配机制对切换的无缝性至关重要。资源分配过程涉及带宽资源的预留、调度的过程，可以依据排队论的方法对这一过程进行优化。

⑥针对低轨卫星网络拓扑复杂、存在高动态时变性、流量均衡难度大、网络链路利用率低的问题，引入软件定义网络思想，采用集中控制的方式解决该问题。

基于 SDN 架构，控制与转发分离并直接可编程的网络架构，其核心思想是将传统网络设备紧耦合的网络架构解耦成应用、控制、转发 3 层分离的架构，并通过标准化实现网络的集中管控和网络应用的可编程，如图 8 – 32 所示。

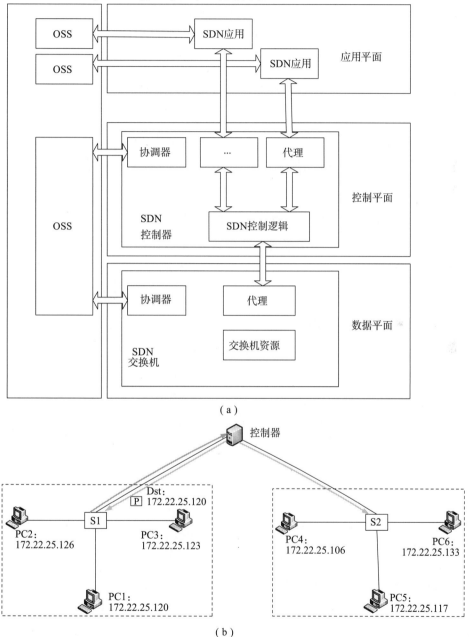

SDN：Software Defined Network，软件定义网络
OSS：Operation Support System，运维支持系统

（a）

（b）

图 8－32　SDN 网络架构及示例

（a）SDN 网络架构模型；（b）SDN 网络架构示例

在 SDN 网络架构下，首先，传统交换机中的控制面被分离出来。在物理结构上，可以通过软件的方式实现交换机的控制面，并将其部署于星载服务器上，实现对多个交换机的集中控制和管理。其次，数据的转发方式发生了变化。在 SDN 网络架构下，转发设备仅具有转发功能。当交换机 S1 收到发往 PC2 的数据分组后，交换机查找本地的转发表，如果有相关记录，则按照记录进行转发；如果没有相关记录，交换机将向控制器询问对该数据分组的处理方式。在 SDN 架构中，控制器控制着多台交换机，拥有全局的网络视图。因此，控制器可以基于该集中的视图为该数据分组规划转发策略，并将该策略下发至所有与该策略有关的交换设备。

在低轨卫星网络中，SDN 控制器可以通过信息收集的方式对全网的动态拓扑进行近实时的掌握，不但能够了解链路的通断信息，也能够了解链路的利用情况。在拓扑频繁变化的条件下，拓扑的变化信息只需要一次集中到控制器中，全网的链路信息可以在控制中完成统一优化的配置，减少了交换信息传输及资源消耗。交换机路由表中无法路由的数据包交付到控制器后，控制器可以依据当前的网络状态选择合理的转发路径。这样可以有效避免在传统分布式控制的网络中，各卫星节点都要维护路由信息，需要不间断地向周围节点发送路由探测数据包，浪费了网络中宝贵的带宽资源，以及不断同步其他节点的路由信息，造成路由收敛缓慢，甚至路由震荡的问题。

对于低轨卫星的网状拓扑来说，总存在部分链路资源紧张、部分链路资源限制、全网链路总体利用率不高的问题。SDN 控制器实现对全网链路信息的实时掌握后，可以对全网的流量信息进行精确的分析，并根据当前的拓扑情况进行合理的匹配，在全网内对流量进行合理的调度。将部分业务流量通过其他可达路由送抵目的地址，合理分担了紧张链路的带宽资源，达到全网无拥塞的效果。实时流量均衡后，对于单个业务流而言，减少了数据包丢包的概率，也减少了在缓存中排队等待的时间，使得该业务的服务质量明显提升；对于全网而言，减少了网络拥塞，增加了闲置链路的利用，客观上提升了全网的吞吐能力，扩展了可服务用户的数量。

8.6.4　低轨卫星空中接口技术

低轨接入卫星由均匀分布在多个轨道面上的若干颗卫星组成。低轨接入卫星采用 L 频段工作，能够面向地面小型化特别是手持和嵌入式终端提供通信服务。低轨接入卫星和应用终端遵从空中接口通信体制。由于 5G 中的相关技术应用到低轨卫星大多普勒、高动态范围、高速相对运动信道环境下，设计新型信号体制，使之能够与工作信道环境相匹配，实现具有与 5G 兼容的低轨空中接口技术。

针对卫星移动通信速率仍偏低，不能支持开展高速数据业务的问题，也便于与 5G 实现基带处理的兼容，拟引入 5G 通信中的若干通信技术，结合低轨卫星移动通信的特点设计融合体制。

1. 新型多址接入体制

目前业界提出的技术主要包括基于多维调制和稀疏码扩频的稀疏码分多址（SCMA）技术、基于非正交特征图样的图样分割多址（PDMA）技术、基于复数多元码及增强叠加编码的多用户共享接入（MUSA）技术及基于功率叠加的非正交多址（NOMA）技术。

（1）SCMA 技术

以 SCMA、PDMA 和 MUSA 为代表的新型多址技术通过多用户信息在相同资源上进行叠加传输，在接收侧利用先进的接收算法分离多用户信息，不仅可以有效提升系统频谱效率，还可以成倍增加系统的接入容量。此外，通过免调度传输，也可以有效简化信令流程，并降低空口传输时延。

SCMA 是一种基于码域叠加的新型多址技术，它将低密度码和调制技术相结合，通过共轭、置换及相位旋转等方式选择最优的码本集合，不同用户基于分配的码本进行信息传输。在接收端，通过 MPA（Message Passing Algorithm）算法进行解码。由于采用非正交稀疏编码叠加技术，在同样资源条件下，SCMA 技术可以支持更多用户连接。同时，利用多维调制和扩频技术，单用户链路质量将大幅度提升。此外，还可以利用盲检测技术及 SCMA 对码字碰撞不敏感的特性，实现免调度随机竞争接入，该方式更适用于小数据包、低功耗、低成本的物联网业务应用。

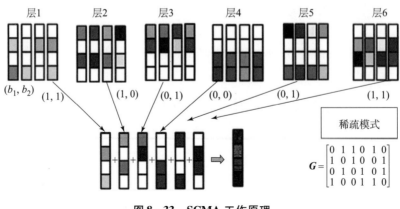

图 8 – 33   SCMA 工作原理

（2）PDMA 技术

PDMA 技术以多用户信息理论为基础，在发送端利用图样分割技术对用户信号进行合理分割，在接收端进行相应的串行干扰删除（SIC），可以逼近多直接入信道的容量界，用户图样的设计可以在空域、码域和功率域独立进行，也可以在多个信号域联合进行。图样分割技术通过在发送端利用用户特征图样进行相应的优化，加大不同用户间的区分度，从而有利于改善串行干扰删除的检测性能。

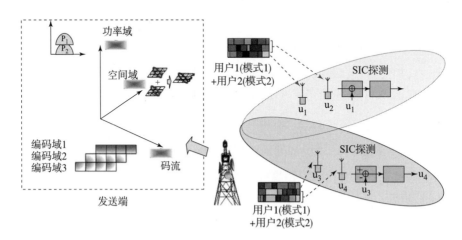

图 8 – 34   PDMA 技术

（3）MUSA 技术

MUSA 是一种基于码域叠加的多址接入技术，对于上行链路，已调符号经过特定的扩展序列扩展后在相同资源上发送，接收端采用 SIC 接收机对用户数据进行译码。扩展序列的设计是影响 MUSA 技术性能的关键，要求有较好的互相关特性。对于下行链路，基于传统的功率叠加技术，利用镜像星座对配对用户的符号映射进行优化，提升下行链路性能。

用户体验速率、连接密度以及时延是 5G 的三个关键性的性能指标，上述新型多址技术相比于 OFDM，可以提供更高的频谱效率，支持更多的用户连接数，也可以有效降低时延，还可以作为未来 5G 系统的基础性核心技术之一。

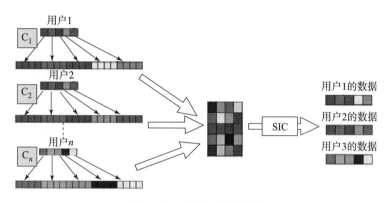

图 8–35　MUSA 工作原理

（4）新型多载波技术

作为多载波技术的典型代表，OFDM 技术在 4G 中得到了广泛应用，在未来的 5G 中，OFDM 仍然是基本波形的重要选择。但是面对 5G 更加多样化的业务类型、更高的频谱效率和更多的连接数等需求，OFDM 面临挑战，新型多载波技术可以作为有效的补充，更好地满足 5G 总体需求。

OFDM 可以有效地对抗新到的多径衰落，支持灵活的频率选择性调度，这些特性使它能够高效地支持移动宽带业务。但是 OFDM 也存在一些缺点，例如较高的带外泄露、对时频同步偏差比较敏感及要求全频带统一的波形参数等。

为了更好地支撑 5G 的各种应用场景，新型多载波技术的设计需要关注多种需求。首先，新型多载波需要能更好地支持新业务。和 4G 主要关注移动宽带业务不同，5G 的业务类型更加丰富，尤其是大量的物联网业务，例如低成本大连接的机器通信业务、低时延高可靠的 V2V 业务等，这些业务对基础波形提出了新的要求。新型多载波技术除兼顾传统移动宽带业务之外，也需要对这些物联网业务具有良好的支持能力。其次，由于新技术和新业务的不断涌现，为了避免"一出现就落后"的局面，新型多载波技术需要具有良好的可扩展性，以便通过增加参数配置或简单修改就可以支撑未来可能出现的新业务。此外，新型多载波技术还需要和其他技术实现良好兼容。5G 的多样化需求需要通过融合新型调制编码、新型多址、大规模天线和新型多载波等新技术来共同满足，作为基础波形，新型多载波技术需要和这些技术能够很好地结合。

围绕着这些需求，业界已经提出了多种新型多载波技术，例如 F - OFMA 技术、UFMC 技术和 FBMC 技术等。这些技术的共同特征是都使用了滤波机制，通过使用滤波或加窗机制减小子带或子载波的频谱泄露，从而放松对时频同步的要求，避免了 OFD 的主要缺点。在这些技术中，F - OFDM 和 UFMC 都使用了子带滤波器，其中 F - OFDM 使用了时域冲击响应较长的滤波器，并且自带内部采用和 OFDM 一致的信号处理方法，因此可以更好地兼容 OFDM，如图 8 - 36 所示。而 UFMC 则使用了冲击响应较短的滤波器，并且没有采用 OFMD 中的 CP 技术。FBMC 则是基于子载波的滤波，它放弃了复数域的正交，换取了波形时频局域性上的自由度，这种自由度使得 FBMC 可以更灵活地适配信道的变化，同时，FBMC 不需要 CP，因此系统开销也得以减小。

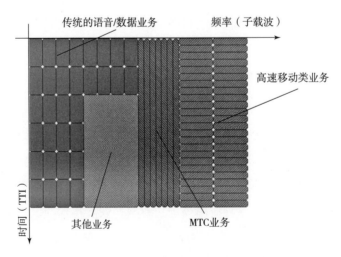

图 8 - 36　基于 F - OFDM 的灵活自适应帧结构

2. 大规模阵列天线技术

针对卫星信道频谱利用率低的问题，拟采用大规模阵列天线技术来提高频谱的利用率。

近年来，在地面移动通信网中有关 MIMO 技术的大部分均基于二维（2 - Dimension，2D）信道模型，并且在现有的蜂窝系统中，大多数基站仅能对其发射波束在水平维度上进行调整，而未对垂直空间加以利用，如图 8 - 37（a）所示。然而，在实际的空间传输过程中，经历散射、反射与折射后的无线信号在到达接收端时，信号能量不仅分布于水平平面，也会同时分布于垂直平面。在城市宏小区场景中，用户端接收到的信号能量大部分分布在平面垂直方向上，并且其中 65% 的能量位于垂直方向一定的角度范围内。因此，可以预见，对垂直维度空间的利用将对提升系统性能具有重要价值，而随着产业界对有源天线系统（Active Antenna System，AAS）样机开发的完成，在垂直方向上增加一个天线维度已逐渐成为现实。

当前的 MIMO/智能天线技术主要利用水平方向的空间自由度来获得多天线的增益，其实现技术已相当完善。3D - MIMO 技术在不改变现有天线尺寸的条件下，可以将每个垂直的天线阵子分割成多个阵子，从而开发出 MIMO 的另一个垂直方向的空间维度，如图 8 - 37（b）所示。3D - MIMO 将 MIMO 技术推向一个更高的发展阶段，为下一代无线通信系统传输技术性能的提升开拓出了更为广阔的空间，使得进一步降低小区间干扰，以及提高系统吞吐量、覆盖能力及频谱效率成为可能。

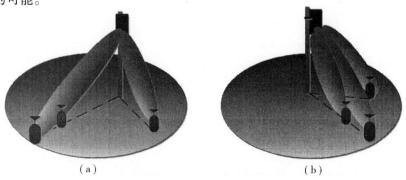

（a）　　　　　　　　　　（b）

图 8 - 37　2D - MIMO 与 3D - MIMO 波束赋形示意图

（a）2D - MIMO 波束赋形；（b）3D - MIMO 波束赋形

8.6.5 低轨移动通信终端接收技术

终端架构包含天线、射频、基带、上层应用四个部分，如图 8 – 38 所示。

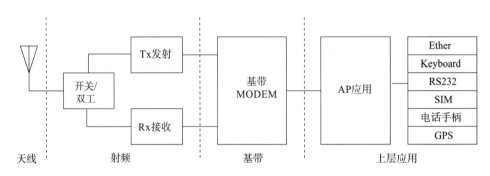

图 8 – 38　通信终端组成框架

终端基带芯片的技术已经比较成熟与透明，为了实现终端的低功耗、小型化，重点突破多模射频芯片和高增益 MEMS 天线两项技术。

1. 多模射频芯片

射频芯片包含 LNA、功率放大器、频综模块等，对于兼容 5G 的终端射频芯片，需要兼容多个频段。

首先，从体制上应考虑多模式射频芯片设计的复杂度，将多模多个频段尽量靠近，从而射频通道可以实现共用。此外，多模射频芯片的设计重点考虑频率综合部分的性能指标，一方面实现较宽范围频率的生成，另一方面提供较为理想的射频通道指标。此外，还要考虑低轨移动通信多普勒补偿所需要的频率校正准确性和校正精度，提供数字化的控制接口。射频前端可配置滤波器，抑制临近信道及带外有害干扰。

2. 高增益 MEMS 天线

高增益 MEMS 天线是提升低轨移动通信终端收发能力的重要手段。一方面，MEMS 技术不仅可以实现天线的小型化，还可以实现天线技术与机电技术的有机结合；另一方面，结合天线智能控制技术，设计指向性天线可真正达到提升终端收发能力的目的，确保终端小型化和高速传输指标的实现。

3. 终端基带接收技术

低功耗、小型化多模终端的接收技术，完成射频模块的选型、低功耗设计和基带接收模块的设计是关键。基带接收机模块主要包括基带信号处理算法的实现、协议栈的实现和上层应用的实现，进而可进行基带专用芯片的论证。基带处理的体系架构采用 ARM + DSP 的形式，对于多模终端，则是 ARM + 多 DSP 的架构，内部采用 AHB - APB 总线实现互联，如图 8 - 39 所示。这种架构易于扩展；可增强系统灵活性；有利于降低功耗和外设结构的复杂性。

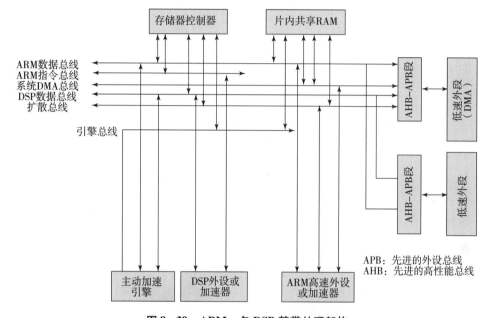

图 8 - 39　ARM + 多 DSP 基带处理架构

　　基于低功耗、小型化多模终端接收技术的充分论证，可开展对射频指标、功耗、基带算法性能、切换协议等在实际环境或模拟环境下的测试验证分析。

▪ 8.7　本章小结

　　本章主要介绍了天地一体化网络系统，首先说明了天地一体化网络系统架构、天地一体化网络异构组网和智能运营技术，详细阐述了天地一体化天基骨干网传输和低轨宽带接入技术。低轨宽带接入技术涉及低轨星座技术、低轨组网移动管理技术、低轨接入终端技术，以及低轨接入系统与地面融合技术。总之，天地一体化网络还处在蓬勃发展的阶段，尤其是低轨宽带接入技术，还有许多关键技术需要研究和解决，未来必将迎来天地一体化网络发展和应用的高潮。

第 9 章

天地一体化网络 5G 融合

9.1 5G 移动通信网络技术

5G 移动通信网络技术定义了三大应用场景，分别是增强移动宽带（eMBB）、超高可靠低时延（uRLLC）、海量机器类型通信（mMTC）。与 4G 相比，5G 将提供至少 10 倍于 4G 的峰值速率、毫秒级的传输时延和每平方千米百万级的连接能力。增强移动宽带通信场景主要包括随时随地 3D/超高清视频直播和分享、虚拟现实、随时随地云存取、高速移动上网等大流量移动宽带业务。海量机器类型通信场景主要包括车联网、智能物流、大规模物联等，要求提供多连接的承载通道，实现万物互联。为减少网络阻塞"瓶颈"，基站及基站间的协作需要更高的时钟同步精度。超高可靠低时延场景主要包括无人驾驶汽车、工业互联及自动化、公共安全及灾难和紧急响应等，这些要求极低时延和高可靠性。

5G 移动通信网络相关的标准化组织有两个：ITU 和 3GPP。5G 移动通信网络技术已经成熟且应用部署，并不断向 6G 发展和演进。5G 主要包括下列一些关键技术：

1. 高频段传输

移动通信传统工作频段主要集中在 3 GHz 以下，这使得频谱资源十分拥挤，而在高频段（如毫米波、厘米波频段），可用频谱资源丰富，能够有效缓解频谱资源紧张的现状，可以实现极高速短距离通信，支持 5G 容量和传输速率等方面的需求。

高频段在移动通信中的应用是未来的发展趋势，业界对此高度关注。足够量的可用带宽、小型化的天线和设备、较高的天线增益是高频段毫米波移动通信的主要优点，但也存在传输距离短、穿透和绕射能力差、容易受气候环境影响等缺点。射频器件、系统设计等方面的问题也有待进一步解决。

2. 新型多天线传输

多天线技术经历了从无源到有源，从二维（2D）到三维（3D），从高阶 MIMO 到大规模阵列的发展，将有望实现频谱效率提升数十倍甚至更高。由于引入了有源天线阵列，基站侧可支持的协作天线数量将达到 128 根。此外，原来的 2D 天线阵列拓展成 3D 天线阵列，形成新颖的 3D - MIMO 技术，支持多用户波束智能赋型，减少用户间干扰。其结合高频段毫米波技术，将进一步改善无线信号覆盖性能。

针对大规模天线信道测量与建模、阵列设计与校准、导频信道、码本及反馈机制等问题需要解决，未来将支持更多的用户空分多址（SDMA），显著降低发射功率，实现绿色节能，提升覆盖能力。

3. 同时同频全双工

利用同时同频全双工技术，在相同的频谱上，通信的收发双方同时发射和接收信号，与传统的 TDD 和 FDD 双工方式相比，从理论上可使空口频谱效率大幅提高。

全双工技术能够突破 FDD 和 TDD 方式的频谱资源使用限制，使得频谱资源的使用更加灵活。然而，全双工技术需要具备极高的干扰消除能力，这对干扰消除技术提出了极大的挑战，同时，还存在相邻小区同频干扰问题。在多天线及组网场景下，全双工技术的应用难度更大。

4. D2D 技术

传统的蜂窝通信系统的组网方式是以基站为中心实现小区覆盖的，而基站及中继站无法移动，其网络结构在灵活度上有一定的限制。随着无线多媒体业务不断增多，传统的以基站为中心的业务提供方式已无法满足海量用户在不同环境下的业务需求。

D2D 技术无须借助基站的帮助就能够实现通信终端之间的直接通信，拓展网络连接和接入方式。由于短距离直接通信，信道质量高，D2D 能够实现较高的数据速率、较低的时延和较低的功耗；通过广泛分布的终端，能够改善覆盖，实现频谱资源的高效利用；支持更灵活的网络架构和连接方法，提升链路灵活性和网络可靠性。目前，D2D采用广播、组播和单播技术，未来将发展其增强技术，包括基于D2D的中继技术、多天线技术和联合编码技术等。

5. 密集网络

数据业务将主要分布在室内和热点地区，这使得超密集网络成为实现5G的1 000倍流量需求的主要手段之一。超密集网络能够改善网络覆盖，大幅度提升系统容量，并且对业务进行分流，具有更灵活的网络部署和更高效的频率复用。面向高频段大带宽，将采用更加密集的网络技术，通过部署更多的小小区/扇区实现。

与此同时，愈发密集的网络部署也使得网络拓扑更加复杂，小区间干扰已经成为制约系统容量增长的主要因素，极大地降低了网络能效。需要干扰消除、小区快速发现、密集小区间协作、基于终端能力提升的移动性增强技术等。

6. 新型网络架构

4G – LTE接入网采用网络扁平化架构，减小了系统时延，降低了建网成本和维护成本。5G采用C – RAN接入网架构。C – RAN是基于集中化处理、协作式无线电和实时云计算构建的绿色无线接入网架构。C – RAN的基本思想是通过充分利用低成本高速光传输网络，直接在远端天线和集中化的中心节点间传送无线信号，以构建覆盖上百个基站服务区域，甚至上百平方千米的无线接入系统。C – RAN架构适于采用协同技术，能够减小干扰，降低功耗，提升频谱效率，同时便于实现动态使用的智能化组网，集中处理，有利于降低成本，便于维护，减少运营支出。需要优化设计C – RAN的架构和功能，如集中控制、基带池RRU接口定义、基于C – RAN的更紧密协作，如基站簇、虚拟小区等。

■ 9.2 天地一体化网络5G融合体系架构

与早期的地面无线技术类似，5G系统的构建是服务于人口密度较高的地区的，而不是完全解决空中和海上应用。因此，卫星通信和5G融合，以实现真正的普遍覆盖，设计跨地面和卫星通信的统一架构系统，以确保全球服务，并通过提高网络基础设施部署和频谱利用率来降低资本投资和运营成本。天地一体化网络 5G 融合体系架构设计可以基于分层方法的体系结构框架，即网络层使用基于 4G 和 5G 行业标准的现成构建块；数据链路层实现跨多个系统的资源动态共享；用户使用一个多模终端。随着地面无线网络的发展和满足更高带宽需求的需要，基于地球静止轨道卫星（GEO）和地球同步轨道（GSO）卫星实现高通量卫星（HTS）系统。通过重用频率增强在目标覆盖区域增加容量的能力，提高总吞吐量。5G 网络需要更多的射频频谱，射频频段将高于 L 和 S 频段。需要一个统一框架技术，实现 5G 和卫星网络的更深入的融合和更有效的共存。

　　在 3G/4G 发展中，卫星通信系统利用相关的技术，在应用层提供互联网接口、服务质量（QoS）、用户移动性和安全性等功能，实现了用户终端（UT）和 VSAT 支持通过以太网或 WiFi 接入互联网的基于 IP 的服务。在基于 IP 融合趋势下，卫星用户网络接口跨越了卫星和地面技术。对于各种卫星和地面运输，传统上采用不同的和不兼容的设计来实现多层通信功能。在卫星和地面网络上运行多模用户终端 UT 来实现融合；基于软件无线电（SDR）实现进行基带处理，使 UT 内能够使用不同的地面和卫星波形。可以通过整合不同的空间和地面传输及引入新的多模终端来扩展各种 5G 应用的范围。基于统一融合架构，可以实现包括高速缓存视频和卫星物联网业务的应用。

　　如图 9-1 所示，卫星网络与 5G 融合统一框架保留 5G 核心网络架构的所有功能块，有助于使用多种标准化接口和通用功能在不同系统之间实现直接的互操作性。这些常见功能包括用户移动性、安全性、业务 QoS、漫游等。负责传输低层功能（包括媒体接入、无线电控制和物理层）的功能块由接入基站实现。

　　如图 9-2 所示，通过新的多模终端和适用于卫星传输的相关 5G 分层协议启用了许多新的用例，协议栈利用了 5G 和集成的统一卫星/5G 系统的主要接口。

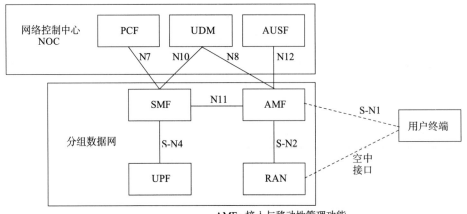

AUSF: 认知服务器功能   AMF: 接入与移动性管理功能
UDM: 统一数据管理   SMF: 会话管理功能
PCF: 策略控制功能   UPF: 用户面功能
                      RAN: 接入基站

图9-1 统一融合传输系统架构

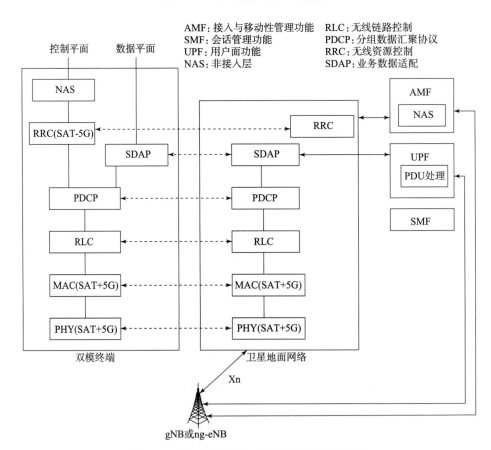

图9-2 统一融合多模式终端的协议适配架构

9.2.1　空中接口融合

卫星空中接口可以利用许多地面协议内容，包括业务数据适配（SDAP）、无线资源控制（RRC）、分组数据汇聚协议（PDCP）、无线链路控制（RLC）、MAC，以及物理层和混合自动重复请求（HARQ）等。在统一融合架构中，需要考虑卫星系统的效率和性能，并实现 PDCP 和 RLC 最少的变化，比如需要更大的序列空间和更长的定时器值设置来实现与卫星平台相关联的更长的链路延迟等。MAC 层需要提供允许更长链路延迟的配置。为了解决更长的传播延迟，还需要额外的 HARQ 缓冲资源和修改的信令。除了物理层和 RRC 适配之外，系统管理还需要进行修改，以向 UT 提供卫星系统特定的信息，包括星历数据、波束图、寻呼配置和 UT 空闲模式等。采用模块化配置及软件定义方式进行，以适应卫星系统操作、轨道类型和波束模式等。通过 5G 网络的 Xn 接口可以将卫星地面网络与 gNB 或 ng-eNB 连接起来。Xn 控制接口可用于提供频谱共享和干扰消除等功能，从而实现更高的频谱效率。

9.2.2　天地一体网络功能柔性分割融合

天地一体融合网络架构根据功能，可划分为管理平面、控制平面和数据转发平面。基于 NFV 的业务编排方法，实现对多种异构资源的集中管控、弹性部署，为均衡负载、网络路由、定制化服务提供灵活性。采用分层组网方法，通过抽象异构网各层的逻辑功能，实现多层高效协作的网络架构。对于处理能力强的卫星节点，如高轨或部分低轨卫星，其具有控制功能，可以作为网络控制节点；部分处理能力弱的卫星节点，只具有数据平面功能，进行数据处理和发送。根据组网形态、资源特点区别，卫星节点可部署不同接入与管理功能模块，实现网络功能的定制和按需重构。网络功能在天基和地基间、不同卫星子网间、同层网络不同卫星节点间实现柔性分割。例如，地基网络具有更强的处理能力，实现完整的网络功能；在天基网络，根据网络部署需求，实现轻量级、可裁剪的功能。

▮ 9.3 卫星网络与5G网络融合系统业务分析

从卫星通信的业务场景来看，卫星通信系统中的业务类型主要包括宽带业务、移动业务和物联网业务。宽带业务通常采用高频段，例如 Ka 等；移动业务一般采用低频段，例如 L/S；物联网业务通常采用低频段，例如 L/S。天地一体化信息网络实现"天地一张网"的一体化技术，在 5G 时代形成天基网络和地基网络的深度融合，天地协同的互联互通信息网络。天基宽带接入系统的设计要实现与未来移动通信系统形成一体化的服务，能够实现在 5G 统一框架下的一体化服务。天基宽带接入系统支持用户在环境变化中能够透明地在地面网络和卫星网络之间进行切换，保持用户的体验不变。需要对地面移动通信系统 5G 技术和向 6G 发展的关键技术进行梳理，从中掌握 5G 的技术发展思路和基本设计框架，并以此为参考进行天基接入系统的设计，从而使两个系统的未来发展在同一个框架下进行演进，满足用户一体化服务的需求。通过采用兼容的空口和网络协议，终端可以通过天基和地基通道接入同一个系统中，从而实现一体化服务的目标。

面向移动宽带的一体化接入就是在各种环境、地点，用户透明地享受来自地面网络/天基网络的同等级服务，而终端形态、成本则面向商用化地面终端。需要考虑用户采用统一的终端形式，在网络资源上采用统一的系统管理，并且天地接入的标准保持兼容。

5G 技术的发展正在向开放性、灵活性的特点演进，5G 构架将能够支持更多的传输和组网的应用场景，这也为卫星通信在一体化构架下的技术发展带来了机遇。无论是地面移动通信系统还是卫星通信系统，传输能力和系统容量都是用户需求，尤其是产业化需求追求的目标；但是由于频率资源有限，需要新技术的发展来满足系统设计的目标。

天地一体化网络接入技术体制，需要充分借鉴地面移动通信系统 5G 技术，实现在传输和接入技术方面的突破，实现对卫星系统功率和频率有限资源的高效利用，以及系统容量的提升，以满足天基移动宽带多用户的需求。

■ 9.4　天基接入与 5G 融合设计

1. 高功率效率的频分多址传输技术

卫星移动通信由于星上功率受限和高传输损耗，接收机往往工作在远低于地面移动通信系统的低信噪比区域。为保证低信噪比环境下小区搜索和随机接入等物理过程的顺利完成，需有效降低传输信号的峰均比（PAPR），以发展高功率效率的多载波频分多址传输技术。

5G 通信系统的可用带宽将远超过目前的 4G 系统，可高达 500 MHz。然而受频谱资源分配限制，总可用带宽很难做到连续频谱。此外，5G 通信系统基站配置的密集分布和自组织等特点使相邻小区间的用户很难做到完全同步。因此，5G 通信系统所采用的传输技术要在支持异步情况下在非连续频谱上进行传输。4G 系统中的 OFDM 技术由于有较大的带外能量，OFDMA 的各用户正交性需要精确同步才能实现，因此，OFDM 技术在 5G 系统中会存在适用性问题。寻求可支持非连续频谱异步传输的多载波传输技术，实现灵活可调频率资源分配，对于 5G 系统设计至关重要。基于多速率滤波器组的异步频分多址技术，支持各用户可调带宽和中心频点，以及非连续频谱上的载波聚合。

可灵活配置中心频点和带宽是频分多址传输技术的基本要求，实现该目标的一个简单方法是采用不同尺寸的 DFT 和 IDFT，并结合 DFT 域滤波。4G 技术中的 OFDM、DFT 扩展 OFDM 均采用了这种思想。然而，由于 DFT 域每个点信号的带外能量泄漏，采用该类技术很难实现比较陡峭的信号频谱。基于滤波器组的多载波传输（FBMC）可通过子带滤波器设计来实现陡峭的信号频谱，以支持异步传输，如图 9-3 所示。要用 FBMC 实现多速率可配置频分多址，则需要优化的解决方案。

2. 多波束大规模协作传输技术

在卫星移动通信系统中，星上可使用多天线阵元来形成点波束，提高对指定覆盖区域的天线增益。在同频组网的卫星移动通信系统中，由于点波束旁瓣难以

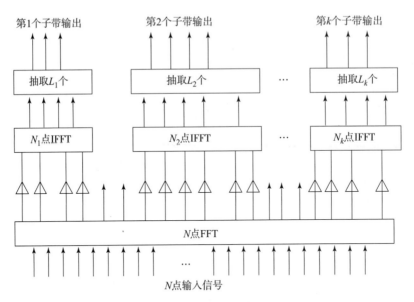

图9-3 新型频分多址滤波器组

完全消除，相邻点波束之间往往存在重叠覆盖区域，处在该区域的用户将受到严重的小区间同频干扰，因此需发展有效的干扰解决技术。

一种高效的物理层解决技术是发展点波束间协作传输技术，通过多点波束联合发送把干扰转换为有用信号，从而显著提高边缘小区用户的性能，增强覆盖，并大幅提高卫星移动通信系统潜在的吞吐能力。围绕卫星移动通信系统中存在的多波束带来的用户干扰问题及多波束协作的复杂性问题，利用卫星移动通信系统波束域信道的特点，发展以波束分多址（BDMA）为特征，包括统计信道信息获取、多用户与波束调度、多波束协作、导频设计、信道估计及迭代接收机等算法在内的完整的多波束大规模协作传输技术。

拟采用和速率最优准则进行卫星移动通信系统的用户调度，即基站侧根据各用户的统计信道信息，以最大化系统和速率为准则，在满足不同用户通信波束互不重叠的情况下，选择可以同时通信的用户，并为每个用户分配通信波束。调度算法主要考虑两个问题：和速率的计算及用户波束调度。

和速率的计算需要基站根据统计信道信息，尽可能准确且快速地评估系统和速率的性能。精确和速率的计算是对信道状态进行遍历，计算复杂度很高。利用大维随机矩阵理论，可以计算出和速率的确定性等同结果，其可以很好地逼近和速率的准确值。同时，计算确定性等同于只需要利用信道的统计状态信息，不需要进行遍历计算，复杂性大大降低。用户波束调度首先分析最优功率分配结果，考虑最优功率分配需要满足的条件，并提出快速、有效的功率分配算法。在此基础上，利用功率分配结果的算法，以及分析功率分配过程中的间接结果，考虑用户调度和波束分配问题，最终形成逼近最优功率分配结果的用户调度和波束分配算法。

3. 大容量非正交多址接入技术

接入包括上行链路接入和下行链路接入。上行链路是不同的地面用户接入卫星的过程，所采用的多址技术需要有大的用户容量。卫星的星上资源有限，多用户的信息处理方式也需要相对简单。下行链路指卫星将所用的用户信息进行广播，不同的用户从广播信息中提取到自己的信息。在这个过程中，卫星可以对不同用户信号的功率、发送速率及频段进行控制。要针对上、下行的特点分别选择适合的多址接入技术。

针对大容量的需求，可以选用高效的非正交多址接入技术，主要包含两类：一类是利用稀疏特性，一类是通过功率域的控制。卫星的基本接入方式包括 FDMA、TDMA 和 CDMA。可以将这两类非正交多址接入方式分别或者相互结合应用在这些基本的卫星体制中，如图 9-4 所示。

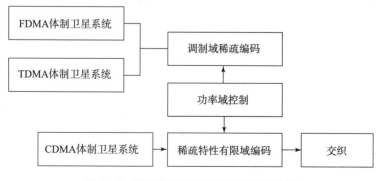

图 9-4　基于非正交调制的不同卫星体制

CDMA、TDMA 和 FDMA 体制的卫星通信系统，都可以通过增加功率域控制模块来实现非正交接入，为更多的用户提供服务。此时，不同的信号之间不再具有正交性，实现了非正交多址接入，如图9-5所示。关键技术主要包括干扰消除和功率分配。

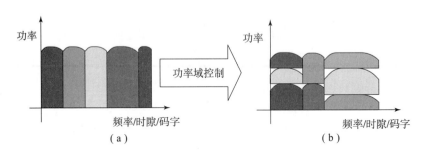

图9-5 正交多址接入（a）与非正交多址接入（b）

4. 基于随机波束成型的按需接入技术

在同步卫星多播宽带系统中，信道变化较为缓慢，因此该系统被认为具有最高效的频谱利用率。然而，如何设计每次传输中卫星系统传输资源的分配及克服多天线系统的功率限制是设计此类系统必须面临的问题。不同于传统的广播业务和单播业务，多播业务需要卫星通信系统同时针对多组具备不同需求的用户进行通信传输。多播业务能够兼顾广播业务对传输数据有相同需求的多个用户同时进行数据传输支持的能力，同时，相较于广播业务能够提高资源利用效率，其可以同时支持具有不同需求的多组用户。此外，解决了同步卫星多波宽带系统的频谱效率问题，即回答如何在多播系统需求之下，利用卫星通信系统的空间自由度设计最有效的波束技术。

卫星通信系统同样具有实时信道信息获取困难的特点，因此，随机波束成型技术在卫星通信系统中具有广阔的应用前景。不同于传统多波束传输中按照固定的物理几何关系划分的波束区域，随机波束成型技术并不需要类似轮询的预编码/波束成型建立过程，而是通过随机向所覆盖的所有区域发送经过预编码/波束成型的一定波束，利用地面站对用户状态的有效反馈即可得到优化的预编码/波束成型设计过程，如图9-6～图9-9所示。在随机波束成型系统中，卫星系统随机对地面用户组进行多播服务，通过地面站反馈直接进行波束优化。

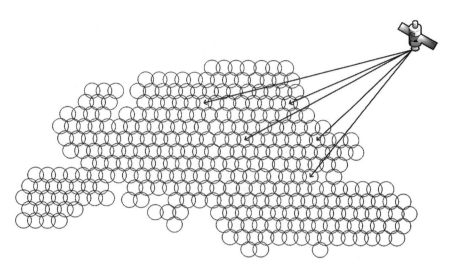

图 9 - 6　传统波束成型覆盖技术示意

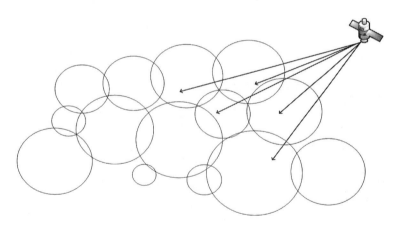

图 9 - 7　随机波束成型覆盖技术示意

　　按照物理几何划分的覆盖区域进行划分往往并非最优的方式，针对不同区域的相同需求进行联合设计虽然能够部分解决上述问题，但求解过程往往伴随着极高的计算复杂度。随机波束成型通过随机性调整波束和反馈，进行覆盖优化。通过有效的反馈设计，卫星系统能够通过随机波束成型技术调整波束的覆盖及功率分配，针对不同需求的用户组分布进行优化设计。由于覆盖是完全按照用户需求动态进行的，因此具有相当的覆盖效率。

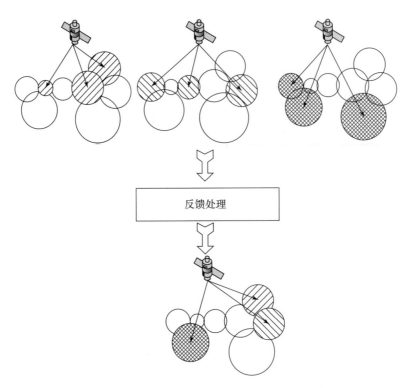

图 9 - 8　随机波束成型 MIMO 卫星系统示意

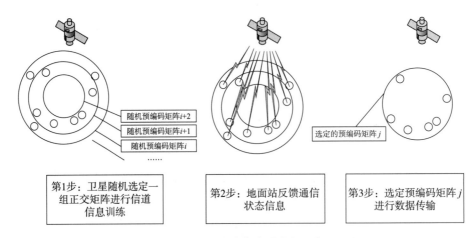

图 9 - 9　随机波束成型流程示意

9.5　基于软件定义及虚拟化天地一体化网络融合设计

天地一体化网络 5G 融合体系架构主要从两方面考虑：

①基于地面、低轨、高轨三级协作的机制，设计高低轨融合架构，网络架构主要参考 3GPP 提出的 NG – RAN 架构，考虑星上透传和星上处理两种方式，并基于异构空间链路特性，设计多级之间的控制与数据平面接口，支持卫星节点组网。

②用户终端依据信道质量，利用 5G 空中接口可直接接入星载接入点，或通过用户前置设备（CPE）和地面基站（gNB）转发至星载接入点，依据服务质量需求，由卫星网络完成 5G 回传或经卫星核心网接入互联网；同时，利用卫星与 5G 网络协同控制接口，对卫星与 5G 网络进行协同控制，提供可靠的服务质量保障。

设计地面、低轨 LEO 星座、高轨 GEO 星座三级高效协作控制的机制。对于高轨 GEO 星座，考虑采用基于星上透传的 NG – RAN 架构的融合网络架构设计；对于低轨 LEO 星座，考虑利用将基站处理功能搭载到卫星上，设计基于星上处理的融合网络架构。同时，实现 SDN 控制器对天地一体化网络的可靠控制，利用 SDN 实现对链路灵活的切换和配置，将关键卫星网络功能虚拟化，实现通信网络的动态切片和功能组合，提高资源控制的可编程性，以及卫星网络服务交付的灵活性与可重构性。

1. 基于 SDN 的天地融合架构

基于软件定义网络，将架构根据功能划分为管理平面、控制平面和数据转发平面，开展基于软件定义网络的卫星网络分布式架构设计，如图 9 – 10 所示。

2. 基于 SDN 的空间卫星网络分级控制器设计

在卫星网络移动性管理、路由控制和负载均衡方面，从四个方面考虑融合设计。第一，借鉴身份位置分离的思想，基于地面大区位置的编址和移动性管理方案，地面终端采取"地面分区 + 身份 ID"的编址方式，并采用星地解耦、大区映射的方法，并且设计卫星与大区之间的映射表，星地切换时，仅更新卫星对地端口地址即可。此外，星上链路分别设计独立网段，以适应动态变化的网络。第

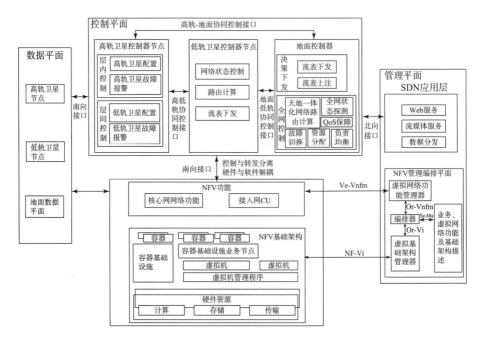

图9-10 软件定义网络的天地一体化融合网络

二，针对卫星运动的规律特征，设计基于快照下发的静态路由方案，同时，针对突发故障场景，设计基于 SDN 静态与动态融合的路由方案。在进行路由计算时，设计综合考虑时延与带宽作为权重的路由算法，对带宽和时延有严格要求的业务，先分配链路带宽，实现差异化的业务选择路由。第三，采用精度可自定义的全局网络状态采集方法，对天基、地基网络流量与链路带宽联合建模，同时引入时延、丢包率等多维参数，采用虚网映射模型和算法进行负载均衡优化，并将决策结果通过地面与高轨控制器代理下发至全局网络。第四，采用微服务的理念设计实现基于 SDN 的分级控制器，基于卫星链路状态选择 SDN 协议接口，分别针对地面、低轨、高轨进行定制化搭建。

3. 基于 NFV 的卫星平台虚拟化技术与天地一体化云平台统一管控系统

面向 5G 与卫星融合的 NFV 技术，可以有效适应卫星业务的动态变化，实现增量式部署，具有良好的可行性；基于虚拟机或容器平台的弹性伸缩机制，使云操作系统可以高效完成几百个并发的管理操作；通过动态部署方式在云平台中扩展新的计算节点，支持扩展更多的计算业务，实现 NFV 的网元弹性部署。

■ 9.6 LEO 星座接入与 5G 网络融合设计

5G 与 LEO 星座接入网融合可以优化网络业务服务，比如提供大吞吐量业务、全球无缝覆盖连接等功能，卫星和地面网络的集成将构成异构全球网络系统。由于 LEO 星座接入网络的覆盖特性，可以在人口稠密地区和农村地区有效地补充和扩展密集的地面网络。过去地面和卫星网络几乎彼此独立发展，5G 标准的成熟和广泛部署应用提供了卫星和 5G 融合的机会。3GPP 也将卫星系统确定为独立基础设施和补充地面网络的可行解决方案，可以通过将网络功能虚拟化（NFV）引入卫星领域并启用软件定义网络（SDN），来解决地面和卫星网络的融合问题。地面系统与地球静止轨道（GEO）卫星的集成将有利于全球大容量覆盖，但地球静止轨道的大延迟和多普勒频移带来了重大挑战。为了避免上述问题，采用 LEO 巨型星座是有效的解决方案。要将 LEO 星座接入网络与 5G 网络融合，需要分析对未来 5G 卫星通信的影响，包括评估在不同频段运行的 LEO 巨型星座中大延迟和多普勒频移的影响，以及波形设计、随机访问和 HARQ 等功能设计。

地面终端是连接到提供地面接入链路的 5G RN 的 5G 用户设备（UE）；地面中继节点 RN 具有网络第 3 层的处理能力，即它可以接收、解调和解码数据，应用另一个 FEC，然后重新传输新信号。地面中继节点 RN 也有自己的小区 ID、同步、广播和控制信道。

卫星是透明传输，并为 RN 提供回程连接。卫星网关通过馈线链路连接到卫星，提供将 RN 与 5G 核心网络连接的 gNB 的访问。用户设备（UE）在与主站 gNB 通信时，RN 充当 gNB。

对于 RN 和 gNB 之间的回程链路，大延迟和多普勒频移对 PHY/MAC 有影响。5G 空中接口使用 CP – OFDM（Cyclic Prefix – Orthogonal Frequency Division Multiplexing，循环前缀 – 正交频分复用）波形，采用频分双工（FDD）帧结构（时分双工（TDD）不适用于受大延迟影响的场景）。回程和接入链路使用不同的频率。一个 gNB 可以连接多个 RN 和 MN（Mobile Node，移动节点），如图 9 – 11 所示，其中，M 和 N 分别代表 gNB 和 RN 的数量。

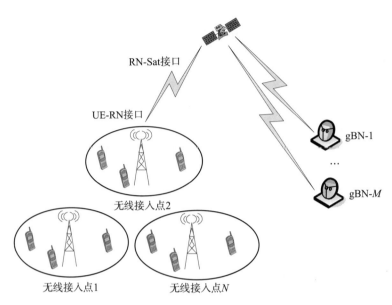

图 9-11 卫星 5G 中继节点架构

9.6.1 卫星信道分析

1. 延迟

考虑一种场景，以 Ku 频段 LEO 星座为例，部署在距地球 $h = 1\ 200$ km 处，波束大小设置为 320 km，最小仰角为 45°。为了计算 RTT，计算从 RN 到卫星的距离，以及从卫星到 gNB 的距离。UE 和 RN 之间路径先忽略不计。以 90° 仰角达到卫星与 RN 之间的最小距离，等于 $h = 1\ 200$ km。通过用高度 h 来近似卫星和 gNB 之间的距离，则有：

$$\mathrm{RRT} = 2 \times \frac{h + d}{c} \approx 16\ \mathrm{ms}$$

式中，c 是光速。如果与在地面网络中预见的最大 RTT 相比，这个值是相当大的。

2. 多普勒频移

为了计算多普勒频移，必须处理两种不同的情况。首先，考虑 UE 由于与 RN 的相对运动而经历的多普勒频移。如果 v 表示 UE 相对于 RN 的速度，f_c 是载波频率，θ 是速度向量之间的角度，则最大多普勒频率由下式给出：

$$f_d = \frac{v \times f_c}{c} \times \cos\theta$$

对于 6 GHz 以下的载波频率，5G 中的目标移动性为 500 km/h。在 4 GHz 载波频率下，支持 UE 的 500 km/h 移动性将导致多普勒频移达 1.9 kHz。此外，6 GHz 以上频段的传输对频率偏移更敏感。这意味着 5G 空中接口将能够正确估计和解码信号，即使经历了 1.9 kHz 的多普勒频移。

其次，计算卫星信道上经历的多普勒频移。这种多普勒频移只会由卫星的移动引起，因为 RN 和 gNB 都固定在地球上。有文献提供了 LEO 卫星中多普勒的闭式表达式，如下所示：

$$f_d(t) = \frac{f_c \times \varpi_{\text{SAT}} \times R_{\text{E}} \times \cos\theta(t)}{c}$$

式中，ϖ_{SAT} 是卫星的角速度，$\varpi_{\text{SAT}} = \sqrt{G \times M_{\text{E}}/(R_{\text{E}} + h)^3}$，$M_{\text{E}}$ 是地球的质量，并且 G 引力常数；R_{E} 是地球半径；$\theta(t)$ 是固定时间 t 的仰角。在所考虑的场景中，可以推导出 Ku 频段中的最大多普勒频移为 11 GHz $< f_d <$ 14 GHz。显然，该值明显大于地面链路中的值。卫星环境下的 5G 空中接口设计需要评估 RTT 和多普勒频移对 5G 空中接口 MAC 与 PHY 层的影响。

9.6.2　波形优化设计

ITU – R 为 IMT – 2020 定义了三种场景：eMBB（增强型移动宽带）、mMTC（大规模机器类型通信）、uRLLC（超可靠和低延迟通信）。eMBB 和 uRLLC 用例支持 CP – OFDM 波形，而离散傅里叶变换扩展 OFDM（DFT – s – OFDM）波形也至少支持高达 40 GHz 的 eMBB 上行链路。相对于 LTE 波形，5G 空中接口波形更加灵活。这种灵活性是由不同的子载波间隔（SCS）和滤波/加窗技术提供的。根据用例，5G 空中接口将在不同的 UE 上使用不同的数字学。可扩展允许至少 15 ~ 480 kHz 的子载波间隔。基本上，子载波间隔 SCS 的值可以定义为：SCS = 15 kHz $\times 2^n$，其中，n 是一个非负整数。直截了当地说，更大的子载波间隔 SCS 会导致对多普勒频移的鲁棒性增加。根据 UE 速度和使用的载波频率，SCS 应该足够大，以容忍多普勒。例如，在 LTE 中，使用 2 GHz 载波频率，可支持的最大多普勒为 950 Hz，因为载波间隔 SCS 固定为 15 kHz。基本上，它对应于载波间隔

SCS 的 6.3%。5G 空中接口可以处理更大的多普勒频移值，因为它可以采用大于 15 kHz 的 SCS。对于 4 GHz 的载波频率，5G 空中接口应支持高达 1.9 kHz 的多普勒频移。通过使用 30 kHz 的子载波间隔 SCS，这是完全可能的。当频率超过 6 GHz 时，对频率偏移的敏感性更大，可以实现更高的 SCS。

即使在依赖 5G 空中接口（480 kHz）提供的最高子载波间隔 SCS 时，所考虑的卫星系统中的多普勒频移仍然非常大，这对应于 30.4 kHz 的容许频率偏移值。在上节的场景中，唯一受卫星高多普勒影响的接口是 RN – gNB 接口。需要为 RN – gNB 接口找到解决方案，以应对卫星链路中极高的多普勒。

为了处理卫星信道中的大多普勒频移，必须在不改变 5G 波形的情况下实现有效解决方案，以确保前向兼容性。建议为 RN 配备 GNSS 接收器，以便能够估计卫星的位置，这样可以显著补偿多普勒频移。

9.6.3　随机接入

UE 使用随机接入（RA）过程与 gNB 同步并启动数据传输。在 3GPP RAN 会议期间，就 5G 空中接口中的 RA 过程达成了以下高层协议：①5G 空中接口中应支持基于竞争和无竞争的 RA 过程；②基于竞争和无竞争的 RA 过程遵循 LTE 的步骤。基本上，基于竞争的 RA 用于 UE 初始接入 gNB，或者在同步丢失的情况下重新建立同步。然而，当 UE 先前连接到 gNB 时，在切换情况下执行无竞争 RA。5G 空中接口中基于竞争的 RA 过程有四个步骤。步骤 1 和 2 主要针对同步从 UE 到 gNB 的上行链路传输。UE 从预定义的集合中随机选择一个前导并将其发送到 gNB。前导码由长度为 TCP 的循环前缀、长度为 TSEQ 的序列部分和保护时间 TG 组成，以避免 RA 前导码的冲突。gNB 接收前导码并向 UE 发送 RA 响应（RAR），其中包含有关定时提前（TA）、临时网络标识符（T – RNTI）和将在步骤 3 中使用的资源的信息。在步骤 3 和 4 中，最终网络标识符 CRNTI 被分配给 UE。在 LTE 中，UE 接收最终网络标识的竞争定时器可以达到 64 ms。LEO 卫星在地面上空高速移动。尽管预计 RN 没有移动性，但由于卫星的移动，RN 将在特定时间被看到。因此，所有的系统都要经过切换过程。这意味着每个 RN 应该周期性地执行 RA 过程，以便通过另一颗卫星获得与 gNB 的物理链路。定期为 RN 执行 RA 程序非常耗时。

对于 RA 过程，应考虑 RN – gNB RA 情况下的 RAR 窗口大小和 TA。

（1）RAR 窗口大小

可以识别两种解决方案：

①5G 空中接口应该固定 RAR 窗口的值，考虑到具有最大延迟的最坏情况。这将允许处理卫星信道中的大延迟，但会在使用地面信道的网络中强加无用的高延迟。

②在开始 RA 过程之前，RN 应从其各自的下行链路控制信道（R – PDCCH）中获知卫星链路的存在。根据这一点，RN 应该能够更改 RAR 窗口大小。在 PDCCH 中添加比特会增加开销，但在这种情况下，只需要多 1 bit 来指示是否存在卫星信道。

（2）定时提前（TA）

提出了两种解决方案：

①前导格式的长度也是最大支持小区大小的指示。由于卫星信道，NR 应该使用更大的前导码格式，以应对更大的 TA。需要对前导格式进行详细分析。

②通过为 RN 配备 GNSS 接收器，可以估计卫星位置及其距离。因此，可以在向 gNB 发送前导之前估计 TA。这样做则无须更改前导格式。

9.6.4　HARQ 协议

5G 的主要要求之一是提高链路可靠性，为此，在其他解决方案中，HARQ协议将在 LTE 中实施。如果传输块（TB）在接收器处被正确解码，则它以 ACK响应，否则，它将发送 NACK，并且将通过添加更多冗余位来重新传输数据包。为了提高系统效率，使用了多个并行的 HARQ 进程。这意味着，为了能够达到峰值数据速率，以下公式应该成立：

$$N_{\text{HARQ,min}} \geq \frac{T_{\text{HARQ}}}{\text{TTI}} \qquad (9.1)$$

式中，$N_{\text{HARQ,min}}$ 是最小 HARQ 进程数；TTI 是 1 TB 的传输时长；T_{HARQ} 是 1 TB 的初始传输和对应的 ACK/NACK 之间的时长。基于这些考虑，在 FDD LTE 中，在下行链路和上行链路中最多使用 8 个并行 HARQ 进程。在考虑卫星信道上的 HARQ 程序时，关键问题是卫星链路中的高 RTT，这将对 HARQ 过程产生重大影响，尤其是对总时间 T_{HARQ}。在地面链路中，RTT 对 HARQ 的影响可以忽略不计，因为 gNB/UE 的处理时间远大于传播延迟。然而，在所考虑的 LEO 系统中，RTT 在 HARQ 协议中扮演着重要角色。为了应对大量可能的 HARQ 重传，有下列 4 种解决方案。

①增加 HARQ 进程的数量和缓冲区大小。为了确保连续传输和实现峰值数据速率，至少需要 24 个并行 HARQ 进程。

②减小缓冲区大小，增加 HARQ 进程的数量。通过控制缓冲区大小，可以增加 HARQ 进程的数量。在 LTE 中，为 ACK/NACK 保留 1 位。通过使用 2 位增强反馈信息，可以通知发送器接收到的 TB 与原始 TB 的接近程度。因此，将减少重传的次数，因为发射器可以根据反馈信息添加冗余比特。减少重传次数对缓冲存储器大小有直接影响。

③HARQ 进程数减少，缓冲区大小减小。如果前两种解决方案由于 UE 能力而无法实现，则另一种解决方案将 HARQ 进程数保持在一定限度内。这以牺牲传输的吞吐量为代价。

④无 HARQ 协议。如果由于卫星信道中的大延迟而不支持 HARQ，解决方案是在发送到接收器之前复制一定次数的传输块。这样会减少延迟的影响，但也是以牺牲传输吞吐量为代价的。

■ 9.7 本章小结

本章探讨了天地一体化网络与 5G 融合技术，首先介绍了 5G 移动通信网络技术的主要特征，阐述了天地一体化网络与 5G 融合体系架构，从空中接口、功能柔性分割等方面进行了描述，接着从卫星网络与 5G 网络融合业务进行分析，从天基接入与 5G 融合设计两方面描述融合设计的细节问题，详细阐述基于软件定义和网络功能虚拟化天地一体化网络与 5G 融合技术方案，以及 LEO 低轨星座与 5G 融合设计方案。总之，天地一体化网络与 5G 融合是未来发展趋势，虽然还有许多问题需要研究和解决，但是前景十分广阔。

第 10 章

天地一体化网络安全

10.1　网络安全现状

目前信息系统网络防御中，传统的防御技术主要包括静态防御技术、联动式防御技术、入侵容忍技术、沙箱隔离防御、计算机免疫技术等。以防火墙为代表的网络安全技术提高了黑客攻击成功的门，能够挡住大多数的攻击，但是目标对象内部的安全漏洞及可预先植入的后门等使攻击者较为容易地穿透静态网络安全技术构成的防御屏障。传统网络安全组件的防御能力是固定的，不能随着环境的变化而不断变化，而攻击者的攻击能力是不断提升的。在安装的初始，安全组件的防御能力或许大于黑客的攻击能力，但随着时间的推移，黑客的攻击能力终将超过安全组件的防御能力。传统网络安全组件的防御或检测能力不能动态地提升，只能以人工或者定期的方式升级，但防护能力的有效性、持续性和及时性强依赖于安全人员的专业知识，以及厂家的服务保障能力，其条件相当苛刻，并存在很大的不确定性。单个的安全组件所能获得的信息是有限的，不足以检测到复杂攻击，即使检测到了，也不能做出有效的响应。对流行的分布式、协同式攻击，任何单个的安全组件防御能力也都是有限的，要想让各安全组件间实现互动或联动，会因为严密有效的检测和防护而在工程实现上碰到许多棘手问题和挑战。

当前技术构成的传统防御体系有一个突出的特征，即防御对象和防御系统自身都缺乏内在安全属性，对自身可能存在的漏洞、后门等安全威胁没有任何防范措施。防御功能主要通过外在或附加或嵌入形式提供，属于附加式的外部安全防护，即防护的方法与被防护对象自身结构和功能的设计基本上是相互独立的。这种堆砌式的防御思路和策略使得无法集约化、最佳化地实现可靠的防护功能，防御体系存在缺失内在安全机理的作用域，防护界面不能动态闭合。实时感知与识别攻击行为、精确提取攻击特征成为难以克服的工程挑战，在防御未公开漏洞攻击、复杂多变的多模式联合攻击及基于内部后门或驻留的病毒木马攻击等方面显得力不从心。

由于目标系统的确定性、静态性、相似性，共享处理资源带来的体制机制方面的脆弱性，以及安全漏洞的不可避免性和软件后门的不可杜绝性，传统防御已经难以应对基于未知漏洞、后门等的攻击。近年来不断被披露的国内外网络安全事件和由此带来的严重后果，也充分暴露出传统网络安全防御理念与技术存在着基因缺陷，包括难以有效抵御基于未知软硬件漏洞的攻击、难以防御潜在的各类后门攻击、难以有效应对各类越来越复杂和智能化的透式网络入侵等。随着漏洞挖掘和利用水平的不断提升、后门预置与激活技术的不断发展，持续攻击的隐蔽性不断增强，上述问题将日趋严重。

传统网络空间防御重在对目标系统的外部安全加固和针对已知威胁的检测发现与消除，很少考虑转变网络安全防御思路或突破基于精确感知的技术发展模式，尽管近年来研究人员在漏洞发掘和后门检测方面取得不少可喜的进步，但距离杜绝漏洞和根除后门的理想安全目标尚有巨大差距。因此，有必要在网络空间防御领域引进系统工程思想，通过问题场景变换的方法，将解题空间从构件层扩展到构造层，从单一或同构环境扩展到多元异构环境，将可用性设计从对抗随机性故障阶段上升到可应对包括人为攻击在内的鲁棒性设计阶段，以创新的系统架构化的设计技术形成目标对象来提供内生的而不是附加的安全效应，以最大限度地降低漏洞的可利用性和阻断后门的内外协同功能，有效管控攻击效果的可利用性和阻断后门的内外协同功能，有效管控攻击效果的确定性，从根本上改变当前攻防成本严重失衡的局面。

▊ 10.2　目前网络安全面临的问题

目前网络信息安全仍以硬件为主，云计算、大数据、移动互联网等新兴技术的发展将推动安全产品趋于服务化；安全泄露事件频发，DDoS 攻击、勒索软件等网络攻击规模不断上升，网络信息安全市场关注度也不断提升，政府部门、重点行业在安全产品和服务上的投入持续增加，网络信息安全市场依旧保持较高的发展势头。发展内生安全技术是解决目前网络安全问题的重要手段。

■ 10.3　天地一体化网络安全协议体系架构

针对天地一体化网络传输的可靠性、数据的保密性、信息的完整性要求，以及安全存在的问题和网络分层的特点，从数据链路层、网络层、传输层、应用层方面，针对存在的安全漏洞和业务安全要求，设计不同的安全协议来保证传输安全和数据安全。图 10-1 所示是天地一体化网络安全协议体系架构。

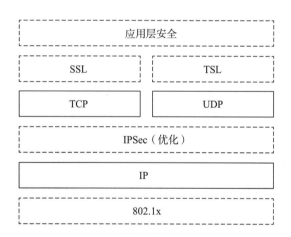

图 10-1　天地一体化网络安全协议体系架构

1. 数据链路层安全协议

数据链路层采用 802.1x 基于端口的访问控制协议和 VLAN 实现链路层的安全。802.1x 协议是基于端口的访问控制协议。802.1x 协议实现了一种对设备进行认证和授权的方法，在认证和授权过程失败的情况下，防止对端口进行访问，从而保证数据访问的安全性和合法性。

2. 网络层安全协议

网络层安全协议设计采用针对星间和星地链路优化的 IPSec 协议。IPSec 协议是一个安全标准的框架结构，包含了一系列的协议标准，通过安全认证和数据加密的安全服务来确保在 IP 网络上进行保密而安全的通信。IPSec 协议包括网络认证协议 AH、封装安全载荷协议 ESP、密钥管理协议 IKE 和用于网络认证及加密的算法。其中，针对不同的业务应用，AH 和 ESP 可单独或联合使用。IPSec协议实现在对等层之间选择安全协议、确定安全算法和密钥交换，向上提供了访问控制、数据源认证、数据加密等网络安全服务。

3. 传输层安全协议

传输层安全协议采用优化的 SSL 和 TLS 协议，其中，TLS 协议和 SSL 协议原理基本相同。TLS 协议由两层组成：底层是记录协议层，上层是握手协议层，握手协议簇包括握手协议、警告协议、更改密码说明协议和应用数据协议。TLS 协议建立在可靠传输的传输层协议之上，与应用层协议无关，提供安全的传输层服务。

4. 应用层安全协议

需要针对不同的应用层业务需求设计不同的应用层安全协议，比如邮件服务安全、VoIP 及多媒体数据服务安全、文件传输服务安全、网络管理服务安全及网页访问服务安全。邮件服务可采用 PGP 协议，VoIP 及多媒体数据服务安全可采用 SRTP 系列的安全协议，以保证媒体数据的安全性。

▊ 10.4 天地一体化网络内生安全总体方案

面向网络内生安全，按照创新网络内生安全构造机制，实现基于动态异构冗余的内生安全结构的防御模型，基于闭环负反馈机制、多模策略裁决、动态多维重构与调度、优化网络安全协议等手段，突破攻击对平台和环境的依赖性。对网络模块脆弱性表项进行拟态化处理，通过异构性设计扰乱攻击的反馈信息，通过动态性设计在时间维度上增大异构性并增大系统的不确定性，使目标对象的防御环境和行为难以预测，降低未知漏洞、后门等的可利用性，非线性地提高网络攻击难度与代价，降低攻击成功的概率，防御已知和未知漏洞带来的威胁。内生安全防御技术之一就是拟态防御，拟态防御与主动防御相比，有着更宽的防御面，尤其能够防御基于未知漏洞的攻击，目前拟态安全防御原理已得到初步应用验证。除了拟态防御，还需要路由多层级安全计算技术、终端高安全接入控制技术和恶意流量筛选清洗技术来形成增强型拟态组网机制，形成内生安全和特定场景安全防御的双重防御机制，构建具有本质安全的内生安全组网体系架构。

10.4.1　路由器安全威胁分析和安全策略

路由器是通过路由计算实现数据源包路由转发的设备。路由器作为网络空间的基础核心要素，位于网络空间底层，互联多种异构网络。它作为网络空间的信息基础设施的核心装备，覆盖整个互联网的核心层、汇聚层和接入层。根据路由器在网络中的位置和功能，不难发现，路由器作为网络基础设施的核心枢纽，其安全性能对网络安全具有决定性意义。路由器一旦被攻击者控制，将会对整个网络产生难以估量的危害。针对主机的攻击，主要危害的是主机自身，而针对路由器的安全攻击，危害的则是与路由器相连接的整个网络，其危害程度远远超过针对主机的攻击。通过路由器可以方便地获取用户隐私数据、监控用户上网行为、获取账户密码信息、篡改关键用户数据、推送传播虚假信息、扰乱网络数据流向、瘫痪网络信息交互、直接发起网络攻击等。

路由器的安全威胁，主要来自两个方面：一是系统设计与实现中的漏洞无法避免；二是使用开源代码无意识带入的陷门。作为一种专用封闭系统，路由器的防御难点主要表现在三个方面：一是缺乏辅助手段，和通用系统不同，它没有防火墙、防病毒等相关安全防护手段，大多数路由器毫无保留地暴露在恶意流量中；二是可用漏洞更多，因为设计与实现环节的巨量代码决定了其潜在漏洞众多，而由于路由器是一种专用封闭系统，门槛更高，设计缺陷更难发现，因此具有大量的潜在可用漏洞；三是后门隐藏更深，路由器作为一种专用封闭系统，其后门更难被发现。

对于比较常见的攻击场景，攻击者首先通过扫描探测的方法确认目标路由器的相关信息，例如设备型号、操作系统版本、周围网络拓扑情况、开放端口号、启动的网络服务及版本等信息。基于扫描探测信息识别目标路由器上存在的脆弱点和漏洞，然后利用脆弱点或漏洞进行权限提升。在提升权限后，可以修改路由器的 ACL 或者 CBAC(Context - Based Access Control，基于上下文的访问控制协议) 规则，打开恶意流量进入内部网络的大门；也可以部署隐蔽通道，对经过路由器的所有数据实施嗅探和进行中间人攻击。更进一步地，可以在路由器系统上设置后门，进行长期持续的隐蔽控制和信息获取。

对现有路由器分析可以看出，对路由器的安全防护侧重于管理员正确地配置和使用路由器、及时查看分析日志、及时给系统打补丁堵漏洞，而缺乏有效的防御技术与手段。目前针对路由器漏洞和后门的应对措施主要是采用事后补救的被动防御方法。

针对在不改变、不掩饰路由器功能和性能的前提下，提供高安全性这一难题，内生安全组网架构一种基于动态异构冗余机制（DHR）的路由器拟态防御体系结构，以具有不确定性的防护机制对抗不确定的安全威胁，改变传统的"挖漏洞、堵后门"打补丁式的网络安全防御方法。这种基于内生安全的拟态防御技术，在路由器体系架构上引入异构冗余功能执行体，通过动态调度机制，随机选择多个异构执行体工作，在相同外部激励的情况下，通过比对多个异构功能执行体的输出结果，对功能执行体进行异常检测，实现路由系统的主动防御。

围绕网络攻击对拟态防御所影响的关键元素和属性，采用模型构建方法，进行协议、策略与管理等方面的分析。在拟态路由器体系结构方面，通过进行异构执行体动态构建策略、动态调度策略和分发裁决策略的关联分析，达到拟态实现策略与拟态路由器应用环境安全增益之间的匹配。基于拟态路由器系统构建的内生安全组网架构系统为路由多层级安全计算技术、终端高安全接入控制技术和恶意流量筛选清洗技术形成的关键协议组件提供内生安全的运行环境，同时，路由多层级安全计算技术、终端高安全接入控制技术和恶意流量筛选清洗技术形成的关键协议组件增强内生安全组网架构系统的安全性，一旦这些关键协议组件的后门或漏洞被攻击，拟态路由器探知到攻击行为，通过拟态判决、拟态调度等行为清洗和重构被攻击的执行体，保证内生安全组网架构系统的内生安全和自愈。

10.4.2　内生安全的组网体系架构

新型网络内生安全技术在网络与平台设计中导入鲁棒控制机制，基于鲁棒控制的网络内生安全构造技术，设计完整的网络鲁棒控制架构，使网络既能抑制节点或链路失效等不确定失效扰动，也能防范系统后门、漏洞等不确定性威胁扰动影响。面对新型网络的网络安全需求，仅仅使攻击效果不确定或者只能在不同程度上瓦解不确定扰动因素不是防御者的终极诉求。未来，无论是已知风险还是未知威胁导致的确定或不确定扰动效果，都能被某种构造或者机制变换为概率可控的可靠性问题，并借助成熟的可靠性理论和方法统一解决。

拟态构造技术通过在网络中引入动态异构冗余特性，采用负反馈机制应对系统中的不确定失效扰动。基于拟态的内生性鲁棒控制机制具有如下特性：①将针对目标对象执行体漏洞后门的人为的、不确定的扰动等，转变为系统层面扰动效果不确定的事件；②将系统效果不确定的扰动事件变换为概率可控的可靠性问题；③基于拟态裁决的策略调度和多维动态重构负反馈机制，能够呈现出扰动发起者视角下的"测不准"效应；④借助"相对正确"公理的逻辑表达机制，可以在不依赖扰动信息或行为特征情况下感知不确定扰动；⑤将非传统扰动因素变换或归一化为经典的可靠性和鲁棒性问题并处理之。

设计动态异构冗余构造（Dynamic Heterogeneous Redundancy，DHR）模型，理论上要求系统具有所在结构表征的不确定性，包括从功能等价的异构冗余体池中随机地抽取若干个元素组成当前服务集，或者重构、重组、重建异构冗余体自身，或者借助虚拟化技术改变冗余执行体内在的资源配置方式或所在运行环境，或者对异构冗余体做预防性或修复性的清洗、初始化等操作，使攻击者在时空维度上很难有效地再现成功攻击的场景。

DHR 架构如图 10-2 所示，该构造由输入代理、异构构件集、动态选择算法、执行体集和多模表决器组成。其中，异构构件集和策略调度算法组成执行集的多维动态重构支撑环节。由标准化的软硬件模块可以组合出 m 种功能等价的异构构件体集合，按策略调度算法动态地从中选出 n 个构件体作为一个执行体集 $(A_1, A_2, \cdots, A_n)$，系统输入代理将输入转发给当前服务集中各执行体，这些执行体将输出矢量提交给表决器进行表决，得到系统输出。

10.4.3　路由多层级安全计算技术

1. 基于身份的密码体制挑战/应答式双向身份认证

基于身份的密码体制（IBC）是建立在椭圆曲线双线性对密码体制之上的，以用户身份的 ID（唯一标识符）作为用户公钥，私钥与公钥通过固定算法唯一绑定。直接以用户身份信息作为公钥，无须管理公钥证书之类的开销，与传统的

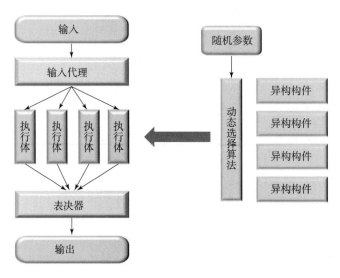

图 10 - 2　动态异构冗余（DHR）架构

公钥密码体制比，它摆脱了对数字证书的依赖，具有密钥长度短、计算效率高、存储空间占用小等优点，从而避免了复杂的身份认证和庞大的密钥管理问题。在基于身份的密码体制中，用户的公钥可以由用户的唯一身份标识直接求得，当用户需要发送秘密信息时，通信双方不需要传递用户证书，由密钥生成中心（Key Generate Center，KGC）根据系统主密钥和用户标识计算出用户私钥。挑战/应答机制是目前业界公认的可靠有效的认证方法之一，它是通过验证双方之间的几次信息交互（握手）来验证身份的认证协议。

以基于身份的密码体制为基础理论，采用基于挑战/应答式双向身份认证协议为实现方法，充分利用了配对密码技术的算法性能和安全优势，该协议能够广泛应用于各种网络安全认证系统中，具有更低的通信带宽消耗和系统复杂度。

2. 基于 OSPF 路由协议入侵检测的路由安全通告方法

通过在拟态路由设备上运行路由协议，实现为数据分组从源地址到目的地址的转发选择一条或几条理想的路径。通过拟态路由器相互间的通信，每个拟态路由器都建立一个路由表，存放网络的路由转发信息。OSPF 开放最短路径优先协议，是一种链路状态路由协议。每一个运行 OSPF 协议的拟态路由器维护同一个描述整个网络拓扑的链路状态数据库。基于这个数据库计算出最短路径树，从而得到到达网络内各个相连节点的路径，同时，将最短路径的路由信息添加到路由表中，供路由器转发报文时寻路。

如果拟态路由器间交换的信息未加密和认证，攻击者就可截获这些信息，根据需要修改后重发。无论是内部攻击还是外部攻击，都将产生严重的后果。对于OSPF 协议面临的安全问题，对链路状态广播（LSA）进行数字签名保护的安全策略，使得链路状态信息得到端到端的完整性保护，并能提供路由信息来源准确性的保证，以此来发现拟态路由器是否被恶意侵占或者路由平台自身是否发生错误，从而能够有效地保证拟态路由器自身平台的完整性不被破坏。

10.4.4　终端高安全接入控制技术

通过提取用户的不同特征（先验知识），形成统一标识符，采取不同的接入认证方法组合同时运行，并行处理，将运行结果经过决策判决，使得用户安全接入，实现轻量级拟态架构安全接入认证协议技术。

轻量级拟态架构安全接入认证系统功能总体技术方案如图 10-3 所示。

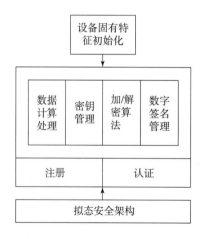

图 10-3　轻量级拟态架构安全接入认证系统功能总体技术方案

技术方案以拟态安全架构为基础，可以在终端设备和拟态路由器之间进行双向的基于设备指纹的固有唯一特征标识进行认证，系统功能包括设备固有特征初始化模块、数据计算处理模块、密钥算法模块、加/解密算法模块、数字签名管理模块。系统认证方案采用共享密钥一次性身份认证方案，方案基本原理结合 N – S 共享密钥认证模型，基于 Blom 共享密钥生成方式，实现了一种新的共享密钥生成算法，并在认证过程中通过终端和拟态路由器双方进行密钥协商的方式生成一次性共享密钥，使得每次认证过程使用不同的共享密钥。采用一次性共享密钥加密，不仅能够预防不可信任的密钥分配问题，而且能够实现认证过程的双向认证。

系统总体方案功能流程如图 10 – 4 所示。

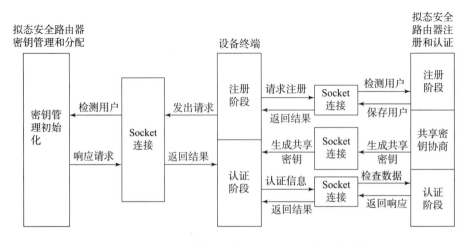

图 10 – 4　轻量级拟态架构安全接入认证系统总体方案功能流程

系统总体方案功能流程：

①路由器与终端建立 Socket 连接。通过 SSL 安全协议为路由器和终端建立安全通道。终端向路由器发出申请，终端调用数据计算模块计算路由器与终端之间的初始共享密钥，并通过安全通道传递给终端和路由器端。

②终端与路由器之间建立 Socket 连接。终端在注册和认证阶段分别向路由器发出不同类型的请求，并调用不同的处理方法，包括一次性口令、共享密钥。加/解密算法等功能模块对数据进行处理，并将处理后的结果发送给终端和路由器。

③路由器响应终端的请求，并根据请求的不同类型判断是注册请求还是认证请求。如果是认证请求，路由器首先与终端协商一次性共享密钥，再使用共享密钥对与终端通信的数据进行加密和解密。同时，调用数据处理模块实现相应的数据处理方法，并将认证结果返回给终端。

10.4.5　恶意流量筛选清洗技术

在边缘网络设备中，将深度学习技术引入恶意流量识别，实现恶意流量的精准识别与定位。不但减少了对特征库、专家经验的依赖，而且可以从大量数据中提取出复杂的高维特征，还可以探寻到事物的隐藏属性，提升识别率。

针对深度学习的边缘设备进行流量采集，依据路由器内部流量采集功能或者采取检测蜜罐被打方式及镜像方式等方法实现流量的原始分析和采集。使用移动/固定终端丰富的模拟攻击类型，如信息流窃取、下载式攻击、信息篡改、主动感染等攻击类型为后续深度学习提供样本和行为样板。

基于深度学习的流量识别过程如图 10 - 5 所示。分为训练过程与识别过程。在训练过程中，通过训练样本进行有监督或无监督的特征学习，并建立深度学习分类模型的训练过程。在识别过程，利用已经训练好的模型及其网络参数对待测流量进行识别。一般来说，训练过程是离线进行且耗时的，而识别过程是实时或接近实时的。

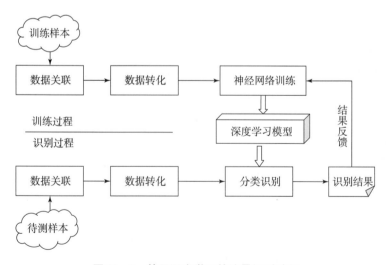

图 10 - 5　基于深度学习的流量识别过程

针对已经识别为恶意流量的数据，应用异常流量的疏导技术，如黑洞路由技术、网络下水道（sinkhole）技术、网络通道清洁（cleanpipe）技术等；针对拟态设备执行流程中判决不统一的情况，即存在拟态设备被入侵时，调用拟态路由机制对拟态设备进行清洗，并将数据包备份，用于强化学习网络参数。

■ 10.5　内生安全系统架构和原理

基于动态异构冗余的内生安全结构，根据系统的安全性指标和系统成本，从异构构件池中依据反馈控制策略重构出异构执行体集，再基于多模裁决算法选取满足条件的执行体进行输出。利用闭环负反馈的鲁棒控制机制，将历史异常感知情况及执行体的可信度信息引入控制算法当中，在不同干扰场景下形成输入/输出代理器和可重构执行体的操作指令，从而动态选择异构执行体元素组成目标对象当前服务集，提高系统的抗攻击性能。在简单的"0/1"判断或依据"0/1"个数多少的择多判断基础上，引入包括"时空维度和内容维度"一致性判决或在表决环节引入权重、优先级等策略判决，利用输出矢量语义或内容丰度及迭代性的判决方法来降低相对错误的概率，屏蔽试错攻击的输出表现，隐匿目标对象的防御行为。采用可重构或软件可定义的方式来改变网络系统内运行环境的相异性，以破坏攻击的协同性和阶段性成果的可继承性。同时，利用策略调度机制通过更换或迁移当前服务集执行体的方法，实现防御场景的异构变化。依据以上内生安全组网架构设计原理建立内生安全的拟态路由器系统，在拟态路由器系统中实现多个网元实体构建的内生安全组网架构系统，最终经优化构建最简内生安全组网架构系统。

基于拟态路由器系统架构构建的内生安全组网架构系统包括路由多层级安全计算组件、终端高安全接入控制组件和恶意流量筛选清洗组件，这些组件增强内生安全组网架构系统的安全性，一旦这些关键协议组件的后门或漏洞被攻击，拟态路由器探知到攻击行为，就会通过拟态判决、拟态调度等行为重构被攻击的执行体来保证系统架构的内生安全和自愈。

10.5.1　基于动态异构冗余的内生安全结构

DHR 是一种以非相似余度架构为基础，以多模裁决负反馈为控制机制，以广义动态性为防御环境变化手段，具有内生属性的广义鲁棒控制架构技术。其核心思想是：在非相似余度架构上引入基于多模裁决的策略调度和多维动态重构负反馈控制机制，使功能等价条件下的执行体结构表征具有更大的不确定性，使目标对象防御场景具有可收敛的动态化、随机化、多样化的属性。同时，严格隔离异构执行体之间的协同途径或尽可能地消除可被利用的同步机制，最大限度地发挥动态异构环境非配合模式下，多模裁决对"暗功能"的抑制作用或者不依赖攻击者信息和特征的"点面结合式防御"功能，以及对软硬件故障和随机性失效的高容忍度。

　　DHR 架构抽象模型中，如图 10 - 6 所示，输入代理器根据负反馈控制指令将输入请求分发到相应的（多个）异构功能等价体；异构功能等价体集合中提供能正常工作且能独立处理输入请求的可重构的异构执行体，并在大概率情况下应当能够产生满足给定语义和语法的输出矢量；多模裁决器根据裁决参数或算法生成的裁决策略，根据多模输出矢量内容的一致性情况并形成输出响应序列，一旦发现不一致情况，就激活负反馈控制器；负反馈控制器被激活后，将根据控制参数生成的控制算法决定是否要向输入代理发送替换（迁移）异常执行体的指令，或者指示异常执行体实施在线/离线清洗恢复操作（包括触发其他的后台处理功能），或者对执行体进行功能等价条件下基于构件的重组、重构、重配等组合操作。

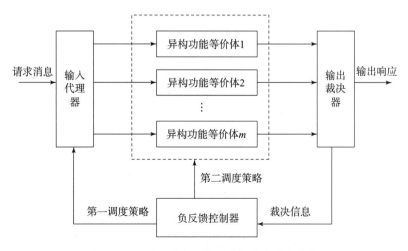

图 10 - 6　基于动态异构冗余的内生安全结构

DHR 实现动态可变性最典型的方法是按某种策略从功能等价的异构构件池中随机地抽取 k 个异构构件组成执行体集，并按给定策略使执行体集随时间动态变化，这里 k 是大于或者等于 1 的整数（k 等于 1 是 DHR 架构的非典型应用案例），k 的选取与系统的安全性指标及系统成本有关；视在结构的动态可变性也可以通过策略性的重构、重组、重建异构执行体自身，或者借助虚拟化技术改变异构执行体内资源配置方式或视在运行环境来实现；还可以采用对异构执行体做预防性或修复性的清洗和初始化操作等方法来增加攻击链的不确定性；在执行体中运用传统安全防御技术可等效地增加执行体之间的相异度；体系化地运用相关方法和措施能使攻击者在时空维度上很难有效利用以往经验或重现攻击成功的历史场景。

10.5.2 闭环负反馈控制机制

为了增加系统非配合条件下的协同难度和拟态架构的测不准效应，利用闭环负反馈控制机制（图 10-7）。其中，反馈控制器与相关部件的功能关系是，输出裁决器将裁决状态信息发送给反馈控制器，裁决器根据所述输出响应确定每个所述集合的可信度指标，包括：所述输出裁决器获取裁决算法，所述裁决算法包

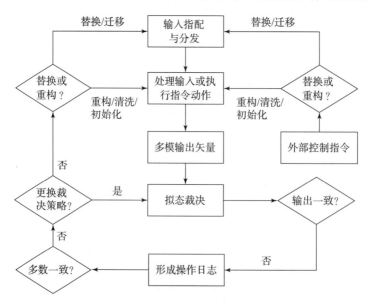

图 10-7 闭环负反馈控制机制

括择多判决和加权判决，所述输出裁决器根据所述裁决算法确定每个所述集合的可信度指标。反馈控制器分别统计所述可信度指标为不可信和介于可信与不可信之间的集合中的异构功能等价体的数量，判断所述数量是否超过预设值，如果超过，则将所述超过预设值的数量所对应的异构功能等价体的编号配置在相应调度策略中。

反馈控制器根据控制通道给定的算法和参数或通过自身学习机制生成的控制策略，形成输入/输出代理器和可重构执行体的操作指令。其中，给输入代理器的输入分发指令用于将外部输入信息导向到指定的异构执行体（可以影响攻击表面的可达性），以便能动态地选择异构执行体元素来组成目标对象当前服务集。给可重构或可定义软硬件执行体的操作指令，则用于确定重构对象及相关重构策略。不难看出，上述功能部件之间是闭环关系，但需要按照负反馈模式运行。即反馈控制器一旦发现裁决器有不一致状态输出，根据反馈控制策略可以指令输入/输出代理器将当前服务集内输出矢量不一致的执行体"替换"掉，或者将服务"迁移"到处于待机状态的执行体上。如果"替换或迁移"后，裁决器状态仍未恢复到先前状态，前述过程将继续。同理，反馈控制器也可以指令输出矢量不一致的执行体进行清洗、初始化或重构、再定义等操作，直至裁决器状态恢复到正常或低于给定阈值条件。

实际上，负反馈环路一旦进入稳态过程，服务集内的防御场景有可能被潜伏或隐匿在目标对象内部的攻击者所利用（例如侧信道攻击）。因此，通过外部命令通道强制反馈控制器对当前服务集内防御场景做防范性改变的操作是非常必要的。

负反馈机制的优点是能对通过动态、多样、随机或传统安全手段组织的防御场景的有效性进行适时评估，并能在当前攻击场景下自动地选择出合适的防御场景，避免了诸如"将地址、端口、指令、数据不断随时间做持续性迁移或变换"之类的防御行为所付出的不必要系统开销。但是，如果攻击者的能力可以频繁地导致负反馈机制活化，即使不能实现攻击逃逸，也可以使目标系统因为不断变换防御场景而造成服务性能颠簸的问题。倘若如此，需要在反馈控制环节中引入智能化的处理策略（包括机器学习推理机制），以应对这种针对类 DDoS 的攻击。进一步推论，反馈控制环路必将成为新的攻击目标。

按照单向控制机制和攻击表面理论，因为反馈控制环路中的漏洞具有攻击不可达性，除了社会工程学的途径或者设计者乃至维护方的后门行为外，基于设计漏洞的攻击没有足够的想象力和创造性是不可能为之的。事实上，反馈控制环路还可以做功能拆分，将拟态裁决、策略调度、多维动态重构等功能部件标准化，通过市场化方式由多家供应商设计、生产和提供，最终用户可以选择性地采购并以用户自定义方式配置个性化的策略或算法，以防止出现类似可信计算中"可信任供应商之可信性如何保证"的问题。

10.5.3　多模策略裁决技术

为增加攻击者的认知难度及系统的内生安全属性，传统动态异构冗余构造中，多模表决对象配置一般是确定的，表决内容通常比较简单，大多采用多数投票或一致性表决规则，其实现复杂度低且通常采用硬布线逻辑，如图 10-8 所示。因此，有必要把简单的"0/1"判断和依据"0/1"个数多少的择多判断，转变为包括"时空维度和内容维度"一致性在内的多模策略判决，即利用输出矢量语义或内容丰度来降低相对错误的概率，其具体内涵包括：

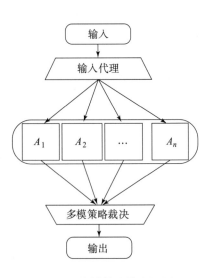

图 10-8　多模策略裁决机制

①表决对象的配置一般是可动态指定的，因而表决部件中需要有多路交换单元，以便能灵活地选择相应（如从 M 集合中随机选择 k 个）输出矢量参与表决。

②由于异构冗余执行体理论上要求是独立的，在具有对话机制的应用环境中常常存在过程差异（如 IP 协议的 TCP 序列号就可能不同），或者存在可选项、扩展项等差异化定义情况，而这些差异既不能反映到外部，也不能反映给各异构执行体，于是屏蔽差异的归一化的桥接功能可能是需要的。

③内生安全希望攻击方因为难以感知或预测防御方的行为而无法评估攻击效果及制定进一步的攻击策略。此外，多模裁决在许多应用场景下会碰到不少挑战性问题及高复杂度的实现方案。这意味着，工程实践上往往需要增加输出代理功

能，以便降低多模裁决功能的实现难度，并尽可能地屏蔽目标对象的"系统指纹"。

④如果出现没有简单选择的情况，或者需要表决的结果不是确定值而是一个取值范围（如算法等价，但精度可能不同），表决环节需要引入权重、优先级、成熟度、掩码比较、正则表达等策略性、迭代性的判决方法。尤其是出现多模输出矢量完全不同的极端情况时（此时仍可能存在功能正常的执行体），使用策略裁决提取历史置信度高的输出矢量可能是必不可少的环节。

⑤输出矢量信息丰度可能很大，例如一个 IP 包或一个 Web 响应包。为了简化判决复杂度，需要对多模输出矢量做预处理（例如计算 IP 包的哈希值）。

⑥在结果可更正应用场合或者异构执行体输出存在时延的情况下，判决环节可能需要引入"先到先放行，判决后再更正"或者"延迟等待"等判决策略，此时增加缓冲队列等辅助功能可能是必需的。

多模裁决时，如果发现多模输出矢量出现不一致情况，可能需要启动清洗恢复、替换迁移、重构重组或修改相应执行体置信度记录等相关操作。如果属于多数相同或完全不一致（没有两两相同的输出矢量）情况，则需触发策略裁决；策略裁决时，不仅要参考多模表决结果，还要根据策略库中的参数进行迭代裁决，并完成相关的后处理任务。例如，选择多数相同的矢量作为输出矢量，或者以各执行体的置信度历史记录作为参数，通过迭代裁决选择置信度高的执行体输出矢量作为输出等。因此，多模策略裁决不仅能用相对正确的逻辑表达形式感知目标对象当前的安全态势（实际上也是拟态防御架构的敌我识别装置），而且可以实施关于时间、空间的组合式裁决及基于策略的迭代式裁决，有助于隐匿裁决器算法来提高逃逸的实现难度。

10.5.4　动态多维重构与调度技术

为实现网络在不确定性扰动时能有效实现漏洞后门的规避情况，按照事先制定的重构重组方案，从异构资源池中抽取元素生成功能等价的新执行体，其中，资源池包括拟态括号内的所有可重构或软件可定义的执行体实体或虚体资源。此外，动态多维重构还可以通过在现有的执行体中更换某些构件，或者通过增减当前执行体中的部件资源重新配置运行环境，或者加载新的算法到可编程、可定义部件来改变执行体自身的运行环境，或者给执行体增减后台任务，变化其工作场景来实现，如图 10-9 所示。

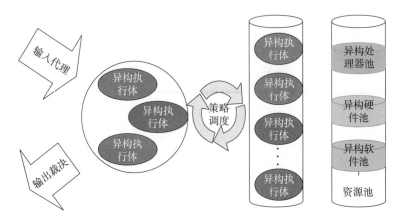

图 10-9　动态多维重构与调度技术

上述操作的目的，一是改变拟态括号内运行环境的相异性，以破坏攻击的协同性和阶段性成果的可继承性；二是通过重构、重组、重定义等手段变换当前服务集内软、硬件漏洞后门的视在特征或使之失去攻击表面的可达性。

事实上，正如打补丁也可能造成新的漏洞（后门）一样，重构、重组从严格意义上并没有实现问题归零的目的，只是用变化执行体当前防御场景的方法规避了眼下的受攻击情况，本质上属于问题规避的处理范畴。因而，在内生安全体系中，执行体输出异常只要不是"不可恢复"的问题，并不需要像非相似余度 DRS 那样将其"挂起"待处理，而是本着用"合适的人去完成合适任务"的原则，可以将不适合 A 场景的执行体组合用于对付 B 场景或其他场景下的攻击，反之亦然。这样的操作策略与拟态防御体系允许执行体可以在有毒带菌条件下运行的假设前提是一致的。

策略调度的作用域不仅是重构、重组执行体元素本身，还可以通过更换或迁移当前服务集执行体元素的方法，实现拟态括号内防御场景的异构变化，以便达到问题规避的目的。反馈控制器根据所述裁决信息生成第一调度策略和/或第二调度策略，所述第一调度策略用于指示输入代理器下一次调度的异构功能等价体的编号，所述第二调度策略用于指示待变化的异构功能等价体的编号。

需要特别强调的是，无论是多维动态重构还是策略调度的触发条件，都是基于多模策略裁决的异常感知的，包括变化防御场景后是否还需追加场景变化的评估操作等。为了对付"潜伏"在当前服务集执行体内的待机攻击（其蛰伏阶段总是力图避免影响输出矢量），甚至是已经完成拟态逃逸的协同攻击，还需要利用目标系统内部动态或随机性参数，以及预处理策略形成的外部控制命令或参数，定时或不定时地触发反馈控制环路来实施当前防御场景的预防性转换，以提升运行环境抗潜伏、抗待机、抗协同攻击的能力。例如，系统当前活跃进程数、内存占用情况、端口流量等具有不确定性质的元素都可以作为形成外部控制命令时机或控制参数使用。

■ 10.6　路由多层级安全计算技术

10.6.1　基于身份标识的密码体制（IBC）挑战/应答式双向身份认证

基于身份标识的密码体制（IBC）是一种非对称的公钥密码体系。其最主要观点是系统中不需要证书，使用用户的标识作为公钥。用户的私钥由密钥生成中心（KGC）根据系统主密钥和用户标识计算得出。用户的公钥由用户标识唯一确定，从而用户不需要第三方来保证公钥的真实性。2000 年以后，有人提出用椭圆曲线配对来构造标识公钥密码，引发了标识密码的新发展。利用椭圆曲线对的双线性性质，在椭圆曲线的循环子群与扩域的乘法循环子群之间建立联系，构成了双线性 DH、双线性逆 DH、判决双线性逆 DH、q - 双线性逆 DH 和 q - Gap - 双线性逆 DH 等难题。当椭圆曲线离散对数问题和扩域离散对数问题的求解难度相当时，可用椭圆曲线对构造出安全性和实现效率最优的标识密码。

在基于身份的密码体制中，用户的公钥可由用户的唯一身份标识直接求得，当用户需要发送秘密信息时，通信双方不需要传递用户证书。在基于身份的系统中，需要一个可信的第三方 KGC（密钥生成中心），KGC 向系统用户提供密钥生成等服务。

标识密码系统与传统公钥密码一样，每个用户有一对相关联的公钥和私钥。标识密码系统中，将用户的身份标识如姓名、IP 地址、电子邮箱地址、手机号码等作为公钥，通过数学方式生成与之对应的用户私钥。用户标识就是该用户的公钥，不需要额外生成和存储，只需通过某种方式公开发布，私钥则由用户秘密保存。IBC 密码体系标准主要表现为 IBE 加/解密算法组、IBS 签名算法组、IBKA 身份认证协议。

标识密码的加/解密方案由四部分组成，即系统参数生成算法、密钥生成算法、加密算法和解密算法。标识密码的签名验证方案有很多，但概括起来基本上由四个算法组成，即系统参数生成算法、密钥生成算法、签名算法和验证算法。其算法描述如下：

拟态路由器 A 给拟态路由器 B 发送一条非公开信息，路由器 A 利用路由器 B 的唯一标识（比如 ID 号）对信息进行加密，然后发给拟态路由器 B，拟态路由器 B 用自己的私钥对路由器 A 发来的非公开信息进行解密，得到信息，完成通信，如图 10-10 所示。

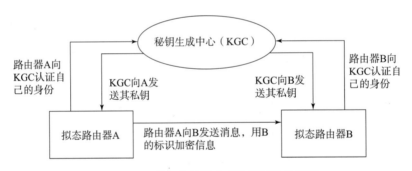

图 10-10　基于身份的密码体制通信示意图

挑战/应答机制是一种较为可靠有效的验证手法，它通过验证双方之间的几次信息交互来验证双方的身份。可简单描述为如下：

$$A \Rightarrow B : C_1$$

$$B \Rightarrow A : R_1, C_2$$

$$A \Rightarrow B : R_2$$

式中，C_1 是 A 发给 B 的挑战数；R_1 与 C_2 是 B 回复给 A 的一个应答和挑战数；R_2 是 A 回复给 B 的一个应答。

基于身份的密码体制（IBC）挑战/应答式双向身份认证分为两个阶段：

①拟态路由器 B 验证通信方拟态路由器 A 的身份。首先拟态路由器 A 向拟态路由器 B 发送一个 Request 请求，拟态路由器 B 作为回应，生成随机数 R_1，发送给拟态路由器 A 作为挑战；拟态路由器 A 收到 B 发来的消息后，通过杂凑函数及自己的私钥计算，将消息 R_1 的签名结果发送给拟态路由器 B；拟态路由器 B 利用系统参数、消息 R_1 和杂凑函数，将计算出来的签名结果与 A 的签名结果进行比较，最后得出验证结果，完成拟态路由器 B 对拟态路由器 A 的验证。

②拟态路由器 A 验证通信方拟态路由器 B 的身份。验证方式同上述拟态路由器 B 验证拟态路由器 A 身份的步骤。双方路由器通过几轮的信息交互（握手）完成双方的身份认证。

基于身份的密码体制挑战/应答式双向身份认证方式最大的优点就是抛开了数字证书，其将用户身份与其公钥结合，用户身份就是公钥，简化为两次标识和确认的工作，很大程度上简化了系统的复杂度。

10.6.2　基于 OSPF 路由协议入侵检测的路由安全通告实现

为解决 OSPF 协议面临的安全问题，对链路状态广播（LSA）进行数字签名保护，使得链路状态信息得到端到端的完整性保护，并提供路由信息来源准确性的保证。在链路状态广播创建后，需要一个链路状态更新（LSU）来携带该 LSA 到达目的路由器，基于 LSU 的 OSPF 协议中的签名数据只包含了 LSU 的头部信息，这么做可以避开 LSA 数字签名方案中庞大的数据信息，有效地降低系统开销。

可信计算是目前各种信息安全技术中广受认可的一种思想。它是指一个实体对其他实体能否正确地、非破坏性地进行某项活动的主观可能性预期，当一个实体始终以预期的方式达到预期的目标时，它就是可信的。对可信计算模型中的完整性度量机制，可以采用密码学哈希函数来检测系统数据的完整性是否受到破坏。把完整性度量融合进 OSPF 协议中，不仅可以对拟态路由器身份进行验证，还可以对路由平台的完整性及路由消息的真伪性进行验证。

可信计算组织体系的核心是通过使用可信平台模块 TPM 中 160 位的散列值，确保路由平台的完整性。这些散列值存储在 TPM 提供的 PCR 中，可信平台通过可信度量，并根据 CRTM 和 TPM 提供一个可信的启动过程，当所有启动组件经过测量确认完整性未被破坏后，相关的散列值传递到 PCR 中。随后已被验证完整性的组件启动，并将负责验证其他应用程序的完整性。在拟态路由系统中，每个路由协议在启动之前必须保证该协议软件代码没有被篡改，这样就能保证路由平台的完整性。

每个拟态路由设备都配有可信平台模块 TPM，以及相应的软件支持，拟态路由器设备的唯一标识 ID 号通过哈希函数计算后，得到相应的公钥与私钥验证。基于可信计算的 OSPF 协议首先对携带路由更新信息的链路状态更新（LSU）报文签名，这样可以保证路由更新信息在泛洪过程中不会被恶意攻击和篡改。其次是通过引入可信计算中完整性度量，来防止由于路由器被恶意入侵或者路由器自身发生软硬件错误带来的危害。

基于可信计算的 OSPF 协议的核心思想是利用可信平台模块 TPM 对平台的软硬件进行度量，将度量结果的哈希值扩充到相应的 PCR 值中，并将 LSU 头部信息及 PCR 值与签名一起发送；接收方拟态路由器端通过验证 LSU 头部信息和验证 PCR 值等步骤后，判断该 LSU 报文在传递过程中是否被恶意篡改，并可以验证发送方路由器端状态及其配置是否被篡改。

基于可信计算的 OSPF 协议中的链路状态更新报文结构如图 10 – 11 所示。

版本号	4	数据报文长度
路由器 ID		
区域 ID		
校验和	验证类型	
验证字段		
LSA数目	是否MAX Age	
签名哈希值（sign）		

图 10 – 11　OSPF 协议链路状态更新报文结构示意

发送方路由器首先计算得到 LSU 报文头部信息的哈希值；然后调用 TPM 对平台进行完整性度量，得到平台的当前 PCR 值；将 PCR 值与 LSU 报文头部信息经过哈希计算后得到签名哈希值；最后调用路由器私钥对哈希值进行签名后附加到 LSU 报文中发送。

当路由器 A 接收到路由器 B 发送的签名 LSU 报文后，若是第一次接收到 B 的 LSU 报文，则要向可信第三方申请获得路由器 B 的标准 PCR 值，否则，直接从本地缓存中查询 B 的 PCR 值；然后调用路由器 B 的公钥对接收到的 LSU 报文中的签名信息进行验证，得到签名哈希值；将接收到的 LSU 报文的头部信息与路由器 B 的标准 PCR 值经过哈希计算得到验证哈希值，比较签名哈希值与验证哈希值是否相等，若相等，则表明路由器 B 的平台未遭到破坏并且 LSU 报文在传输过程中没有被恶意篡改；否则，表明该报文已不可信，需要丢弃。

基于可信计算的 OSPF 协议实现以下几个安全目标：

①路由更新信息验证：各路由器收到的路由更新消息在泛洪过程中不能被恶意篡改或攻击。

在基于可信计算的 OSPF 协议中，对每个携带路由更新信息的 LSU 报文头部进行哈希计算，然后将该哈希值作为接收时验证的参数，在传输过程中对用于验证的信息进行签名保护。任何中途对路由更新信息的篡改都会改变该 LSU 报文头部信息，导致最后 LSU 报文验证失败。也就是通过基于可信计算的 OSPF 协议的保护，可以在接收方验证路由更新信息的完整性。

②路由更新信息发送者身份认证：发送路由更新信息的路由器身份是可验证的，保证了只有经过授权的路由器才能发送路由更新消息。

对于一个合法自治系统内的拟态路由器来说，基于可信计算的 OSPF 协议确保只有通过可信 KGC 验证的合法路由器才能在自治系统内部分发公钥，同时，验证方在验证时，可以获得该路由器的标准 PCR 值，分发的公钥和标准 PCR 值都是用来绑定路由更新信息发送者身份的，提供了路由发送者的身份认证。

③拟态路由器平台的完整性可以验证：防止路由器的平台完整性被恶意攻击而给组网带来的危害。

基于可信计算的 OSPF 协议中引入了可信计算的思想，通过将 PCR 值作为验证参数进行平台完整性验证，这样就能有效发现路由器是否被恶意侵占或者自身是否发生错误，所以基于可信计算的 OSPF 协议能够有效地保证路由器自身平台的完整性不被破坏。

▨ 10.7　终端高安全接入控制技术

通过分析现有终端接入网络的认证协议，分析协议所需终端的认证特征、凭证及先验知识，结合认证效率，接入成功率，组合多重特征形成唯一标识。针对拟态路由工作原理，将认证任务卸载分配，进行多重并行处理认证。分析拟态判决结果，判定接入用户合法性，实现终端高安全接入控制技术。

10.7.1　系统功能模块设计

系统功能模块设计如图 10 − 12 所示。

图 10 − 12　轻量级拟态架构安全认证方案系统功能模块设计

轻量级拟态架构安全认证方案实现了共享密钥一次性身份认证功能，系统功能模块包括终端功能模块、路由器密钥管理分配模块、认证模块、数据计算模块及共享密钥模块。

密钥管理分配模块响应终端请求，并为终端和路由器生成初始的共享密钥参数，同时将共享密钥参数、公开信息的路由器端随机数及终端随机数分别传输给终端和路由器端。除此之外，为了保证共享密钥能够安全地传输给用户，必须保证通信的双方是安全通道。因此，要与密钥管理分配模块通信，首先需要建立安全的通道，保证信息传输过程的安全性。密钥管理分配模块主要包括两个部分：响应请求功能、初始共享密钥生成功能。

终端模块在注册之前需要向密钥管理分配模块发出请求，在注册与认证阶段向路由器发出请求。分别需要实现独立的用户请求模块来实现对密钥管理分配模块和认证模块的请求功能，主要是实现终端注册与终端认证过程发起请求功能。终端在进行注册与认证前，都需要与路由器建立连接。终端在注册时，将自己的终端设备指纹和 ID 等信息发送给路由器。路由器调用相关认证算法方法实现对终端传来的信息进行相应的注册或者验证。

数据计算模块主要包括三个方面的功能，分别是实现哈希算法；实现对通信数据的加/解密；实现一次性口令的计算。共享密钥一次身份认证方法需要在终端与路由器计算一次性口令，终端和路由器上都需要应用数据计算模块，终端根据相关数据，利用哈希算法生成，并使用加密算法实现对数据加/解密，然后再传输给路由器。同样，在路由器端也调用数据计算模块处理数据，实现对终端的响应。路由器认证模块根据终端传来的计算数据、设备指纹信息和用户 ID，将其与嵌入式数据库中存放的一次性口令进行比较，并根据比较的结果返回认证通过或者不能通过的结果给终端。

共享密钥模块根据共享密钥一次性身份认证的设计，将共享密钥分为一次性共享密钥和初始共享密钥。终端在初始化阶段向密钥管理分配模块申请取得初始共享密钥。密钥管理分配模块为终端和路由器分别分配初始共享密钥。一次性共享密钥在认证阶段通过终端与路由器之间协商生成。

路由器端接受用户请求的响应模块，根据用户的请求，调用查询数据或者调用数据处理模块进行处理，以达到响应终端请求的功能。

10.7.2　密钥管理分配功能设计

密钥管理分配功能模块主要的功能是实现为终端和路由器生成共享密钥。除此之外，还必须保证通信双方数据的安全性，通信采用的是一种安全通道的方式，安全通道通过 SSL 协议来实现。密钥管理分配功能模块与终端安全通道的设计采用 SSL 协议安全套接层，通过 SSL 实现对终端与路由器之间传输的数据进行加密，SSL 的加密方法主要采用非对称加密。非对称采用的是密钥对的方法，加/解密使用的是不同的密钥。通过密钥生成工具可以实现数字签名，从而保证通信过程的安全性。在初始化阶段，终端向密钥管理分配功能申请与路由器之间通信的初始化共享密钥，由密钥管理分配功能响应请求，并判断终端的合法身份。

终端需要实现的功能模块包括用户请求模块、数据处理模块及共享密钥生成模块。用户请求模块负责通过 Socket 建立与密钥管理分配模块之间的连接。数据处理模块负责处理数据发送、数据接收及对密钥管理分配模块传输来的数据进行判断。共享密钥生成模块根据密钥管理分配模块传来的参数生成初始化共享密钥。

密钥管理分配模块包括响应终端请求模块、数据处理模块及共享密钥模块。响应终端请求模块是对终端发送来的请求信息进行处理。数据处理模块主要处理对数据的查询、更新，并返回处理结果。共享密钥模块主要负责为终端选择函数，并为终端和路由器选择公开参数的终端随机数与路由器端随机数，根据终端随机数和路由器端随机数分别为终端与路由器生成初始化共享密钥的参数。

10.7.3　注册功能设计

在注册过程中，终端与路由器端交互，因此注册阶段终端需要请求模块，在路由器端设有响应请求的请求回应功能模块。终端用户请求模块实现终端客户在与路由器端建立连接以后，终端客户端将自己的终端设备指纹信息和用户 ID 及密码 Password 发送给认证服务请求注册。共享密钥模块实现在注册阶段，终端接收密钥管理分配模块的共享密钥参数以后，由共享密钥模块根据路由器端的路由器端随机数生成初始化共享密钥。一次口令模块实现根据 OTP 系统对一次性口令的构思，在原有的静态密码口令中加入一些不确定的因子来生成一次性口令，再利用单向散列函数对其进行 N 次哈希计算。根据一次性口令的产生方法，种子值 Seed 由路由器在注册阶段产生一个随机序列。Seed 是从 ISO－646 不变代码集中选择 1~16 个字符组成的字符串。字符串中不能有空格和大写字母，也就是说，必须在原有的字符串全部转换成小写之后才能作为种子值发给用户使用。一次性口令生成过程分为两个部分，分别是种子值 Seed 的生成和哈希函数的 N 次计算。对于种子值 Seed，ISO－646 允许不同的国家根据自己的需要进行修改，在此选择标准的 ISO－646，也就是 ASCII。ASCII 总共定义了 128 个字符，Seed 的长度要求是 0~16 bit。

10.7.4　加/解密模块设计

在注册与认证阶段，由于加/解密使用的是共享密钥对为加/解密的密钥，加密密钥与解密密钥都相同，因此，采用 DES 密码算法对传输的数据进行加/解密。路由器的功能模块主要包括响应请求模块、共享密钥模块、数据处理模块和加/解密模块。响应请求模块实现对终端发送到的请求，路由器首先判断请求的类型，并根据请求选择处理方式，如是注册阶段，服务器首先生成初始化共享密钥，使用初始化共享密钥进行加/解密进行计算。共享密钥模块实现共享密钥的功能，在注册阶段主要是为通信方生成初始化共享密钥。数据处理模块在注册阶段首先判断用户的合法性，如果用户合法，则为用户生成种子值 Seed，并将终端传来的一次性口令和初始化序列值 Seq 保存到嵌入式数据库中，最后将注册成功与否的结果返回给终端。加/解密模块实现调用 DES 使用共享密钥对接收或者传输的数据进行加密，保证数据传输过程中的安全。

10.7.5　认证功能设计

对认证阶段采用的密钥协商方式形成共享密钥，使得在每次认证过程中的密钥都保证不相同。即使上一次密钥泄露，也不会影响下一次认证的安全。在认证阶段，主要有两个过程：一个是一次共享密钥的协商生成过程，另一个是认证过程。

认证过程的终端功能模块主要包括一次性共享密钥模块、一次性口令模块、加/解密模块、数据处理模块等。其中，加/解密模块、一次性口令模块与注册阶段的相同。一次性共享密钥模块实现的功能为：终端首先选择一个满足条件的随机数 Ru，Ru 计算出 M，客户端再通过与路由器进行协商，路由器传输给客户端一个 Ps，Ps 是不可逆的，通过 Ps 无法计算出服务器的 Rs。最后终端根据 M 和 Ps，通过计算生成本次认证的一次共享密钥 Ki。

认证过程的路由器端功能模块主要实现一次性共享密钥模块、加/解密模块、数据处理模块等。加/解密模块与注册阶段的相同。数据处理模块功能包括：当终端发出认证请求时，路由器根据收到的终端指纹信息和用户的 ID，查询数据库验证用户的合法性，如果不合法，则返回错误提示。对合法用户认证时，需要查询数据库，验证口令的正确与否。对于正确的用户，数据处理模块还需进行哈希值运算，并更新数据库中的数据。一次性共享密钥模块实现路由器端选择一个满足条件的随机数 Rs，Rs 计算出 N，终端再通过与路由器进行协商，路由器传输给客户端一个 Pu，Pu 是不可逆的，通过 Ps 无法计算出路由器端的 Ru。最后终端根据 N 和 Pu，通过计算生成本次认证的一次共享密钥。

10.8　恶意流量筛选清洗技术

10.8.1　针对边缘设备的流量采集技术

流量采集是恶意流量筛选清洗的第一步，依据边缘网络设备实现，路由器是流量数据出入的"咽喉"，局域网中所有的到因特网的流量都必须经过路由器。路由器可以直接进行数据采集，可以使用路由器内部流量采集功能直接采集，以常用的 SNMP 协议为例，在协议中定义了管理信息变量 MIB，当一个数据包进入路由器后，路由器寻找记录内是否有相匹配的源 IP 地址和目标 IP 地址，如果找到一直相匹配的记录，程序就会自动将其累加到记录上，这样就会获得网络的数据流量。然后对采集到的流量进行基于机器学习的恶意流量识别。

在获取的原始数据中，存在流量比例失衡的问题，即恶意流量占比很小，需要利用非平衡分类原则将恶意流量收集，突出劣势类的分类精准度，即恶意流量精准度。既要扩充恶意流量数量，同时也要提升恶意流量质量。恶意流量类别是恶意流量筛选的依据，根据不同恶意流量类别模拟恶意流量数据，提供学习样本。恶意流量类别见表 10 - 1。

表 10 - 1　恶意流量类别

序号	类别	描述
1	信息窃取	数据被窃取产生的流量
2	远程控制	向受害主机发送控制命令的流量
3	勒索	勒索软件通过暗网等向受害者勒索的流量

续表

序号	类别	描述
4	拒绝服务	致使目标系统无法正常提供服务的流量
5	信息探测	端口扫描、漏洞扫描等流量
6	主动感染传播	漏洞利用、SQL 注入等流量
7	欺骗攻击	网站钓鱼、社会工程攻击等流量
8	信息篡改	用户浏览器配置、系统配置等被篡改产生的流量
9	下载式攻击	从攻击服务器中下载到受害主机的恶意流量

恶意流量采集和处理方式包括采集恶意流量、网络出口处标记恶意流量等。标记出数据包的攻击类型和攻击意图。可以利用黑名单标记恶意流量，黑名单可以由安全专家通过部署蜜罐、跟踪垃圾邮件或天使恶意软件得到。通过混合几种方法生成高质量的样本数据来源，为深度学习训练提供材料。

10.8.2　基于机器学习的特征选取技术

目前的流量识别方法主要分为四类：基于端口的方法、基于 DPI 的方法、基于统计的方法、基于行为的方法等。其中，基于端口的方法和基于 DPI 的方法属于基于规则的硬编码方法。而基于统计的方法和基于行为的方法属于经典的机器学习方法，其优点在于解决了基于规则的硬编码方法中拆包代价过高等问题。但是，这两种机器学习方案所面临的困难在于如何选择合适的特征。

深度学习技术已得到充分发展与应用，若将整个网络流视为流量字节组成的流量图像，则可使用卷积神经网络 CNN 学习其空间特征，从而避免了传统机器学习方法所面临的人工选择特征的问题。这也是近年来兴起的基于表征学习的恶意流量识别方法。

采用 CNN 对流量数据（pcap 格式）进行识别时，需要将流量数据设定为 CNN 网络能识别的格式（idx 格式），故在对流量数据进行识别之前，需完成对数据的处理。对数据的处理可以分为以下步骤：

（1）流量切分

将原始的流量数据按照一定粒度切分为多个离散单元。网络流量切分方式包括五种：TCP 连接、流、会话、服务、主机。目前使用较多的是流和会话。流，

是指具有相同五元组（源 IP、源端口、目的 IP、目的端口、传输层协议）的
所有包。会话，是指由双向流组成的所有包，即五元组中的源和地址可以
互换。

（2）数据预处理

处理对象包括数据链路层的 MAC 地址和 IP 层的 IP 地址，处理策略是用随机
生成的新地址替换。

（3）图片生成

清理过的文件按照 784 B 进行统一长度处理。即如果文件长度大于 784 B，
则截取；少数小于 784 B 的文件，在后面补充 0x00。统一长度后的文件按照二进
制形式转换为灰度图片。例如，0x00 对应黑色，0xff 对应白色。

（4）IDX 转换

将由上述步骤所得到的图片转换为 IDX 文件，如图 10-13 所示。

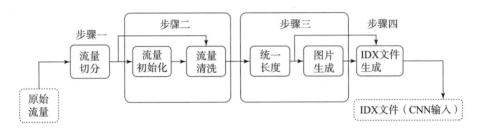

图 10-13　网络流量数据预处理工作流程图

最后，将原始流量数据进行预处理之后，便可作为 CNN 网络的输入，接着
可选用合适的 CNN 网络进行训练，从而实现对恶意流量的识别，如图 10-14
所示。

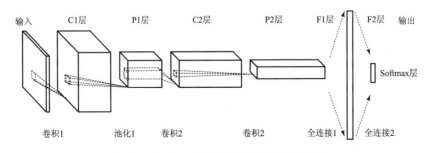

图 10-14　CNN 表征学习模型架构示意图

10.8.3　恶意流量处理技术

边缘网络设备紧贴用户终端一侧，容易被劫持成为恶意流量的策源地，因而在网络边缘进行恶意流量清洗可以减缓核心网压力，起到早期预警作用。边缘路由设备在计算能力和处理流量层级上都较为轻量，因而针对它的恶意流量处理技术也是轻量、快速的，完成恶意流量的检测、清洗，还有回注。

恶意流量清洗技术解决方案主要分为三个步骤，如图 10 - 15 所示。第一步，对用户业务流量进行分析监控。第二步，当用户遭受恶意流量攻击时，检测模块触发，进行流量清理。第三步，流量识别模块对流量进行判别清洗，将合法的流量继续转发，同时生成清洗日志到业务管理模块。通过时间通告、

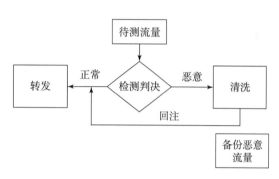

图 10 - 15　恶意流量清洗流程

分析报表等服务内容提升客户网络流量的可见性和安全状况的清晰性。

当用户通过路由器传送恶意流量时，部署在路由器上的基于机器学习的恶意流量识别模块，能够第一时间发现用户恶意行为的特征，定位恶意来源，并精确地判断攻击类型，对不同攻击行为进行防范。将识别到的恶意流量到达空（NULL）接口，就可以实现对异常流量的疏导，并发布路由通告；而当异常流量消失后，该路由快速地恢复至原来的正常路由状态，即将恶意流量直接进行丢包。同时，也可设立缓存将恶意流量进行采集存储，提供至机器学习训练模型中用于增强网络参数的学习。经过清洗识别为正常流量的流量数据包将被注入原有网络中，访问目的 IP。

当本地路由器作为攻击目标自身被攻击时，针对路由器发起攻击，多模冗余的路由器对恶意流量识别时，会产生多个异构体之间的判决不一致，此时拟态路由的恶意流量识别机制会被触发，对恶意流量进行识别，当拟态判决结果出现矛盾，即出现三个中两对一错或者两错一对时，拟态路由自身保护机制将被触发，进行自身清洗。基于拟态多模判决机制，使拟态路由自身鲁棒性更强，并依据判

决结果对流量包进行相应的行为处理。

网络边缘设备自身所处网络位置和处理能力决定了它作为恶意流量筛选清洗所处的先期预警地位，针对用户终端实现精准识别，使其免于恶意流量攻击。针对流量清洗的关键技术，恶意流量识别使用模拟得到的流量样本对机器学习算法进行离线学习，并通过实际部署后现实业务流量来强化网络参数，实现对威胁流量的高效识别，并完成恶意流量类别分析，溯源恶意流量地址或应用程序。

10.9 软件定义内生安全组网

10.9.1 软件定义增强型拟态安全路由器系统

1. 软件定义增强型拟态路由器系统

在拟态路由器系统上内嵌路由多层级安全组件、终端高安全接入控制组件和恶意流量筛选清洗组件三个增强型组件，实现软件定义增强型拟态路由器系统。增强型拟态路由器逻辑分层示意图如图 10-16 所示。增强型拟态路由器逻辑上分为三层：管理配置应用层、路由控制层和数据转发层。数据转发层为 SDN 交换转发部件，实现网络数据转发功能；路由控制层为 SDN 控制器，负责流量控制；管理配置应用层则是网络功能虚拟化应用，负责网络管理、路由控制和功能应用。

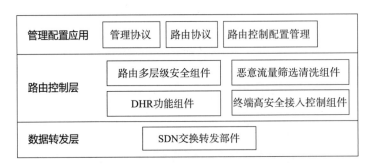

图 10-16 增强型拟态路由器逻辑分层示意图

2. 软件定义增强型拟态路由器组网架构系统

应用软件定义网络架构，面向网络的内生安全，建立内生协议组网架构，采用具备内生安全构造机制的拟态防御技术和拟态防御策略，实现数据、控制和管理平面的拟态化安全技术，实现控制和管理执行体的动态构建技术，以及"并行执行、同步裁决"拟态安全协议原理，形成软件定义增强型拟态路由器。基于软件定义增强型拟态路由器系统，设计由多个网元实体构建的内生安全组网架构和机制。首先，拟态路由器系统上内嵌路由多层级安全组件、终端高安全接入控制组件和恶意流量筛选清洗组件三个增强型组件，构筑增强软件定义增强型拟态路由器，由增强型拟态路由器作为内生安全组网架构的核心设备，由该核心设备组网构成基本网元，再由多个网元实体构建内生安全组网架构。

10.9.2　软件定义拟态安全路由器体系架构

拟态化路由器的体系架构，首先，引入虚拟化技术，定义异构执行体的输入/输出模式，抽象执行体的功能；其次，在异构执行体并行执行基础上，针对归一化接口特征和协议特征，结合拟态交换机状态、控制和管理机制，建立数据、控制和管理的通道化 I/O 代理模式；最后，定义协议重购策略和拟态裁决策略，分析执行体的工作流程，制定基于环境感知的动态调度策略，如基于异构相异性调度策略、按时间间隔调度策略、威胁清洗调度策略等拟态策略，这是一种新型的适用于网络设备拟态化机制的路由器体系架构。拟态路由器体系架构将为网络应用环境下拟态路由设备的研发设计提供支撑。

拟态路由器系统划分为三个层面，包括管理平面、控制平面和转发平面。管理平面是提供给网络管理人员使用 Telnet、Web、SSH、SNMP、RMON 等方式来管理设备，并支持、理解和执行管理人员对于网络设备各种网络协议的设置命令。管理平面提供了控制平面正常运行的前提，同时维护部分控制平面中各种协议的相关参数，例如设备状态信息、设备及协议配置信息等，并支持在必要时刻对控制平面的运行进行干预。

控制平面用于控制和管理所有网络协议的运行，例如生成树协议、VLAN 协议、ARP 协议、各种路由协议和组播协议等的管理与控制。控制平面通过网络协议提供给交换机对整个网络环境中网络设备、连接链路和交互协议的准确了解，并在网络状况发生改变时做出及时的调整，以维护网络的正常运行。控制平面提供了转发平面数据处理和转发前所必需的各种网络信息和转发查询表项。

转发平面网络设备的基本任务是处理和转发不同端口上各种类型的数据。数据处理过程中各种具体的处理和转发过程，例如 L2/L3/ACL/QoS/组播/安全防护等各功能的具体执行过程，都属于数据转发平面的任务范畴。数据转发平面在网络设备的各种平面任务当中需要占用绝大部分的硬件资源，也直接地对其性能表现起决定作用，数据转发平面主要靠硬件资源来处理信息。

对于路由器软件系统，无论是管理软件还是控制软件，都可以概括为"输入 – 处理 – 输出"模型（Inputs Process Outputs，IPO）。将进行消息处理的单元定义为功能执行体，路由器软件系统包含各种路由协议的功能执行体和各种管理软件的功能执行体。功能执行体存在的漏洞和后门可以被攻击者扫描探测并利用，进而进行提权、系统控制和信息获取。针对攻击者对路由器各功能执行体的攻击步骤，系统采用拟态防御机制设计。基于动态异构冗余（DHR）的路由器拟态防御体系结构如图 10 – 17 所示。该结构模型针对每一种软件系统的功能，引入多个异构冗余的功能执行体，对同一输入进行处理，并对多个功能执行体输出的消息进行多模表决，识别哪个功能执行体输出信息异常，进而进行路由系统的安全防御。

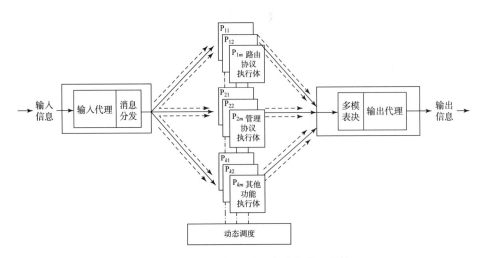

图 10 – 17   DHR 路由器拟态防御体系结构

针对系统的每一种软件功能单元，可以用以下模型来描述：存在一个功能等价的异构功能执行体池 $P_n(P_1, P_2, \cdots, P_n)$，动态地从池中选择 m 个执行体 P_m $(P_1, P_2, \cdots, P_m)$ 进行工作。由输入代理模块将输入消息分发给 $m(m \leqslant n)$ 个执行体，由它们对同一个输入进行计算后，得到 m 个输出结果，对 m 个结果进行基于某种算法的多模表决，得到归一化的输出结果，输出结果由输出代理操作后输出。

动态异构冗余路由器防御体系内含移动目标防御机制，是一种主动防御方式，可以有效地应对已知和未知的安全威胁。这是由该结构的异构性、冗余性和动态性三个特性决定的。

异构性即功能等价的两个执行体结构组成不相同，描述的是两个执行体之间的差异性，这种差异性可以保证同样的攻击不会使两个执行体同时失效，当然，这其中不包含针对功能原理的攻击。功能执行体的漏洞和后门具有独特性，思科 2600 系列路由器的 SNMP 软件功能漏洞与 6500 系列的 SNMP 漏洞不同，Juniper 路由器的 SNMP 漏洞相同的概率几乎为零。因此，一种攻击方法只会对一种功能执行体发生作用。DHR 通过引入多个异构功能执行体，并行地对输入的攻击消息进行处理，并通过对多个异构执行体的输出结果进行一定语义上的多模表决，就可以识别出异常的发生，进而对威胁进行感知，并针对威胁做出进一步处理。但是异构性的大小是有上界的，完全异构的部件实际中是不存在的，在工程上也是难以实现的。

冗余性是指工作集的异构并行执行体的多样化。直观上认为，冗余性可以支持表决结果的正确性。异构执行体在面临同一种攻击时，其输出响应是不同的，如果仅依赖两个执行体的输出结果，就难以准确甄别出究竟哪个执行体遭受了攻击。通过增加异构执行体工作集中执行体的数量，可以明显提升威胁感知的准确率，同时也为动态性提供支撑。当然，冗余性过强，势必增加系统的工程成本。

动态性是指在不同时刻下轮换对外呈现的工作执行体，是一种主动防御手段。动态性的作用主要体现在两个方面：①通过不定时地改变工作执行体，降低单位时间内特定部件的暴露时间，增加系统结构信息的不确定性，降低漏洞被发现的风险；同时，使系统处于不断更新的状态，针对渐进式攻击等最初可能难以被察觉的行为，动态性的存在可以清除攻击的前期努力，对于潜在漏洞、后门的状态跳转等，也具有清理作用。②动态性是在时间维度上对多样性的扩展，在未感知到威胁时，动态性可以阻碍依赖特定后门的攻击行为，有效降低了攻击的成功率；在感知到威胁发生时，动态替换并隔离被感染执行体，可有效阻断攻击者对目标系统的持续控制，并保证系统功能的完整性和持续性。

基于 DHR 构建内嵌主动防御机制的路由器，完成下列任务：

（1）功能执行体的异构性构建

目前已经存在几种较为成熟的开源软件包，例如 XORP、Quagga、BIRD 等，它们采用不同的语言，由不同的团队采用不同的架构开发，存在相同漏洞的概率几乎为 0。一些主流路由器厂商推出了路由器仿真器，例如思科的 SimulatorPacketTracer、Juniper 的 Olive、华为的 eNSP 等，以及开源仿真器 GNS3、Qemu 等的出现，可以使得在没有源码的情况下，基于路由器二进制文件仿真出具备等价功能的路由系统，这为异构性的构建提供了更富足的条件。更进一步，同一款路由软件的多个实现版本之间也存在一定程度上的异构性，在修复旧版本的 bug 时，会引入新 bug，但是可以同时使用新旧版本并行运行来确保旧的 bug 出现时用新的版本替换，同时新引入的 bug 可利用旧版本来屏蔽。

（2）功能执行体的动态调度

DHR 的动态性要求功能执行体能够从执行体池中动态选择加载，对异常执行体能够下线清洗，对工作的执行体能够动态调度其对外的呈现方式。为了实现动态性，采用网络功能虚拟化（Network Function Virtualization，NFV）技术来实例化异构冗余的执行体，将功能执行体模块通过虚拟机承载，从而方便地实现了执行体的动态调度，同时降低异构冗余引入的实现成本。

（3）消息处理路径上的分发代理和多模表决点的插入

传统路由器实现结构中软硬件紧耦合，内部通信接口自定义，要在消息处理路径上插入相应的消息分发或者多模表决模块，从工程角度而言，将难以实现。软件定义网络（Software – Defined Networking，SDN）技术为 DHR 的实现提供了方案。SDN 的南向接口可以将传统路由器中软硬件之间的内部消息接口标准化，所有消息通过标准 OpenFlow 接口承载，通过在 OpenFlow 控制器（OpenFlow Controller，OFC）上插入分发代理和多模表决模块，就可以实现对进出路由器的所有消息进行分发和判决处理。同时，异构路由执行体计算的路由表可以在此处进行多模表决，确保路由计算结果的正确性。

　　基于以上任务，设计的 DHR 路由器系统架构如图 10 – 18 所示。分为硬件层面和软件层面。硬件层面为标准的 OpenFlow 交换机（OpenFlow Switch，OFS），软件层面包括 OFC、代理插件、多模表决、异构执行体池、动态调度及感知决策单元（这些单元统称为拟态插件）。

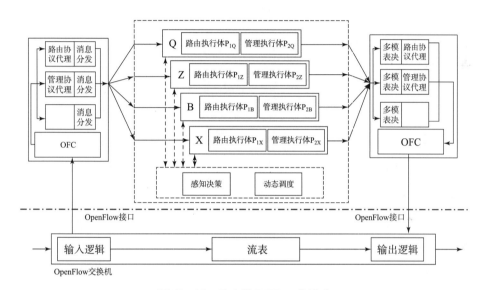

图 10 – 18　路由器 DHR 工作模式

10.9.3　功能单元设计

1. 代理插件单元

代理插件单元是消息的出入口，消息包括路由协议报文、网管协议报文等。因此，代理插件单元按照代理的协议类型，可以分为路由协议代理和管理协议代理等，其功能主要包括以下几个方面：

（1）输入消息的动态复制分发

代理插件负责将收到的消息复制分发给多个异构功能执行体进行处理。对消息的操作并非是简单的复制分发，而是与所代理的协议机理有一定的关联性。这些操作可以概括有状态的操作和无状态的操作，前者需要对复制分发的消息做一定的修改并记录状态，后者就是仅仅简单的复制分发。OSPF、ISIS 等路由协议代理在进行消息分发时，需要对原始报文中的某些域做一定的修改，以适配各个执行体中的协议状态机；而 SNMP 或者 Telnet 等管理协议代理，则仅仅需要将传输层承载的载荷复制分发到执行体即可。

（2）非授权业务消息的识别、过滤及威胁感知

每一个代理插件处理的消息分别具有不同的功能特性，如果代理插件处理了不属于自己功能范围的消息，可能会引入一定的安全威胁。因此，在代理插件层叠加一定的安全过滤列表，对进入各个代理的消息进行缜密的检测，可以把一定的安全威胁阻挡在功能执行体之外。

同时，代理插件作为消息进入系统的第一关口，将执行体面临的攻击移到此处。这也给系统嵌入防火墙、入侵防护和入侵检测等功能提供了架构上的支持。通过在此处应用传统的安全防护手段，一方面，可以将纷繁复杂的恶意流量阻挡在外，减少了内部功能执行体遭受的威胁；另一方面，又可以通过统计分析和入侵检测方法，进行威胁感知，并提前预警。

（3）子网隔离

复制后的消息被分发至不同的异构执行体，这些异构执行体采用相同的地址配置和功能配置，必须采用特殊的子网隔离策略，才能保证功能执行体能够同时并行运行，并且功能机制正常。

2. 多模表决单元

多模表决单元是输出消息的必经通道，以多个异构执行体的输出为输入，通过进行比特级、载荷级、组件级甚至是内容级的比对，实现对系统内部功能执行体异常的感知。感知决策单元依据安全等级要求指定该单元所采用的多模表决算法，例如择多判决、权重判决、随机判决等。多模表决并不能准确判决出哪个异构执行体发生了异常，却能够识别出内部执行体发生了异常，并且将异常屏蔽掉。例如，路由器转发表的某个表项更改，当且仅当多数功能执行体输出结果完全一致时，才能实现更改操作。否则，仅仅一个执行体发出表项修改请求，这种请求将被多模表决裁决掉，使系统具备入侵容忍能力，保证输出结果的一致性和正确性。同时，该判决单元会提取多维度的多模表决结果，反馈给感知决策单元，为决策单元对执行体的可信评估提供素材数据。

如果要绕过多模表决环节，必须精确协同输出结果，这是非常困难的事情，

因为开发团队不同、平台不同、算法不同，相互之间除了有共同的输入序列和给定的功能外，独立工作的异构功能执行体中的"恶意"功能很难协调各自的输出而实现完全或者多数的一致，更何况无法知道具体的表决方法。所以，系统的异构冗余程度越高，表决内容越丰富，协同化攻击的难度就越大。

3. 动态调度单元

动态调度单元的主要功能是管理异构执行体池及其功能子池内执行体的运行，按照决策单元指定的调度策略，调度多个异构功能执行体，实现功能执行体的动态性和多样性，增加攻击者扫描发现的难度，隐藏未知漏洞和后门的可见程度。动态调度单元设计的关键环节是执行体的调度策略。以下设计了两种维度的调度策略供决策单元选择：

（1）基于执行体可信度的随机调度策略

异构执行体池中的每一个执行体都有一个可信度的属性值，调度单元依据可信度的大小，采用基于可信度权重的随机调度方法，即可信度越高，被优先调度的可能性越大。系统初始状态时，各个执行体的可信度相同，当某个执行体被检测出工作异常时，其可信度会急剧下降，同时，随着执行体持续正常工作时间的增加，其可信度会缓慢地提升。该调度策略在保证系统基本性能需求的基础上，追求防御安全增益的最大化。

（2）基于执行体性能权重的随机调度策略

异构执行体池中的每一个执行体都有一个性能权重的属性值，用于表征每一个执行体的性能优劣。调度器依据性能权重的大小，采用基于性能权重的随机调度方法，即性能权重越高，被优先调度的可能性越大；每个执行体的性能权重在系统初始化时由决策单元赋予，通常情况下保持不变，特殊情况出现时（如执行体系统故障等），由感知决策单元进行修改。该调度策略在为系统提供基本安全性保障的基础上，追求系统性能的最大化。执行体性能权重生成算法与可信值生成算法类似。

4. 异构执行体池

异构执行体池中存储了具有不同元功能的异构执行体单元，其具有异构性、冗余性、多样性的特点。异构执行体池保证了漏洞扫描工具的输出结果的多样性，增大攻击者分析漏洞和利用后门的难度，使整个路由系统具有入侵容忍能力。相同功能的执行体被划分到不同的子网，彼此之间相互隔离，不能通信。处于同一个子网的异构执行体属于不同的功能面。由代理插件确保不同子网内执行体数据和状态机的一致性与完整性。

理想状态下，每一种功能对应一个异构执行体池，通过灵活组装功能执行体的方法构建出一个具备全路由器功能集的路由软件实例。但由于功能执行体之间缺乏标准的接口，使得这种组装方案难以实施。实际工程中，采用粒度较粗的方法实现异构冗余，即将一个团队开发的适用于一种路由器型号的一个版本的整套软件套件视为一个全功能的异构执行体。动态调度和感知决策的对象也是整个软件套件，如果检测到 BGP 协议存在异常，则整套软件实例被认定存在问题而被调度下线，而不是仅仅调度操作 BGP 协议软件。虽然这种执行体的异构性的构建粒度较粗，但开发团队、操作系统、开发工具等均存在较大差异，依然可以保证各漏洞和后门的不一致性，使得各个执行体发生共模故障的可能性很小。

5. 感知决策单元

感知决策单元主要负责统管代理插件、多模表决、异构执行体池、动态调度等单元，它定义了代理插件的消息分发方法、多模表决单元的表决算法、动态调度单元的调度方法等。同时，它负责从多单元收集系统运行过程中的各类异常和状态信息，进行系统环境感知，并在此基础上，通过统计分析研判，实现对异构执行体的动态组合方式、多模表决算法以及代理插件等单元的运行参数的主动调整，使其自主跳变，主动防御。还要对不可信的功能执行体进行下线清洗和数据回滚，确保工作执行体实例的功能正常。

10.9.4 系统实现架构

依据系统架构设计方案，采用 SDN 技术、NFV 技术及虚实结合的方法实现 DHR 架构的拟态路由器系统。

系统分为三层，如图 10-19 所示，包括设备层、控制层和应用层。底层为设备层，采用硬件设备实现路由器的查表转发功能。中间层为控制层，实现代理插件、动态调度、多模表决和感知决策等功能。上层为应用层，部署异构执行体，实现路由控制和网络管理功能。设备层采用 SDN 交换机，控制层运行在操作系统之上，包括 OFC 与拟态插件集。应用层采用虚拟化技术和实体设备搭建

异构执行体。系统内嵌三种异构执行体，构建了一个包含三个异构执行体的
DHR 验证系统。

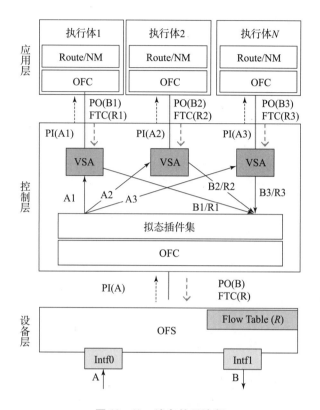

图 10-19　消息处理流程

该分层结构实际上就是在 SDN 路由器结构基础上，在 OFS 和 OFC 之间引入
了实现 DHR 功能所需的相关模块，并在 Controller 层面引入多个异构执行体。设
备层与控制层采用标准 OpenFlow 接口，建立一个 OpenFlow 通道；控制层与应用
也采用标准的 OpenFlow 接口，每一个功能执行体分别与控制层建立独立的 Open-
Flow 通道。对于 OFS 而言，它连接控制层的控制器，由控制层对 OFS 进行配置
管理。对于应用层而言，每一个功能执行体分别视控制层为一台 OFS，并对其进
行配置与管理。

消息处理流程为：需要处理的本地消息 A 经由 OpenFlowPacketIn 消息 PI(A)
承载，到达控制层，运行于控制层的代理插件对消息 A 处理后，衍生多份副本消
息（A1,A2,A3），这些副本消息被分发给多个虚拟交换机代理（Visual Switch

Agent，VSA），并由 VSA 通过对应的 OpenFlow 通道传送至应用层的各个异构执行体。各个异构执行体产生的路由、管理消息及计算得到的路由表（或称流表），通过各自 OpenFlow 通道传送给控制层的 VSA。控制层的 VSA 将 OpenFlow 通道中承载的消息解封装后，交付给多模表决单元，由它对多个异构功能执行体产生的同类消息和路由表进行判决后，通过 OpenFlow 通道封装为 PO(B)、FTC(R) 消息，下发给 OFS。对于 PacketOut 消息 PO(B)，OFS 将其中的载荷 B 从指定接口发送出去；如果是流表配置消息 FTC(R)，则更新本地流表 R。

1. 拟态插件的实现

拟态插件集中代理插件单元作为功能执行体和外部路由器之间通信的关口，需要对进出执行体的消息进行操作。这些消息包括各个层面的消息，例如 IP 层的 OSPF、ISIS，传输层的 TCP、UDP 及应用层的 BGP、RIP、FTP、SNMP 等。每一种协议都有自己的状态机，简单的复制分发可能导致各个执行体的相应协议无法正确运行。同时，还要考虑执行体的切换及上下线过程中的状态恢复、数据同步等对各个协议状态机的影响。因此，每一种类型的协议，其代理插件机制是不同的。

2. 异构执行体的实现

异构执行体要求提供标准的 OpenFlow 接口，在控制器上运行各种路由协议和管理协议。开源软件中，RouteFlow 提供了一种架构，使得一些开源路由软件无缝迁移到该架构下，实现对 OpenFlow 接口的支持。为了保证异构性，必须利用传统路由器实现对 OpenFlow 接口的支持。为此，设计了一种基于路由器的 OpenFlow 接口实现框架。如图 10-20 所示，通过在路由器前置一台 OpenFlow 交换机 OFS，并在 OpenFlow 控制器 OFC 上增加一个 APP - Mapping 软件即可构建。APP - Mapping 通过 OFC 建立两个 OpenFlow 通道，分别连接外部的 OFS 和内部的 OFS，并维护两者的接口映射表。当从外部收到 PacketIn 消息 $PI_1(A)$ 后，查映射表，将载荷 A 重新封装为 PacketOut 消息发送给内部 OFS，由 OFS 拆封装后通过 if1 接口发送给路由器 Router。同理，Router 产生消息 B 到达内部 OFS 的 ifN 后，封装为 PacketIn 消息到达 OFC，经 APP - Mapping 查映射表后，重新封装为 PON(B) 发送给外部 OFS。同时，Router 提供了 SNMP 接口，APP - Mapping 可以通过该接口获取 Router 上的路由表，生成流表，通过流表配置消息 FTC(R)

配置到外部 OFS。该框架与内置的路由器类型无关，但可以使用传统路由器实现
对 OpenFlow 接口的支持。

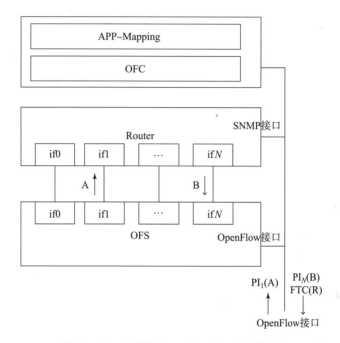

图 10 – 20　路由器 OpenFlow 接口实现框架

■ 10. 10　本章小结

　　天地一体化网络安全是发展天地一体化网络必须解决的关键技术之一，本章
首先探讨了网络安全目前现状，以及面临的问题，并介绍了天地一体化网络安全
协议体系架构，重点阐述网络内生安全总体方案，并从内生安全系统架构和原
理、路由层安全技术、终端安全接入控制技术、恶意流量清洗技术四方面详细阐
述安全设计方案，最后基于拟态路由器架构，设计了软件定义增强型拟态安全路
由器方案，把路由多层级安全技术、终端安全接入控制技术、恶意流量清洗技术
三种技术融合到拟态路由器架构上，进一步增强路由器的安全设计，可以为未来
天地一体化网络安全提供技术上的支撑。

第 11 章
天地一体化网络星载交换技术

■ 11.1 星载交换技术概述

早期的通信卫星以对地静止轨道（Geostationary Orbit，GEO）卫星为主，通过单个宽波束和星上透明弯管转发，实现广域用户通信。在多波束卫星系统中，用户位于多个波束覆盖下，因此卫星系统需具备不同波束间信息交互的能力。为实现波束间信息交互，对于高通量卫星，位于不同波束下的用户都汇聚到信关站统一接入地面网络，如果两个用户彼此通信，则需要通过地面信关站两跳转发。随着天地一体化网络的发展，发展星载交换技术成为有效的解决方案。基于星载交换技术，卫星直接进行信号处理和交换，所有用户间的通信只有一跳，也就摆脱了对地面站的依赖。在对地非静止轨道（Non – Geostationary Orbit，NGSO）卫星星座中，采用星载交换技术和星间链路可实现不依赖地面网络的全球覆盖天基组网。星载交换技术可分为分组交换技术和信道化交换技术。分组交换技术例如早期的 ATM 交换、MPLS 交换、IP 交换等，近年来，随着 SDN 技术发展和在卫星网络中的应用，星载分组交换技术不断得到应用和发展。星载信道化交换技术是一种基于数字域信号处理的电路交换技术，核心是实现数字信道化，也称柔性转发器或子带交换，即宽频带的信道被划分为多个子信道，用户利用子信道对应的载波承载信息，通过频带搬移完成多个载波之间的交换。随着微波光子技术的发展，基于微波光子的星载光电混合交换技术也得到发展，有文献提出了一种将微波光子技术与数字信道化技术相结合的卫星有效载荷，实现了 L、S、Ku、Ka 频段对应资源的多通道共享。

■ 11.2　MPLS 技术

11.2.1　MPLS 技术概述

多协议标签交换（Multi – Protocol Label Switching，MPLS）是一种在开放的通信网上利用标签引导数据高速、高效传输的新技术。多协议的含义是指 MPLS 不但可以支持多种网络层层面上的协议，还可以兼容第二层的多种数据链路层技术。随着网络技术的不断发展，IP 出现越来越多的缺陷，由于 IP 协议是面向无连接的，它无法保证服务质量，也无法保证能够提供足够的带宽资源和不影响用户使用体验的传输延迟。它给出的是一种"尽力而为"的模式，即尽最大努力来满足使用者的要求，显然无法满足对实时性要求较高的应用。ATM 技术由于交换效率问题已被放弃。MPSL 技术是在各种交换技术基础上发展而来的，其优势体现在以下几个方面：

①全部的核心路由器和各种网络设备在报文头插入一个简单的标签进行报文的转发，这种方式取代了以前的 IP 逐跳转发的行为。这样做的好处是转发速度快，对设备的负载要求小。

②因为网络需要形成 full mesh 的结构，所以每增加一台设备，就需要增加很多链路。对于网络的成本，后期的维护都是一种巨大的挑战。MPLS 技术很好地解决了这个难题。

③MPLS 的标签非常短小，只占用 4 B 的固定长度。与传统路由器采用的最长匹配寻找路径的匹配方式不同，MPLS 技术采用精确匹配的寻径方式。与 IP 报头封装机制相比，MPLS 标签的编码结构更简单，所以 MPLS 技术可以通过升级现有网络设备，很容易地构建高速交换的 LSR。

④支持多种链路层技术。MPLS 是一个运行在多种链路层技术之上的协议，它最大限度地兼顾了多种链路层技术，保证不同链路技术的互通，节约了网络资源。

11.2.2 MPLS 的基本原理

1. 转发等价类

MPLS 作为一种对报文分类的转发技术，把具有相同转发处理方式的分组归为一类，称为转发等价类（Forwarding Equivalence Class，FEC）。在 MPLS 网络中，具有相同 FEC 的报文分组的处理方式完全一致。FEC 的划分方式非常灵活，通常可以是以源地址、目的地址、源端口、目的端口、协议类型或 VPN 等为划分依据的任意组合。例如，在传统的采用最长匹配算法的 IP 转发中，到同一个目的地址的所有报文就是一个 FEC。

2. 标签

标签是一种可以提高报文分组转发性能的技术，MPLS 标准并没有规定标签的固定格式，标签的格式取决于分组封装所在的介质，通常的格式为：采用通用MPLS 标签封装格式对那些没有内在标签结构的介质进行封装，在数据链路层与网络之间插入一个特殊的格式进行填充。通用的 MPLS 标签的结构如图 11 – 1 所示。

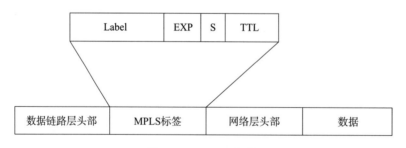

图 11 – 1 MPLS 标签

MPLS 标签共分为 4 个部分：

Label：标签值字段，其长度为 20 bit，用来标识一个转发等价类。

EXP：优先级字段，长度为 3 bit。EXP 在 MPLS 网络上用来提供差分服务，为提供端到端 QoS，可以在 MPLS 网络边界上将 VLAN 优先级或 IP 优先级复制到字段中。

S：栈底标志，占 1 bit，用来指示标签条目是否位于栈底。

TTL：生存周期字段，长度为 8 bit，用来指示 MPLS 分组的存活时间。在 MPLS 网络边界设置时，每经过一个 MPLS 网络中继段，TTL 的值减 1。如果链路层协议具有标签域，如 ATM 的 VPI/VCI，则标签封装在这些域中；否则，标签封装在链路层头和网络层数据之间的一个垫层中。这样，任意链路层都能够支持标签。

3. 标签交换路由器（LSR）

位于 MPLS 网络中间的路由器，主要作用是转换标签用于路由，当标签交换路由器接收到一个分组时，它首先会去查位于分组头部的标签，以此来判断转发路径。然后旧的标签被移除，替换为新的标签。

4. 标签边缘路由器（LER）

MPLS 网络边缘的路由器，根据流量的转发方向的不同，可以分为 Ingress LER 和 Egress LER。Ingress LER 的主要作用就是给进来的报文添加标签，Egress LER 则是在报文出 MPLS 网络的时候，把报文上添加的 MPLS 标签剥掉，使报文恢复到进入 MPLS 网络之前的状态。

5. 标签交换路径（LSP）

一个分组在 MPLS 网络中经过的路径称为 LSP（Label Switch Path，标签交换路径）。在一条 LSP 上，沿数据传送的方向，相邻的 LSR 分别称为上游 LSR 和下游 LSR。

6. 标签栈

在 MPLS 网络中，由于每一条 LSP 隧道都会给报文分组分配一个标签，当有很多 LSP 隧道嵌套在一起时，标签也会依次叠加，形成标签栈。标签栈的概念和数据结构中的栈一致，也是遵循先进后出的原则来对标签执行进栈和出栈的动作。通常情况下，在 LSP 隧道的入口执行标签入栈的动作，出口执行标签出栈的动作。

11.2.3　MPLS 的工作过程

MPLS 的网络结构如图 11-2 所示，MPLS 的工作流程可以分为两个方面，即网络的边缘行为和网络的中心行为。

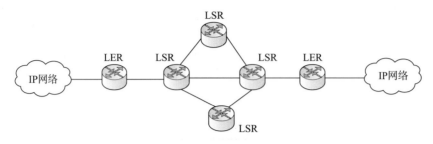

图 11 - 2　标签交换网架构

1. 网络的边缘行为

当 IP 数据包到达 MPLS 网络边缘路由器时，首先，MPLS 网络边缘路由器分析 IP 报文头部的信息，根据它的目的地址和业务的优先级进行区分。在边缘路由器上，MPLS 使用了 FEC 的概念来将输入的数据流映射到一条 LSP 上。所有 FEC 相同的包都可以映射到同一个标记中。数据包分配到一个 FEC 后，边缘路由器就可以根据标记信息库（LIB）来为其生成一个标记。标记信息库将每一个 FEC 都映射到 LSP 下一跳的标记上。如果下一跳的链路是 ATM，则 MPLS 将使用 ATMVCC 里的 VCI 作为标记。转发数据包时，LER 检查标记信息库中的 FEC，然后将数据包用 LSP 的标记封装，从标记信息库所规定的下一个接口发送出去。

2. 网络的核心行为

每当有封装 MPLS 标签的数据包到达标签交换路由器的时候，标签交换路由器首先获取数据包中的入栈标记，并且以此标记作为索引去查找标记信息库。查到相关的信息后，取出出栈的标记，替换掉入栈的标记，然后从标记信息库中的下一跳接口把数据包发送出去。最后，当数据包到达了 MPLS 域的另一端时，LER 剥去封装的标记，仍然按照 IP 包的路由方式将数据包继续传送到目的地。

■ 11.3　MPLS 技术在星载交换系统中的应用

1. 星载交换需求分析

由于卫星通信网络具有星上资源有限、星间链路误码率较高等特点，要求交换技术能尽可能地节约网络资源且具有一定的检错纠错能力；同时，随着通信技术的发展，越来越多的用户对通信实时性提出了更高的要求，需要更快捷高效的星上交换；随着通信新业务类型的不断涌现，不同种类的业务往往需要通信网络为其提供差异化的服务，对通信质量在各方面的要求也更加多元化。MPLS 技术将不同长度的数据分组拆分成定长信元进行传输，能够很好地衔接不同类型的网络；其在传输过程中只对标签进行替换和删除等操作，避免分析 IP 包头中的目的地址造成的时间及资源开销，是一种适用于卫星通信的较为高效的交换方式。

卫星互联网的发展，需要具有基于面向连接的，支持 QoS 业务和流量控制的架构，设计可靠而强大的流量工程方法应用于卫星互联网。然而，主导地位的无连接互联网协议（IP）并没有很好的流量工程用于未来基于 IP 的核心网络。多协议标签交换技术专为互联网骨干网设计，它允许通过将数据包转发与 IP 报头中携带的信息分离，为传统 IP 通信采用新的模式，通过将路由信息分发到网络的核心路由器并在入口点为 IP 分组分配短的固定长度的标签来实现。

MPLS 已经被提出用于具有多个点波束的地球静止轨道（GEO）系统，主要是为了简化星上交换的复杂性。然而，在这样的环境中，具有挑战性的技术问题出现了：在这种环境中，大量的通信量必须在几十个或几百个为点波束服务的输入/输出端口之间进行切换。

与此相反，低地球轨道（LEO）卫星通过 ISL 互联的情况有所不同，由于每个卫星的 ISL 数量受到严格限制，因此必须在少量端口之间切换可能的高流量负载，这使得具有 ISL 的星座网络更类似于地面主干网。

2. 卫星 MPLS 网络与地面 MPLS 网络的差异

一个完整的卫星 MPLS 总体方案由组网方案、数据传输方案、信令控制方案及 QoS 机制这四个部分构成，每个部分与地面网络的差异是有区别的。其中，总体方案的信令部分仍然以 IP 体制相关的路由、资源预留等协议为主。由于这类协议通常采用 TCP 协议对抗传输丢包并且能够容忍秒级的传输延时，因而具有非常好的弹性，可直接应用到卫星系统的设计中。此外，QoS 机制的设计与网络的业务类型、资源情况及节点处理能力具有密切的关系，因此在地面网络中也没有一个统一的硬性方案。卫星 MPLS 网络即使基于 IP 的 DiffServ 模型进行设计，也不必支持模型规定的 QoS 处理的所有细节。组网方案的主要任务在于定义节点功能及描述网络拓扑结构，卫星网络与地面网络的差异主要是需要进行适当的星、地功能分割。星、地网差异影响较大的是数据传输方案的设计。在地面网络中，MPLS 技术主要用于有线传输系统，链路质量远远优于卫星无线通信系统。

　　3. 卫星 MPLS 网络的组网方案

　　卫星 MPLS 网络组网方案如图 11-3 所示。网络包含四种通信节点：卫星节点、网络控制中心、卫星网络接入设备、网关站，每种节点的功能如下：

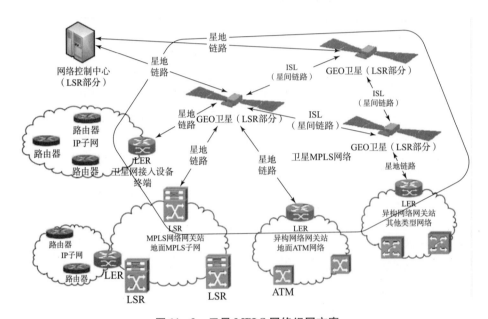

图 11-3　卫星 MPLS 网络组网方案

　　（1）卫星节点

　　卫星节点是指具有星载交换能力的 GEO 卫星。卫星不是一个完整的 LSR，它只处理业务的传输，而不处理信令。

　　（2）网络控制中心

　　网络控制中心与卫星一起构成一个完整的 LSR，处理 MPLS 网络的信令。

　　（3）卫星网络接入设备

　　卫星网络接入设备是地面用户 IP 子网到卫星 MPLS 网络的接入点，担任 LER 的功能。卫星 MPLS 系统不能延伸至业务终端，因此，卫星用户接入设备应该是连接具有一定规模子网的地面设备，可以是卫星地面站，也可以是机载、车载或者船载卫星网络接入设备，但不可能是手机等小型终端用户设备。

（4）网关站

网关站有两种类型：一种连接地面 MPLS 网络，称为 MPLS 网络网关站；另一种连接地面异构网络（如 ATM、帧中继等），称为异构网络网关站。前者是 LSR，处理边界上的传输分组格式转换、标记格式转换、QoS 协商以及 LSP 的维护任务。后者是 LER，主要功能是通过 MPLS 隧道 LSP 为二层异构网络数据分组提供点到点的"电路"传输服务。

4. 卫星 MPLS 网络的协议框架结构

卫星 MPLS 网络的协议框架结构设计如图 11－4 所示。整个协议按照"数据面""控制面"及"管理面"分为三个"面"，每一个"面"又分为若干"层次"，这符合当前网络广泛采用的协议框架模型。图 11－4 所示的卫星 MPLS 网络协议框架结构中，每个"面"需要解决的问题如下：

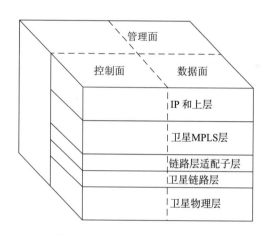

图 11－4　卫星 MPLS 协议架构

（1）数据面

解决业务的传输问题，给出业务在 LSP 的入口节点 LER、中继节点 LSR 以及出口节点 LER 处的处理方案。

（2）控制面

解决资源分配，以及 LSP 的建立、维护及拆除过程中的信令交互问题，给出信令方案以及处理流程。

（3）管理面

解决网络运行过程中的状态监视、参数收集以及错误处理问题。

5. 卫星 MPLS 系统功能模块设计

虽然 MPLS 技术在地面网络中已有应用，但在卫星通信网络中还很不成熟，卫星网络拓扑实时变化、星间链路切换频繁等特点为 MPLS 技术的应用带来一定挑战，基于这些特性，根据卫星网络 MPLS 组网的功能及其通信流程，将其架构分为四个模块：状态模块、路由计算模块、信令模块和 LSP 维护模块，如图 11 – 5 所示。

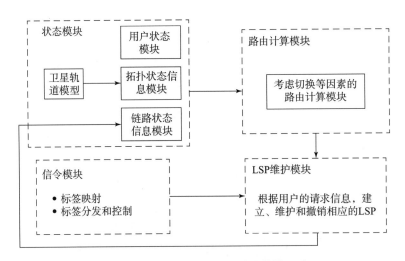

图 11 – 5　卫星 MPLS 系统功能模块设计

（1）状态模块

状态模块的功能是提供网络拓扑信息，如链路时延、剩余带宽等，以备路由计算之用，它由用户状态模块、拓扑状态信息模块和链路状态信息模块三部分组成。其中，用户状态模块向路由计算模块提供用户的 QoS 需求；拓扑状态信息模块基于卫星网络拓扑变化的可预测性，通过拓扑变化函数获取节点连接及切换状况等拓扑信息；链路状态信息模块则为路由计算模块提供链路变化情况，如剩余带宽、链路是否失效等。

（2）路由计算模块

路由计算模块的功能是计算从源节点到目的节点的一条标签交换路径 LSP，数据分组将沿该路径进行转发。路由计算分为无约束路由和基于约束的路由两种，前者通过状态模块提供的信息，计算从源节点到目的节点的最短路径，以此作为逐跳路由的基础；后者则基于流量工程，综合考虑业务 QoS 需求等指标，通过一定的约束路由算法计算出当前网络状况下的最优路径，以均衡负载、提升网络资源利用率。因此，路由计算模块是实现流量工程的基础，也是最重要的功能模块。

（3）信令模块

信令模块的功能是映射、维护、分配和撤销标签，可支持多种协议，如 LDP、基于路由受限标签分发协议和基于流量工程扩展的资源预留协议等。

（4）LSP 维护模块

LSP 维护模块的功能是建立、维护和撤销标签交换路径 LSP，当用户发出建路请求时，该模块根据路由计算模块提供的路由计算结果及相应的路由协议，建立 LSP 并进行维护，当数据分组传输结束时，LSP 被撤销。在此过程中，节点及链路资源将会发生变化，这些变化由状态模块进行收集并提供给路由计算模块，以实现网络状态信息和路由计算的实时更新。MPLS 影响到了 IP 数据分组的转发机制和路径选择，在一定程度上导致了通信网络基础结构的重新构造，基于功能对其进行架构设计与模块划分，有利于整个网络各部分更加紧密高效地运作。

▮ 11.4　信道化交换技术

在卫星宽带柔性转发器的设计中，信道化交换技术是关键技术之一，通过高速交换网络能够对细粒度的宽带信号中的各个子带进行交换，实现大量终端中的不同业务间的高速实时通信。在卫星宽带柔性转发器中，交换系统对子带信号依据路由表进行透传式的交换处理。高速交换系统作为宽带柔性转发器的核心部件，能够与重构滤波器组一起完成多波束的高速数据处理，能够实现波束到波束、子带到子带的任意转发，从而完成多个用户不同数据之间的高速实时通信。

宽带柔性转发器结构框图如图 11-6 所示。

图 11-6 中交换网络的功能是实现信号在不同波束的不同信道间的交换，将接收到的信号按照控制信息的要求交换至目的波束的目的子信道，实现信息的透明转发。高速接口模块的功能是正确接收多路高速的波束信号，并完成组帧的过程，以配合下一级的交换。路由表存储模块能够正确接收与解析信关站发送的交

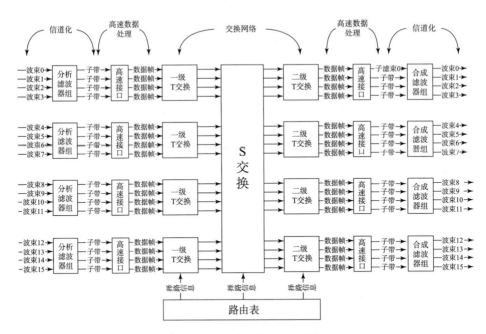

图 11-6　宽带柔性转发器结构框图

换控制指令，并将交换指令提供给交换网络可控制交换完成。在交换网络设计中，需要 T 型时隙电路交换单元和 S 型时隙电路交换单元。下面详细设计说明。

1. T 型和 S 型电路交换

在数据的交换处理方式上，交换技术分为两类：电路交换和分组交换，这两种交换技术实现的都是物理层或数据链路层上信息之间的交换。其中的电路交换，最早应用在电话通信网中，电路交换的本质是时隙交换。在通话的整个过程中，电路交换的动作只在通信建立时完成，在别的时候不起作用。电路交换的特点在于用户在通信链路建立后，始终使用一条物理链路，该链路不会被其他用户所共享，通信的整个过程如图 11-7 所示。

一个交换网络的设计，最基本、最重要的就是网络中的交换单元的设计。若干个交换单元如果按照一定的拓扑结构加上选定合理的控制方式，就可构成一个交换网络。交换单元最基本的功能就是实现数据在不同通道之间的交换，它能够在任意的输入线与输出线之间建立模拟或数字的连接通道，将输入线上的输入信息发送到输出线上。

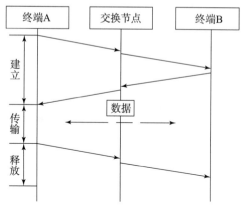

图 11-7　电路交换过程图

（1）T 型时隙交换单元

T 型时隙交换单元所具有的功能是实现一个波束内不同子带数据之间的交换。在宽带柔性转发器结构中，将宽带信号信道化后，如果按照路由表中的交换指令需求，需要对同一路信号上的不同信道进行交换时，可以利用 T 型时隙交换单元来实现。它只对一路数据上的不同时隙起到交换作用，而不能交换不同波束之间的数据。

T 型时隙交换单元包含数据存储器（SM）和控制信息存储器（CM）两个基本部分，它的结构如图 11-8 所示。数据存储器 SM 接收入线数据，设计的入线数据是已经信道化后的各波束子带信号，控制信息存储器 CM 用来控制 SM 中的数据读出到出线上，CM 中的数据是由控制器中发送过来的交换控制指令。

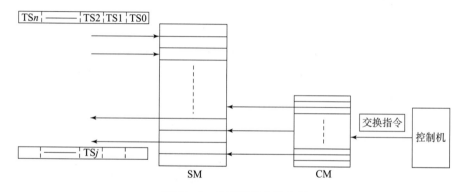

图 11-8　T 型时隙交换单元

（2）S 型空分交换单元

S 型空分交换单元，功能是完成不同波束间的数据交换，也就是完成不同空间上信息数据的交换。S 型空分交换单元的结构如图 11 - 9 所示。S 型空分交换单元的结构分为 $M \times N$ 个交叉点矩阵和控制信息存储器两部分，每条入线与出线之间存在一个受控的结合点。可以完成对传送同步时分复用信号的不同复用线间的交换功能，但不能对同一根复用线上传输的波束信道化后的不同子带之间进行交换。

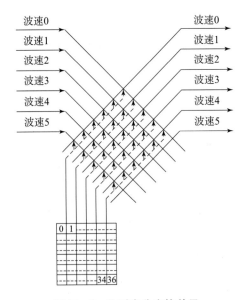

图 11 - 9　S 型空分交换单元

2. 星载交换网络设计

星载交换网络设计是整个宽带高速柔性转发器的核心构成部分，交换网络一般由一个或多个交换单元组成，它们按照一定的拓扑结构连接，通过选择合适的存储与控制策略，可以实现数据的交换。设计目标是低阻塞率、结构简洁、运维方便。设计要能够根据信关站控制中心发送的交换指令，把子带数据交换到指定的输出端口与子带序号位置。设计中要用到 T 型时隙交换单元和 S 型空分交换单元。

T 型时隙交换单元可以实现时隙之间的数据交换，S 型空分交换单元可以实现空间波束之间的交换。系统中交换网络的功能应能实现信号在不同波束的不同子信道间的交换，将接收到的信号按照控制信息的要求交换至目的波束的目的子信道，实现信息的柔性转发。

（1）T 型时隙交换单元工作原理

图 11 – 10 所示是一个 4 × 4 T 型时隙交换单元的交换单元。T 型时隙交换单元控制方式设计为顺序写入，控制读出。波束 0 到波束 3，四路宽带信道化后的数据通过复用器按顺序存入数据存储器中，数据存储器的容量应为一个波束中数据量的四倍，读出时，先由控制地址存储器读取数据作为数据存储器读取地址，将数据读出后，又通过分路器将串行数据分为四路波束数据并行输出。设计中使用到了复用器与分路器，复用器起到的作用是串/并转换以及相应的重新组帧，高速速率数据经过复用器后，数据速率会降下来，这样便于后面的存取操作，而分路器则起到了并/串转换及解帧功能。

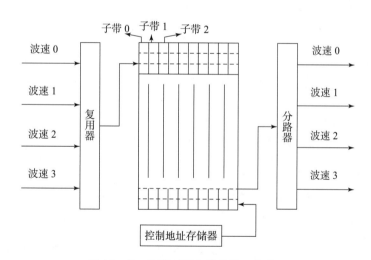

图 11 – 10　T 型时隙交换单元工作原理

（2）S 型空分交换单元工作原理

图 11 – 11 所示是一个 8 × 8 S 型空分交换单元。S 型空分交换单元设计成输出控制方式，由 8 × 8 个交叉点矩阵和控制信息存储器组成。在每条输入线 i 与输出线 j 之间都有一个交叉节点，利用存储器读取的控制信息来控制每个交叉节点的闭合，可以完成信息空间位置上的交换。如图 11 – 11 中所示的控制波束 1

到波束 2 的交换，首先由控制器向控制存储器写控制指令，当时隙到来时，将 1 线和 2 线的交叉节点闭合，数据就可以从波束 2 上输出。

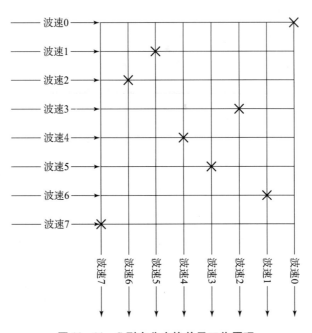

图 11-11　S 型空分交换单元工作原理

（3）T-S-T 大容量交换网络架构

T-S-T 大容量交换网络架构是一个三级网络架构，大容量三级交换网络由若干个 T 交换单元和 S 交换单元构成，整个交换网络设计成 T-S-T 型，拓扑结构设计整体框图如图 11-12 所示，可以实现同时处理转发 16 路的宽带信号。第一级交换由 4 个 T 型时隙交换单元组成。其中每个 T 型时隙交换单元负责对 4 路波束数据进行子带交换。第二级的交换单元由一个 S 型空分交换单元组成，功能是对已经完成第一级交换的 4 路不同数据之间进行空间交换。第三级交换依然是由 4 个 T 型时隙交换单元组成的，功能与第一级交换的相同。第一级中，4 个 T 型时隙交换单元相同，每个 T 型时隙交换单元负责对 4 个波束数据的处理。每个波束都会通过数字化处理后成为包含 1 024 个子带的信道化宽带信号。T 型时隙交换单元设计成具有 4 条输入线与 4 条输出线的结构，中间过程通过顺序写入，控制读出的交换方式，完成 4×1 024 个子带之间的交换，端口利用复用器与分路器的串/并转换功能将 4 路数据并/串转换后输入和串/并转换后输出。可以将 4 个波束的子带数据集中在一个 T 型时隙交换单元内进行交换，完成 4 个波束之间的数据交换。第三级中，4 个 T 型时隙交换单元与第一级的类似。第一级与第三级的 T 型时隙交换单元能够同时处理各自内部的 4 096 个子带的交换过程。要实现 16 个波束之间的全子带交换，通过 S 型空分交换单元来完成不同波速信号之间的交换。S 型空分交换单元与 T 型时隙交换单元的工作原理类似，它的时隙由信关站发出的指令控制。整个交换网络工作原理如图 11 – 12 所示。其由三级交换构成，一、三级交换结构中包括 4 个 T 交换单元。每一个 T 交换单元与 S 交换单元都采用 4×4 的交换结构。每个交换单元有 4 个端口。所有的交换单元依靠各自的功能与整体的拓扑连接构成了一个 16×16 的交换网络。

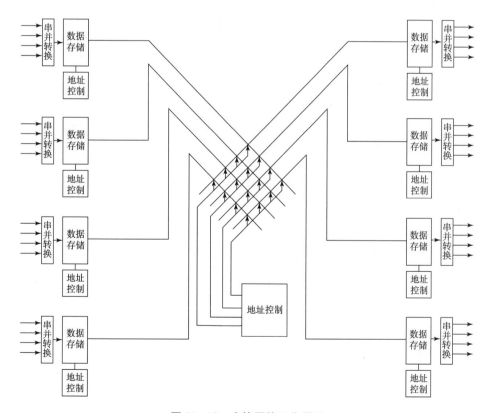

图 11 – 12　交换网络工作原理

▉ 11.5　本章小结

　　本章首先描述了 MPLS 交换技术的原理和工作过程，阐述了 MPLS 交换技术在星载交换系统中的应用、卫星 MPLS 协议功能框架、卫星 MPLS 系统功能模块设计；其次阐述了星载信道化交换技术，其是一种电路交换模式，阐述了 T 型和 S 型电路交换原理，以及星载交换网络架构的设计。总之，星载交换技术是天地一体化网络星上处理的一个基本问题，虽然已有不少研究，但随着软件定义卫星网络应用，又有许多新问题需要研究，这些问题的解决必将大大提升未来天地一体化网络的性能。

第 12 章

天地一体化网络边缘计算

12.1　边缘计算概述

12.1.1　从云计算到边缘计算

在过去十多年的发展里，云计算带来了信息和通信技术（ICT）领域的革命性变革。数据中心作为云计算的骨干和底层资源架构，其规模和数量不断增长。技术的不断进步促成包括增强现实、交通监控、车辆跟踪和交互式视频流等新的实时应用普及，这类应用程序需要实时响应，来自远程云数据中心的延迟是云计算模式的主要限制之一，因为用户对云计算的请求在到达云服务器之前必须跨越多个节点，因而增加了响应时间。此外，移动设备的激增，将产生大量数据，并且物联网（IoT）设备不断增长的数据速率将给云计算基础设施带来进一步的挑战。物联网设备从周围环境收集感官数据，需要提供可扩展的基础设施来通信、处理和存储数据。这类设备的数量将达到数十亿台。大量传感器监测网络，并向网络注入动态实时数据。物联网平台要求低延迟通信，需要支持高移动性和实时数据分析。云计算对延迟敏感且数据密集的物联网应用是一个挑战。对实时响应和不断增长的数据需求，需要新的解决方案，其中边缘计算正在成为应对这些挑战的可行解决方案，其提供实时响应和近端云服务。边缘计算通过将边缘设备上的网络和计算资源靠近最终用户来增强云计算。边缘设备可以是路由器、网关、交换机或基站，为服务提供商的核心网络提供入口点。边缘设备需要有足够的计算和存储资源来满足终端用户的实时性和资源密集型需求。通常，边缘计算平台由接入点、交换机、边缘路由器、服务器和最终用户设备的异构基础设施组成。与云计算相比，边缘计算提供了低延迟和减少的数据流量，因为应用程序局限于边缘部署的区域。边缘计算系统架构如图12-1所示。

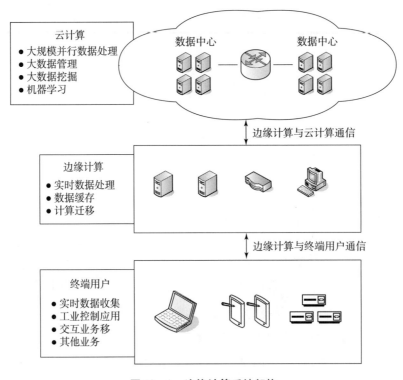

图12-1　边缘计算系统架构

12.1.2　边缘计算的目标

1. 减少流量负荷

在传统网络架构中，用户和互联网交互模型涉及用户对互联网服务的短时间请求和接收响应。对于一些请求的服务，例如文件下载，特别是视频点播或实时视频流，具有包括从用户到服务提供商（SP）非常小的数据请求，以及从SP到用户的大量数据流的特点。考虑到从互联网流向用户的数据量巨大，通常采用各种解决方案，如数据网络（CDN）和缓存等方式，从而减少用户的数据和延迟。

未来的智能和物联网应用环境将是大量数据传输到互联网，虽然在带宽和服务器处理方面有了显著的改进，但网络的性能仍然会受到巨大的访问峰值的影响。边缘计算技术在非常小的延迟和数据过滤方面提供了一个可行的解决方案，以实现未来的物联网、物联网和智能世界的愿景。如果将边缘位置用作数据传递和共享点，则可以节省内容数据网络 CDN 和网络边缘之间的大量传输数据。在移动边缘处的缓存可以节省大量的回程网络通信量。边缘位置可以执行实时视频转码，以创建所需的视频表示版本，最大限度地减少存储需求，最大限度地减少访问延迟，最大限度地提高观众的 QoE。

2. 最小化时延

对于需要实时响应的应用程序来说，对云计算时延是很大的挑战，例如智能交通系统、游戏、流媒体直播应用程序和其他安全关键应用程序，这些应用程序的时延是无法容忍的。此外，云计算中心服务器的高处理负载可能会导致计算密集型应用程序的可伸缩性问题，并增加网络开销，导致响应时间缓慢和互联网带宽的过度利用。网络间的数据传输导致延迟和拥塞增加。

3. 减少云端负载

在互联网中，随着位置感知等服务的增加，终端用户设备每天都会产生大量的数据。此外，物联网支持的智能城市，部署了数千个传感器，每秒生成的元组数将高出很多。当这些高速实时数据流被发送到集中的云服务器时，主干网将变得拥挤，云服务器将负担过重。应用程序提供者可以利用边缘计算在本地处理数据，以过滤不必要的数据，并为部署边缘附近的用户生成实时响应。数据还可以在发送到云端之前进行处理，从而减少网络流量和云端服务器的处理负担。

4. 减少终端用户设备上的负载

终端用户设备和物联网产生大量数据，需要对这些数据进行某种形式的分析，以生成有用的信息。然而，如果终端设备执行如此复杂的任务，它们可能很快就会耗尽资源，例如电池耗尽。此外，由于技术的异质性，设备可能不兼容，因此，终端设备可以将一些高处理任务卸载到附近的边缘，以减少负载。并非从终端设备生成的所有数据都有助于有用信息的计算。可以在边缘使用某种形式的数据过滤来丢弃冗余数据，并且只将过滤后的数据发送到云。

5. 降低能源消耗

终端用户移动设备和物联网受到计算能力、电池寿命和散热的限制。边缘计算支持将能耗应用程序从资源受限的最终用户设备卸载到边缘服务器。大多数算法的目标是最小化移动设备的能量消耗，同时，受到卸载应用程序可接受的执行延迟的影响，或者在这两个度量之间找到一个最佳的权衡。使用云服务的能耗通常主要取决于以下因素：

> 访问服务的最终用户设备的能耗。

> 数据中心的能耗，包括内部网络、存储和服务器的能耗。

> 用户与云之间交换的流量。

> 要执行的任务的计算复杂性。

> 共享计算资源的用户的数量等因素。

> 传输网络（聚合、边缘和核心网络）的能量消耗。

如果应用程序或其组件可以从集中式数据中心卸载并在边缘计算服务器上运行，那么边缘计算服务器可以为某些可以节省能源的应用程序补充云计算。此外，通过采用智能客户端缓存技术，优化边缘和云之间内容的同步频率，可以节省能源。边缘位置的数据缓存减少了核心网络的负担，这使得能够使用诸如自适应链路速率之类的绿色技术来降低链路速率，从而使链路能量成比例。

6. 数据中心计算卸载

通过边缘计算将需要有限资源的数据中心的计算卸载到边缘节点。比如将高分辨率的照片和视频从用户设备上传到云端会占用大量带宽，在互联网连通性较差的地区可能需要花费大量时间。类似的问题也出现在实时健康监测应用程序或智能城市应用程序中，其中来自监控摄像头和其他传感器的实时数据流需要上传到云端。在上传到云端之前，可以利用边缘计算将一些与压缩相关的任务传输到靠近最终用户的边缘设备。此外，边缘计算还可以用来加密用户数据，而不是将原始数据上传到云中，从而确保中间跳中用户数据的安全性和隐私性。

12.1.3　一些边缘计算术语

边缘计算技术包括了位于网络边缘的各种新兴技术，以提供计算和存储资源，以最小延迟交付实时通信。下面是一些典型边缘计算技术概念。

1. 雾计算（FOG computing）

雾计算代表了一个平台，它将云计算带给终端用户。雾计算这个术语最初是由 Cisco 提出的。雾计算的主要焦点是为网络边缘和网络设备提供虚拟化服务，包括处理和存储以及提供网络服务。

术语"雾"与现实生活中的雾有相似之处。由于云层远高于天空，雾离地球更近。雾计算也使用了同样的概念，虚拟化的雾平台部署在更靠近最终用户的地方，即在云和最终用户的设备之间。尽管云和雾模式共享几乎相似的一组服务，例如计算、存储和网络，但是两者之间还是有一些区别的。雾的部署目标是一个特定的地理区域，设计用于需要实时响应且延迟较小的应用，例如交互式和物联网应用。另外，云是集中式的，而且大部分距离用户较远，因此，它在实时应用程序的延迟和响应时间方面受到一些性能限制。在一端为云，另一端为物联网设备的双层架构中部署物联网，无法满足低延迟、"物"的移动性和位置感知的要求。图 12 - 2 所示是基于雾计算的三层架构，其中第一层包括部署在作为终端用户设备的物联网设备。第二层是雾计算部

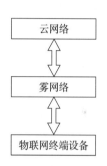

图 12 - 2　基于雾计算的三层架构

分，通过路由器、接入点、无线接入网或 LTE 基站与最终用户连接。第三层是云的数据中心。通过采用三层架构，雾计算允许物联网应用程序和服务在网络边缘以及网络中运行，包括网关、路由器、接入点、机顶盒、机器对机器（M2M）网关等。此外，这样的配置允许雾计算在网络边缘处理数据时执行实时监视、驱动，具有减少的延迟数据分析、改进的 QoS，并节省带宽。由于密集的地理覆盖和分布式操作，雾计算提高了系统的容错性、可靠性和可扩展性。雾计算还可以在将数据发送到云之前对其进行预处理，这可以进一步降低云网络的负载。

雾计算是一种新的模式，除了它从云计算继承的问题之外，它还面临着各种各样的挑战。这些挑战包括异构设备的管理、体系结构问题、安全性、移动性和隐私问题。雾计算由不同类型的设备组成，采集不同类型的数据。异构设备之间的互操作性是一项具有挑战性的任务。此外，为了正确管理资源和负载平衡，需要一个高效的资源调度程序。为异构设备和数据设计这样的资源调度器是一项具

有挑战性的任务。对设备（尤其是运行实时应用程序的设备）进行适当的监视和管理也很重要。此外，流量监控和计费机制也是必需的。

2. 移动边缘计算（MEC）

MEC 是由欧洲电信标准协会（ETSI）引入的边缘技术。MEC 的重点是 4G 和 5G 蜂窝网络中的无线接入网（RAN）。MEC 通过在基站上提出计算和处理资源的配置来提供边缘计算。

MEC 旨在将云计算能力和 IT 服务环境带到蜂窝网络的边缘。MEC 提供更低的延迟、接近度、上下文和位置感知以及更高的带宽。MEC 服务器部署在蜂窝基站处，使得能够为客户灵活而快速地部署新的应用程序和服务。MEC 可以设想为运行在移动网络边缘的云服务器，执行传统云网络基础设施无法实现的特定任务。MEC 没有将所有流量转发到远程云，而是将集中云的目标流量转移到 MEC 服务器。这样，运行应用程序并执行相关处理任务的 MEC 服务器更接近蜂窝用户，从而减少了网络拥塞和应用程序的响应时间。要么直接在 MEC 服务器上处理请求，并向终端用户发送快速响应；要么在某些情况下，请求可能被转发到远程云。

2014 年 9 月，ETSI 公布了 MEC 的行业规范。这组研究人员正在开发系统架构，并对 MEC 所必需的一些 API 进行标准化。2013 年，诺基亚推出 MEC，作为实现自动驾驶的一个步骤。通常，汽车和中央云之间的通信具有超过 100 ms 的端到端延迟。具有分布式 MEC Cloudlet 的基站显示出低于 20 ms 的端到端延迟。诺基亚在 LTE 基站中引入了 MEC 和地理服务应用程序，实现了更快的通信。通过 LTE 联网驾驶，汽车现在几乎可以在更远的距离和视线之外进行实时通信。这使得汽车在紧急情况下可以提前减速。

3. 微型数据中心（MDC）

微软研究院引入了微型数据中心的概念，作为当今超规模云数据中心的延伸。与 Cloudlet 类似，微型数据中心的设计还可以满足需要较低延迟或在电池寿命或计算方面面临限制的应用程序的需求。微型数据中心是一个独立的、安全的计算环境，包含运行客户应用程序所需的所有计算、存储和网络设备。考虑到 IT 负载，微型数据中心的大小可以从 1 kW 到 100 kW 不等，以满足可扩展性和延迟需求，如果将来需要更多容量，也可以进行扩展。

微型数据中心在需要实时或近实时数据处理的领域有许多应用。例如，但不限于工业自动化、环境监测、石油和天然气勘探、建筑工地或任何其他需要现场和实时处理大量数据的应用。需要能够快速部署和重新配置的系统。施耐德电气公司提供微型数据中心解决方案，如智能存储库和智能数据安全。智能存储库设计用于在 42U 机架组件中承载 85 个虚拟机。该公司还提供较小的微型数据中心解决方案，其尺寸为 23U，部署在单机架机箱中。

4. 微云技术（Cloudlet）

Cloudlet 是由 CMU 的一个团队开发的。与雾计算一样，Cloudlet 也代表了 3 层架构的中间层：移动设备 – Cloudlet – 云。Cloudlet 被视为"盒子里的数据中心"，目的是让云服务更接近移动用户。在内部，Cloudlet 由一组资源丰富的多核计算机组成，这些计算机具有高速互联网连接和供附近移动设备使用的高带宽无线 LAN。为了安全起见，Cloudlet 被封装在一个防篡改的盒子里，以确保未受监控区域的安全。

尽管技术上有了显著的进步，但与笔记本电脑和服务器等其他固定设备相比，智能手机等移动设备仍然存在资源不足的问题。这主要是因为它们体积更小，内存更少，电池寿命更短。另外，各种移动应用程序的开发也在显著增加。大多数新兴应用，如增强现实、交互式媒体、语音识别、自然语言处理等，都需要更多的资源，以最小的延迟进行处理。为了满足这些需求，Cloudlet 被设计成具有虚拟化特性，专门为移动用户提供计算资源。移动设备充当瘦客户端，可以通过无线网络将计算任务卸载到部署在一跳之外的 Cloudlet。然而，Cloudlet 在移动设备附近的存在是必要的，因为执行应用程序的端到端响应时间必须更小且可预测。如果一个设备超出了 Cloudlet 的范围，那么它平滑地切换到远处的云服务，或者在最坏的情况下，完全依赖于它自己的资源。Cloudlet 在管理上的简单性使得部署在一个商业场所或靠近一个实验场的地方变得很简单，因为那里的设备产生了大量需要处理的数据。一个示例应用程序可以是基于移动电话的语言翻译应用程序。在 Cloudlet 上运行的 VM 从移动设备接收捕获的语音，执行语音识别和翻译，并将输出返回到移动设备。Cloud 和 Cloudlet 的一个基本区别是 Cloudlet 只包含数据或代码的软状态，而 Cloud 可以同时包含软状态和硬状态。因此，Cloudlet 的故障不会导致移动设备的数据丢失。

■ 12.2　卫星网络移动边缘计算

卫星移动边缘计算应用于天地一体化网络，主要完成两个方面的功能：一个是计算卸载，能够为用户设备提供广泛的计算能力；另一个是内容缓存/存储，它能够缓存内容和存储数据文件，以减少来自远端云平台的重复传输。

计算卸载：在云平台中，由于广域网的传输"瓶颈"，延迟或延迟抖动是不可避免的。对于资源有限的天地一体化网络用户，将计算任务卸载到一些本地MEC 服务器将大大减少延迟，因为不需要与远端云平台交互。对于一些对时延敏感的应用，如游戏和车辆网络，用户感知的时延将显著降低。此外，对于一些计算量大的应用，智能手机、平板电脑等移动用户设备的计算能力大大增强，能耗也有所降低。

除了本地执行，还有两种计算卸载模式：第一种是完全卸载，将所有密集的计算任务卸载到 MEC 服务器上。当用户设备的电池不足并且用于数据传输的能量消耗不高时，该模式适用。第二种是部分卸载，用户决定是否将任务卸载到MEC 服务器。部分卸载的一个简单策略是，如果数据文件的延迟和数据传输能量是可接受的，则在 MEC 服务器中执行任务；否则，在用户设备中执行任务。

内容缓存/存储：用户数据特别是多媒体数据的爆炸式增长给移动网络带来了巨大的压力。天地一体化网络面临的流量爆炸的挑战也非常严峻。使用缓存来减少数据传输是一种非常有效的手段，超过一半的 HTTP 内容是可缓存的。通过将内容缓存在卫星或地面站中，可以避免相同内容的重传，大大减少天地一体化网络的业务量。此外，内容缓存可以用来加速 HTML 网页和其他应用程序，并进一步减少用户感知的延迟。除了基于 Web 的缓存之外，它还可以提供额外的存储容量来支持音频或视频多媒体数据文件的存储。如果内容在卫星移动边缘计算服务器中预缓存或预下载，则可以使用冗余消除（RE）来减少不必要的流量。

在天地一体化网络中，用户通过地面站和 LEO 卫星接入互联网。天地一体化网络中计算卸载具体实施可以包括如下方式。

模式一：近地面卸载（Proximal Terrestrial Offloading，PTO），即卫星移动边缘计算服务器部署在靠近用户的地面站。这种模式与传统的 MEC 非常相似。将计算任务卸载到卫星移动边缘计算服务器上，避免了到卫星的回程传输，因此可以显著减少延迟。此外，整个天地一体化网络的流量也将得到缓解。此模式要求地面站具有广泛的计算能力，适用于密集用户的地面站中继通信。

模式二：星载卸载（Satellite – Borne Offloading，SBO）：卫星移动边缘计算服务器部署在 LEO 卫星上。在这种情况下，卫星的所有地面用户都可以从卸载服务中获益。卫星和地面骨干网之间的通信量也减少了。与模式一相比，该方案的延迟相对较高，但与向远程云发送请求相比，延迟仍有较大的改善。

模式三：远程地面卸载（Remote Terrestrial Offloading，RTO）：卫星移动边缘计算服务器部署在连接到 IP 因特网的能量充足的地面骨干网（Terrestrial Backbone Network，TBN）的网关中。如果在地面骨干网的网关中部署一个卫星移动边缘计算服务器，那么所有的域用户都可以享受到卫星移动边缘计算服务，并且避免了地面骨干网和远程云之间通过广域网进行数据传输。与模式一和模式二相比，由于 LEO 卫星链路的额外中继，此模式的时延相对较高，但在实现和维护上更为实用。

12.2.1　基于动态网络功能虚拟化（NFV）的方案

在天地一体化网络中，所有的 LEO 卫星都处于高速运动状态。对于地面站，可见卫星在不同的时间间隔内是不同的。在这种情况下，卫星覆盖范围内的成员卫星移动边缘计算服务器总是在变化；基于静态 NFV 是无法完成统一卫星移动边缘计算服务器的，需要使用动态 NFV 技术来整合天地一体化网络的资源。卫星移动边缘计算动态虚拟化架构如图 12 – 3 所示。动态网络虚拟化（NFV）系统同样包含三层：虚拟化基础设施层、虚拟化网络功能（VNF）层和编排器层。由于低轨卫星的移动性问题，在卫星编排器层上增加动态资源监控器。动态资源监视器监视 VNF 连接和连接消失状态，并且可以在编排器层上快速完成资源注册和删除操作，同时，当可用资源发生变化时，信息将被发送到用户和卫星移动边缘计算服务器，以调整其策略。

1. 卫星移动边缘协同计算卸载

在动态 NFV 的动态资源集成方案的基础上，基于协同计算卸载（Cooperative Computation Offloading，CCO），在卫星移动边缘计算服务器之间相互协作完成用

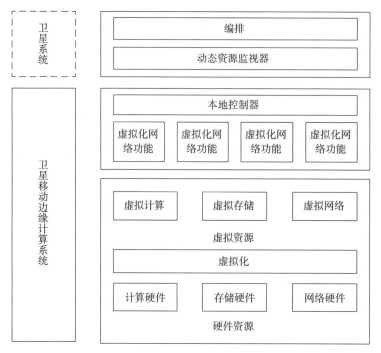

图 12 – 3 卫星移动边缘计算动态虚拟化架构

户任务的计算。图 12 – 4 给出了天地一体化网络中的协同计算卸载的系统架构，用户可以经由卫星链路将任务卸载到其域卫星移动边缘计算服务器或覆盖区域中的其他远程卫星移动边缘计算服务器。图 12 – 5 描绘了协同计算卸载模型的流程图。

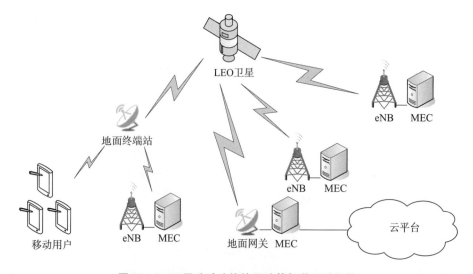

图 12 – 4 卫星移动边缘协同计算卸载系统架构

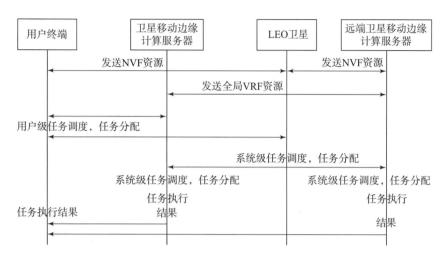

图 12 – 5　卫星移动边缘协同计算卸载模型流程图

协同计算卸载的任务卸载主要包括以下阶段：

资源整合：用户首先从其近端卫星移动边缘计算服务器接收虚拟化计算资源信息。同时，LEO 卫星整合虚拟化网络功能 VNF 资源，将所有可用的虚拟计算资源发送给覆盖区域内的用户和卫星移动边缘计算服务器。注意，如果卫星移动边缘计算服务器想要将任务迁移到其他卫星移动边缘计算服务器，那么它们可能还需要知道全局虚拟化网络功能 VNF 资源。

任务安排和分配：可以执行任务调度，将挂起的任务分配给可用的卫星移动边缘计算。用户级、服务器级和系统级任务调度可以分别在用户终端、卫星移动边缘计算服务器和 LEO 卫星上进行。需要注意的是，上述三级任务调度操作可以独立同时进行，以优化自身性能。

任务执行：如果近端卫星移动边缘计算服务器具有足够的计算能力，则任务将更有可能被分配给近端卫星移动边缘计算，因为与其他远程卫星移动边缘计算相比，它具有较低的延迟。最后将得到的结果返回给用户终端。

2. 卫星移动边缘计算任务调度

在卫星移动边缘计算中，任务调度根据执行的位置，有多个场景，可分为以下几类：

用户级任务调度：用户自行决定是否将挂起的任务卸载到卫星移动边缘计算

服务器。用户必须知道可用计算资源的实时信息，包括用户设备和卫星移动边缘计算的计算虚拟机（VM）。相关信息可以是数据传输和任务执行中的能量成本和时间。注意，在优化模型中，还可以考虑无线信道状态和无线接入方式。

服务器级任务调度：卫星移动边缘计算服务器可以执行任务调度操作，以最大限度地提高其在能耗和用户感知延迟方面的性能。此优化适用于具有多个计算虚拟机的服务器。服务器的自适应负载调度器需要动态地知道系统状态信息，包括缓存大小、执行时间和能量消耗信息。

系统级任务调度：这可以通过使卫星或代理卫星移动边缘计算服务器将任务分配给覆盖区域中的其成员卫星移动边缘计算来实现。目标可以是最小化预期的任务执行延迟或系统级能源成本，或者最大化系统级能源效率。注意，服务器级和系统级任务调度也可以与资源管理操作一起进行，例如调整处理速率和频谱利用效率。

卫星移动边缘计算指标是最大限度地提高系统的性能，高效地实现任务调度，为待处理的任务分配合适的目的地。在卫星移动边缘计算中，需要考虑星间链路和星地链路的时间与能量开销。为保证卫星移动边缘计算指标，优化目标模式可分为以下几类：

最小化用户感知的延迟：目标是找到一个合适的分配策略来最小化期望的用户感知延迟。然而，由于一些高能量传输成本的任务不适合卸载到卫星移动边缘计算，因此需要适当地指定能量约束。

能源消耗最小化：目标是找到一个最优的分配策略来最小化期望的能量消耗。与地面通信相比，卫星通信的能量限制更为严重。在这种情况下，需要正确指定延迟约束，因为一些执行或传输时间较长的任务不适合卸载到卫星移动边缘计算服务器。

能源效率最大化：在边缘计算系统中，能量消耗和用户感知延迟之间的权衡一直存在。寻找一个合适的任务分配方案，最大限度地提高能源利用效率，具有重要的意义。这样，在给定的能量供应量下，系统可以最大化执行的任务量。

3. 卫星移动边缘计算任务调度约束条件

能量约束：此约束确保计算卸载的能量成本不大于预定义的阈值。例如，如果任务的数据文件太大，则卸载到卫星移动边缘计算服务器可能不合理，因为传输将消耗大量的能量。与 MEC 相比，卫星移动边缘计算的能源成本模型更为复杂。能源成本可能由地面传输、星地传输和卫星间通信引起。特别是，由于卫星通常功率有限，因此尽可能节省能源成本至关重要。

延迟约束：对于计算密集型任务，用户考虑压缩、传输和任务执行操作所造成的延迟是至关重要的。可容忍的延迟可以根据应用的实际需求预先定义。

频道/时隙占用约束：在无线通信中，需要仔细考虑可用信道和时隙的正确使用。在有多个用户的场景中，一个信道在一个时隙内最多只能支持一个用户，最大用户设备数不应大于信道总数。然而，卫星通信的带宽通常比蜂窝网络宽得多，而正交频分复用（OFDM）技术通常不被使用。因此，可能不需要考虑信道分配。

用户优先级约束：在实践中，任务被分配不同的优先级，以满足不同用户的体验质量（QoE）。在协同计算卸载（CCO）框架中，可以自然地考虑任务差异：具有高优先级的任务更有可能在其所在域 MEC 服务中处理，而具有低优先级的任务更有可能迁移到其他远程卫星移动边缘计算服务器。为了实现这一目标，每个任务将被分配一个权重来表示其优先级。当一项任务更重要时，它的分量会更大，反之亦然。

12.2.2　LEO 卫星边缘计算松耦合编排器设计方案

基于低轨（LEO）卫星的互联网将能够为全球数十亿用户提供互联网服务。卫星上计算资源的可用性，可以实现低轨卫星边缘计算。传统上，低轨卫星采用的是"弯管"结构，每颗卫星只是作为通信链路，将处理过程推送到地面数据中心。低轨卫星边缘计算减少了服务请求的延迟，并降低了下行链路利用率，因为所有请求都不需要到达数据中心。LEO 卫星边缘计算可以在许多卫星支持的应用场景中发挥作用，比如遥感、天气预报、空间分析等。LEO 卫星边缘计算实现关键技术之一是编排器（Orchestrator）设计。

目前边缘计算编排器设计依赖于编排器与其管理的基础设施之间的紧密耦合，由于其固有的特性而不适合 LEO 边缘计算。①由于卫星相对于地球的连续运动，特定低轨卫星的视距受到严格限制。卫星视距只在 7 ~ 30 min 内，并取决于其高度，在设计边缘计算时，必须将应用程序重新安排到下一颗即将可见的

LEO 卫星上，以防止边缘计算功能可用性降低。②低轨卫星位置的精确预测仍是一个难题。所以，LEO 卫星边缘计算设计需要选择正确的 LEO 边缘节点和确定合适的应用程序编排时间表。LEO 卫星边缘计算松耦合编排器设计是一种可行的解决方案。

松耦合 LEO 边缘计算编排系统，首先有一套基本的架构和指令，这些架构和指令可以集成到任何当前的编排框架之上，此外，还有一些额外的模块来满足 LEO 边缘计算的需求。这种松耦合边缘计算编排系统可以通过 Kubernetes 容器系统来实现。松耦合 LEO 边缘计算编排系统主要包括三种新机制：机制一，在编排中结合卫星路径投影模型，使编排系统能够预测低轨卫星相对于其可见区域的轨迹，从而预测未来位置。误差范围已知，具体取决于所使用的模型。这使得松耦合 LEO 边缘计算编排系统能够选择适当的卫星节点，并（重新）编排 LEO 边缘计算的功能，而不会影响它们在目标区域的可用性。机制二，时间补偿可以实现提前切换，即在低轨卫星上部署和提前终止边缘功能。机制三，使用簇亲和链概念，能够跨越单个簇，在这些节点加入给定的地面站簇之前，允许边缘计算编排系统在许多可能提前可见的簇中选择卫星。这些机制和方法降低了选择卫星的时间复杂性，并使部署更加可预测，也可用来协调边缘计算功能在边缘计算节点上的状态传输。

LEO 卫星边缘计算松耦合编排器的设计目标是解决 LEO 卫星环境中固有的高动态性问题。通过联合所有地面站，探测跟踪 LEO 卫星移动，并触发卫星上应用切换所需的必要协调操作。即利用低轨卫星运动的周期性提供的机会，同时也补偿了预测卫星位置的固有误差。LEO 卫星边缘计算松耦合编排器允许无缝地利用当前的编排体系结构，比如 Kubernetes，同时最小化与更频繁地编排相关的开销。以下是松耦合编排器设计需要考虑的因素：

（1）使用现有堆栈实现 LEO 边缘编排

不能将当前编排堆栈方式应用于 LEO 边缘计算，可能导致相当多的停机时间。编排软件堆栈与基础设施的活跃度、作业生命周期及基础设施节点之间的连接性等有关。在松耦合编排器设计中采用抢占式方法，即边缘应用程序可能需要抢占和重新调度，即使它运行的节点是健康的。例如，在新的 LEO 边缘节点上初始化应用程序的次数比在地面边缘节点上初始化应用程序的次数要高得多，因为每次卫星从地面站消失时，应用程序都需要在不同的节点上调度。

（2）结合低轨卫星边缘计算的移动性

低轨卫星边缘计算与当前地面系统的一个主要区别是卫星节点持续运动，导致与地面站的动态网络连接。如前所述，在移动卫星上进行多个租户和动态操作，直接的方法是使用当前的地面系统，并将卫星从视线中消失作为节点故障进行建模，管理程序协调器将随后的应用程序移交给另一个节点（在本例中是移交给可见卫星）。基于传统的边缘计算系统，单个节点的故障是相当偶然和随机的，而在 LEO 卫星边缘计算的情况下，由于持续的旋转，故障是周期性的。使用路径模型并将通过它们生成的信息合并到调度结构中，如果将它们添加到卫星中，将导致使用额外的资源。松耦合编排器设计更合适的决策，使用可插拔路径模型来预测卫星的位置，并以这种方式预测卫星与特定地面站的连接，并及时反馈调度决策。

利用 LEO 边缘移动性中的周期性：随着业务流程中节点的移动，应用程序切换的数量将增加。在低轨星座中，根据不同的轨道半径、在不同的旋转平面上的旋转以及不同的能见度，在任何特定时间都有多颗卫星可见。因此，根据一些预定义的策略，添加对消除将应用程序移交给特定卫星的决策的歧义的支持。例如，在切换时，切换到能见度最高的卫星，这将减少重复移交的需要，并提高总体网络利用率。通过使用一个中央主节点，了解星座中的不同卫星及其物理特性。使用此信息，将根据边缘计算功能或系统定义的策略构建一个关联链作为卫星列表。同一亲缘链中的卫星将确保应用程序不会出现任何规格不匹配的情况，还将确保新卫星在更长的时间内都可见。使用关联链允许提前做出潜在的调度决策，并减少运行时的调度开销。

■ 12.3 基于微服务的卫星移动边缘计算

12.3.1 微服务架构

微服务架构是由一套各自独立运行的微服务所构成的，可以对服务进行便捷管理的系统。微服务架构通过对具体业务的拆分，能够迅速地将服务组件化。通过对组件化之后的服务进行组合，可以快速开发出满足需求的系统。同时，针对业务较为单一的服务组件，开发者可以进行独立部署，开展针对性的调度或者优化，更进一步提升系统性能的同时，还能使系统更加灵活，如图 12-6 所示。

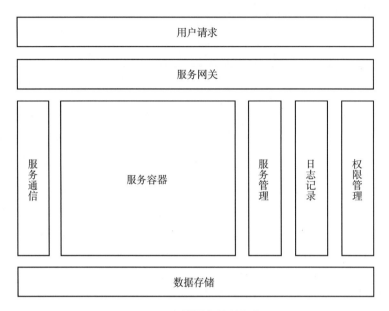

图 12-6　微服务通用架构

将拆分后的服务封装为一个个独立的组件后，可以实现对系统业务级的更细粒度的解耦。系统容器内的各个组件相互独立，客户端进入的请求经过服务网关统一分配给后端组件，更有利于各个服务的科学管理。系统通过采用这种通用架构可以对各个服务进行独立开发、测试、部署、运行和升级，运行在架构内的各个微服务组件在结构上互相松耦合，但是在功能上又作为一个整体统一对外提供服务，让用户拥有连贯的使用体验。

1. 微服务组件

根据系统业务按照细粒度原则划分出的每一个服务都具有类似组件的特征，即具有极高的可复用度，能独立部署。除此之外，各个服务也具有清晰的模块边界，在维护时相互隔离，互不影响。

每个拆分完毕的微服务都是不可再分的，具有鲜明的"原子性"特征。服务是系统的基本组成部分，在进行服务拆分时，应当以具体的业务模块来划分，而不应当按照子系统的逻辑来划分。当根据系统业务来拆分服务时，需要确保每个服务只能做一件事情，即单一功能原则。单一功能原则是微服务高内聚、低耦合的基础。单一功能要求每个服务的进程之间是相互隔离的，即每个服务运行在各自特有的进程内。遵循此规则后，即使系统内的一个服务宕机或者出了数据问题，也不会影响系统整体对外正常提供服务。

传统的单体式应用往往采取函数式编程的方式进行编码来实现具体的功能，这样也就导致了系统的各个模块往往是类似于一环套一环的结构。这样的结构就导致了，不管是系统的开发者在修改需求时，还是系统的维护者在调试 bug 时，往往会牵一发而动全身，可维护性极差。

微服务架构核心的 Spring 系列框架，能够使用 IOC（Inversion of Control，控制反转）和 AOP（Aspect Oriented Programming，面向 Aspect 编程）的设计理念，使得系统内各个组件充分解耦。简单来讲，IOC 容器可以看作一个黑箱，它起到了类似于一种"黏合剂"的作用。这个黑箱得到了对象的控制权，使得系统内各个对象的依赖关系降到了最低限度。

2. 微服务管理

微服务管理是微服务架构区别于分布式 SOA 架构的核心所在。由于微服务架构是以业务为核心，用极低的粒度来划分基础服务的，所以划分完毕的系统服务总数必将大于 SOA。在微服务架构中，对各类微服务的管理主要分为服务的注册与发现、服务监控和服务容错等。

服务注册与发现：早期基于 Jsp + Servlet 技术搭建的单体应用，系统内每一个 Servlet 请求都需要开发者手动去配置，这样系统才可以扫描到这个 Servlet，从而对外暴露接口，让这个 Servlet 可以顺利向外提供服务，这样烦琐且低效的配置显然严重制约了开发者的开发进度。从某种意义上也说明，单体式应用天生就具备不可挽回的巨大缺陷。前面就说到过，在基于微服务架构所构建功能较为复杂的系统中，各类服务纷繁复杂，若是纯粹地让开发者去一个一个手动配置，不仅会极大地增加非必要的时间成本开销，还容易出错。基于微服务架构的各类框架天生就可以帮助开发者自动注册及配置服务，无疑是解决了一个极大的开发痛点。

服务监控：单体式应用的监控十分简单，开发者只需查看日志即可。在微服务架构中，各个服务之间相互调用，运维人员要想掌握系统中各个服务的运行状态是很麻烦的。基于微服务架构的各类框架不仅可以为各类服务提供可视化的监控页面，还可以提供细致的运行时监控、运行日志监控、服务间调用追踪等十分详细的功能，便捷无比。

服务容错：任何服务都不能确保自身不会出问题，由于实际生产环境的复杂多变，各类服务在运行过程中不可避免地会出现各类问题。因此，在服务发生故障时能快速处理并恢复是极为重要的。基于微服务架构的各类框架可以提供紧急状态下的服务熔断功能，在某一服务发生故障时做到系统级隔离，并进行热修复。

12.3.2 基于微服务的卫星移动边缘计算

有文献构建了一个基于微服务的 5G 卫星边缘计算服务架构，将系统的所有应用程序构建在微服务之上。卫星移动边缘计算服务可以分为三类：系统服务、基本服务和用户服务。系统服务用于系统管理。它可以提供外部/内部接口、资源/服务管理、资源/服务调度、高可用性数据库和安全管理等服务，是所有其他服务的基础。基本服务包括一些对外部用户开放的通用功能。用户服务基于核心服务和基本服务，从更高的层面总结了卫星节点的公共业务，最终用户可以通过 IP 地址和端口号使用所有服务。

在卫星移动边缘计算中，服务的 IP 地址是动态变化的。在系统服务扩展、故障恢复、在线升级的过程中，服务的运行实例数也是动态的。用户需要通过服务发现机制获得可用的服务及其调用样式。卫星移动边缘计算使用高度可靠的数据库在主节点建立服务注册中心来维护服务列表。服务注册中心通过 REST API 提供服务注册和查询服务。新部署的服务通过 REST API POST 操作将其 IP 地址和端口注册到服务注册中心，并可以通过删除请求取消服务。通过 REST API GET 操作，用户可以获得与可用服务相关的信息。

1. 系统服务

系统服务由许多组件组成。这些组件部署在管理节点和不同的资源节点中。将部署在主节点上的组件包括用户管理（包括用户注册管理服务、用户权限管理等）、接口管理（API 服务器，包括内外接口）、系统管理（资源节点管理/服务

管理/服务资源映射表/系统日志)、资源调度、安全管理、网络管理、高可用性数据库等。部署在资源节点中的系统服务组件包括接口管理（资源节点 API）、容器管理组件等。

2. 基本服务

典型的基本服务包括消息传输服务、数据分发服务、CCSDS 空间数据系统咨询委员会服务、数据库服务、对象存储服务、AI 服务等。基本服务由系统服务通过服务映像进行部署。服务映像存储在映像存储库中。基本服务由系统管理员维护，普通用户只有使用这些服务的权限。基本服务可以扩展，也可以在系统需求变更或技术升级时添加或删除。

3. 用户服务

典型的用户服务包括地图服务、灾难警报服务、全球集装箱跟踪服务等。大多数用户服务都是由第三方开发人员为最终用户的特定应用程序开发的。当用户需要使用某项服务时，会立即使用该服务映像进行部署，当用户停止使用该服务时，会将其从系统中删除。

12.3.3　基于 cCube 微服务架构设计与实现

cCube 是一种开源的微服务架构系统，在 cCube 体系结构中，设计了多种微服务，可由客户端编排器管理。它创建并提供计算单元，发起并控制微服务。它使用桥接模式与不同的云服务提供商接口。

为了构建一个 cCube 应用程序，开发人员从 cCube 的存储库中复制一个模板并定制配置，例如卫星业务 AI 算法调用。然后，cCube 按照守护进程的指示运行，以管理与系统其他微服务的通信。与 cCube 连接的唯一要求是定义一些预定义的环境变量，定义 cCube 守护进程如何与卫星业务 AI 算法交互，以及学习和预测阶段的结果。

然后，开发人员成为最终用户，并在其计算机上启动编排器，为授权提供密钥，从而使其敏感信息保持安全性。客户端通过 Docker，在配置资源、运行资源发现和设置之后启动应用程序。所有生成的输出都存储在一个支持数据库中，例如 MongoDB 数据库。

cCube 微服务和容器架构如图 12-7 所示。

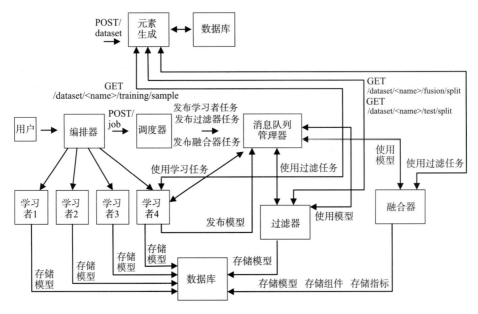

图 12-7 cCube 微服务和容器架构

元素生成（Factorizer）：它与存储单元接口，例如 PostgreSQL，通过 REST 接口公开其服务，因此使用 HTTP 进行通信。这允许数据集上传，然后数据集可以根据需要和组件需求拆分为单独的部分。

调度器（Scheduler）：它通过 REST 接口接收作业。作业被认为是在 cCube 集群上执行的一系列进程，涉及所有组件，即微服务。请求新作业后，调度器将为学习者、筛选器和定影器创建任务，并将它们以 JSON 格式发布在不同的消息队列上。在微服务失败的情况下，该任务将再次放入队列，并且该计算将由另一个容器再次运行。此外，任务包含运行活动所需的所有相关信息，例如目标数据集名称，训练、融合和测试的分离参数，要包含/排除的特征，持续时间。生产者和消费者由消息队列管理器控制，采用 RabbitMQ。

学习者（Learner）：多个学习者中的每一个都使用一个任务、训练数据样本和参数，当调度程序创建任务时，这些数据和参数可能是随机生成的，也允许参数分解。首先，因子分解器给出训练的数据样本，学习者一旦收到数据样本，将根据给定的持续时间（即任务中包含的参数之一）执行卫星业务 AI 算法。然后，将计算出的模型压缩并存储在消息中，并发送到队列，以获得输出。

过滤器（Filter）：它消耗输出直到最后一个期望的模型到达。然后根据筛选策略，对已预留的数据进行拆分，执行模型。查看发布状态，过滤模型完成后，它将作为单个消息发布到另一个队列进行融合。

融合器（Fuser）：过滤后的模型最终融合在一起，形成一个集成模型。一个融合任务被消耗，提供所需的信息。用于融合的数据来自因子分解器，即在滤波阶段使用的相同分割。然后，使用另一个数据分割来测试集成并计算一些预测性能指标。

■ 12.4　渗透计算在边缘计算中的应用

12.4.1　渗透计算概念

从字面含义上，"渗透（Osmotic）"代表分子从高浓度溶液到低浓度溶液的无缝扩散。渗透计算就是跨云和边缘数据中心对服务和微服务进行动态管理，解决与部署、网络及安全相关的问题，从而以指定的服务质量（QoS）级别提供可靠的网络支持。渗透计算可以实现云和边缘资源的无缝协调。渗透计算能优化云提供商、边缘提供商、物联网提供商、应用程序提供商等在联合环境中提供物联网服务和应用程序。渗透计算可以显著增加网络边缘资源容量/能力，以及对数据传输协议的支持，这些协议使这些资源能够与基于数据中心的服务进行更无缝的交互。支持自动部署通过边缘和云基础设施组合和互联的微服务。

渗透计算的目的是将应用程序分解为微服务，并在智能环境中利用边缘和云基础设施中的资源对微服务进行动态裁剪。应用程序交付遵循一种渗透行为，即容器中的微服务被无缝地部署在云和边缘系统中。在渗透计算中，云和边缘数据中心的资源动态管理朝着平衡部署微服务的方向发展，以满足定义明确的低层次约束和高层次需求。渗透计算允许根据资源可用性和应用程序需求对资源参与进行可调配置。渗透计算解决云计算和边缘计算的配置差异，以确定微服务是否应该从云迁移到边缘，或者从边缘迁移到云。

12.4.2　渗透计算原理

渗透计算可以实现对已部署资源的简单弹性管理，部署策略与基础设施及应用程序需求相关。由于物理资源的高度异构性，微服务部署任务需要使虚拟环境适应所涉及的硬件设备，需要管理从云到边缘以及从边缘到云的自适应微服务的双向流。在边缘和云系统中，微服务的迁移意味着需要动态、高效地管理虚拟网络，以避免应用程序崩溃或 QoS 下降。

渗透计算可以通过提供自动化和安全的微服务部署解决方案，实现将用户数据和应用程序的管理与网络和安全服务的管理分离，从而提供灵活的基础设施。渗透计算基于创新的应用程序无关方法，利用基于轻量级容器，使用 Docker、Kubernetes 等虚拟化技术手段，在异构边缘和云数据中心部署微服务。

渗透计算主要有两个基础结构层：L1 层和 L2 层。L1 层由云数据中心组成，提供多种类型的服务和微服务。在 L1 层，微服务是根据最终用户的高级需求生成的。L2 层是识别边缘计算环境层，包括数据捕获点和网关节点，能够对本地数据进行一些操作，包括过滤、聚合等。L2 层的设备可以对在环境中收集的原始数据执行各种更高级的操作，例如在将该数据转发给 L1 进行后续分析之前对传入数据流进行加密、编码等操作。由于 L1 和 L2 系统的不同属性，对于一个分布式异构云，由包括 L1 和 L2 层不同类型的资源组成。L1 的数据中心和 L2 的微型数据中心可以属于不同的提供商。根据联合场景，提供商可以建立关系并合作共享资源和服务。渗透计算框架是应用程序无关的，它为用户应用程序提供了以分布式和安全方式工作的运行时环境。渗透计算框架协调并部署到云和边缘基础设施中的主要微服务类型包括：①与特定应用目标严格相关的通用微服务；②网络管理微服务，用于在分布式的混合云和边缘系统中部署的微服务之间建立虚拟网络；③安全管理微服务，支持跨平台开发和支持安全的微服务。微服务解决方案可以基于 L1 和 L2 部署环境中聚合不同类型的资源，以支持特定的应用程序需求，特别是非功能性需求，例如延迟、吞吐量、安全性等。具体实现可以基于容器的虚拟化技术。容器只允许封装定义良好的软件组件，这大大减少了部署开销，并且与虚拟机监控程序相比，单个设备上的实例密度要高得多。基于容器的方法允许在网络边缘的资源受限和可编程智能设备上部署轻量级微服务，如网关、网络交换机和路由器，还可以提高云数据中心中微服务动态管理的性能。

12.4.3 渗透计算在边缘计算中应用

渗透计算在边缘计算中可以简化和优化服务迁移及资源调度应用。服务迁移是渗透计算的主要应用之一，用于集成边缘公共和私有云基础设施。公共和私有云或渗透层通过将服务划分为多个集合来处理服务。资源调度优化，是在服务分类和服务器集群聚合之后，网络使用渗透博弈优化调度。有助于资源的分配，而不会有太多的延迟和开销。资源调度适用于较低级别，分类服务可划分为任务或作业进行迁移。因此，可以通过执行服务迁移、作业到作业或进程到进程的迁移来应用资源调度。比如在移动增强现实网络中，边缘计算需要处理大量需要 AR – VR 流量的用户。有两种实现渗透计算的方法，分别是内部渗透（Intra – Osmosis）和互渗透（Inter – Osmosis）。

1. 内部渗透

考虑一个具有许多服务器的网络，在同一层上计算资源的变化。应用程序在同一层的这些服务器上进行迁移和调度，使用内部渗透。内部渗透适用于在单个网络中做出决策且服务器中没有层次结构的情况。具有扁平化体系结构的网络可以利用这种方法高效地处理其资源。

2. 互渗透

当两个不同的分层服务器参与为用户提供服务时，互渗透适用于这种网络应用服务。互渗透在不同类型的技术之间运行，例如边缘云与私有和公共云之间。互渗透可以实现平衡网络中的负载。

■ 12.5　边缘计算能源效率分析和设计

12.5.1　能源效率概述和研究现状

目前高能耗的云平台和边缘计算已成为信息通信技术产业发展的主要障碍。随着能源成本的不断增加，开发节能算法来降低 ICT 组件的能耗成为迫切需要。如何提升云平台系统和边缘计算能源效率，最大限度地降低能耗，是一个具有挑战性目标，需要有创新性和有效性的解决方案，在满足客户对资源的需求，以及最大限度地满足 QoS 和 SLA 的同时，要最大限度地降低能耗，实现云平台和边缘计算系统效率的提升，从而降低提供商的成本。由于数据密集型应用的急剧增加，数据处理和生产有了很大的增长，而数据存储和处理的能耗也不断增大，对云平台和边缘计算构成了很大的挑战。大量数据的存储不仅增加了组织和管理的复杂性，而且增加了处理数据时浪费的能量。因此，需要实现一种节能的方法，满足云平台和边缘计算大量数据的有效管理，以减少能源的浪费，以提升云平台和边缘计算的能源效率。

目前云平台和边缘计算的能耗研究主要从硬件层、软件系统层、虚拟化层，以及云平台数据中心层等方面进行研究。有文献描述了云平台下的能耗模型，设计了虚拟机分配和资源整合方法。针对云平台系统，有文献提出了一种基于功率感知的虚拟机进入节点的调度策略算法。有文献针对目前有许多针对数据中心不同组件的电源模型，提出了一种一致分层抽象的模型，设计了功率模型的一个整体框架，使它们能够相互结合使用，可以应对更加复杂的系统进行建模，以及解决各个层次云平台数据中心能耗复杂性问题。有文献研究和提出了一个虚拟化分时策略的能量消耗模型，实现边缘计算能耗最小化。有文献研究了服务器的CPU、存储器、磁盘等典型组件的能耗模型。有文献研究了基于传感器或瓦特计测量方法，对单个物理服务器的能耗进行能耗测量，研究和分析了云平台和边缘计算能耗管理的一般技术和方法，包括三类：第一类是静态电源管理（SPM）方法，第二类是动态电源管理（DPM）方法，第三类是应用程序级方法。静态电源管理方法基于硬件的技术，静态电源管理技术中的大多数与硬件级优化有关，在单个服务器上是最有效的。有文献研究了电源管理技术的实现，包括降低逻辑门（晶体管）中的开关活动功率、时钟、功率和数据门、芯片多处理（CMP）架构和静态泄露管理（SLM）等。有文献研究了时钟选通方法，动态电源管理方法是根据资源需求对系统行为运行时进行自适应的方法，需要应用程序级资源管理技术支持，分为基于硬件的方法和基于软件的方法。有文献研究了基于硬件的节能方法，基于硬件的技术取决于硬件类型，例如动态电压频率调整（DVFS）、自适应链路速率和动态组件激活、自适应电压缩放（AVS）和动态功率切换（DPS）等，动态功率切换自动将设备的空闲部分切换到节能状态，以节省能源。有文献研究了基于软件的动态电源管理方法，利用基于硬件的动态电源管理方法在云平台和边缘计算系统中实现能效提升。有文献研究了应用程序级方法，在应用程序和编译器的设计中满足最小的能耗运行。节能编译器生成的机器代码可以通过多种方式节能，包括减少指令的数量等，以及实时决策在不需要处理器时关闭处理器。有文献分析了目前云平台和边缘计算的一些能耗优化方法，这些能耗感知和优化技术包括基于虚拟机迁移方案的技术、整合技术、基于生物启发优化方法、多核架构、热管理，以及一些混合方法等。有文献研究云平台下基于虚拟机的能耗优化方法，引入一个新的数学优化模型来解决云平台数据中心的能源效率问题，提出了一个基于虚拟机迁移的解决方案，该技术方案通过使用机器学习分类器的动态空闲预测机制，实现了一个不依赖于实时迁移的和健壮的能效调度解决方案。有文献研究了一个衡量不同类型物理机性能的模型和一个衡量多维资源利用率的模型，并提出了一个云平台和边缘计算下能源有效的虚拟机部署算法。有文献建立云平台数据中心能源消耗模型，研究了云平台的能耗感知的虚拟机优化迁移方法。有文献研究了融合能效感知的异构调度的综合系统，提出了改善系统性能、降低数据密集应用的通信开销，以及保证系统负载均衡性方法。有文献研究了云平台节能的任务调度策略。有文献进行了高效节能的虚拟机整合研究。有文献描述了云平台下的能耗模型和云服务器的能耗测量，针对云平台，设计了一种基于多分量功率模型的分布式能耗测量系统。有文献设计了一个虚拟机（VM）功耗模型，该模型能够适应虚拟机的重构，并能在 CPU 密集型工作负载下提供准确的功耗估计。采用人工智能算法，进行模型训练，提出了两种训练方法，该模型可以估计单个虚拟机以及托管多个虚拟机的物理服务器的功率。

随着人工智能技术的发展，人工智能处理器越来越多地应用于云平台和边缘计算系统，虽然虚拟机整合和动态电压频率缩放等方法可以有效降低云数据中心的能耗，但对人工智能业务微服务结构的节能机制研究还比较少，尤其在整个数据中心过载的情况下，现有的节能方法并不能有效地工作。此外，云平台和边缘计算的虚拟机容错管理，任务节能调度方面还很薄弱，还需要开展更高效的能耗感知和能耗优化系统研究，分析不同的能效技术对云平台和边缘计算性能与服务质量的影响，开发面向云平台与边缘计算的综合处理能源效率和性能优化方法研究，建立绿色化云平台和边缘计算。

12.5.2　能耗模型分析

目前现有的能耗估算方法包括基于硬件的直接测量方法、基于能量模型的方法、基于虚拟化技术的方法和基于仿真的能耗估算方法。这些方法不能适应未来机器学习的微服务应用的能耗分析，需要改进现有的能耗模型，不能只关注集群资源利用和网络监控，而要研究精细粒度的能量模型，分析和建立包括 AI 智能处理器、存储器、磁盘的各种组件能耗模型、设备能耗模型，以及虚拟机能耗模型、任务能耗模型、应用程序及微服务能耗模型等，对每个元件的功率模型用一定数量的特征变量来表征，实现高精度的能源测量系统。

1. 关键组件功率模型及能耗分析

服务器是云平台的主要组件，服务器的能耗分析基本包括各种部件功耗模型：处理器能耗模型、内存能耗模型，以及磁盘能耗、网卡等其他部件能耗模型。总能耗公式为：

$$E_{\text{total}} = E_{\text{other}} + E_{\text{cpu}} + E_{\text{mem}} + E_{\text{disk}}$$

式中，E_{cpu} 表示 CPU 的能耗；E_{mem} 表示内存的能耗；E_{disk} 表示磁盘能耗；E_{other} 表示部件能耗，包括网卡产生的网络通信能耗等，由于网卡功耗的绝对值和波动很小，不单独估计网络通信的功耗。另外，其他部件能耗作为静态值包含在 E_{other}，认为基本固定。

➤ 采用 β 可调功率函数的处理器功率能耗模型

处理器的能耗模型与处理功率相关，功率与处理器的性能状态密切相关。异构智能云平台中，处理器种类多样，处理器状态由活动状态、特定指令的执行、缓存使用率和频率阈值确定。对传统的处理器功率线性模型进行改进，在给定频率下的 CPU 功耗可使用下式表示：

$$P_{\text{CPU}} = P_{\text{idle}}^{\text{cpu}} + (P_{\text{peak}}^{\text{cpu}} - P_{\text{idle}}^{\text{cpu}}) U^{\beta}$$

式中，$P_{\text{idle}}^{\text{cpu}}$ 表示 CPU 空闲功率；$P_{\text{peak}}^{\text{cpu}}$ 表示峰值功率；U 表示 CPU 利用率；β 表示功率函数模型的指数，反映在不同 CPU 和利用率下参数，采用 β 可调功率函数模型对不同 CPU 进行建模。

➤ 参数可训练优化的存储器功率能耗模型

内存能耗主要由内存读、写和页面交换操作产生。最后一级缓存缺失率，即 LLCM 可以更准确地描述内存活动情况，此外，较高的内存使用率意味着更频繁的页面交换，考虑下面两种模型：

模型 1：

$$P_{\text{mem}} = P_{\text{idle}}^{\text{men}} + C \times N_{\text{LLCM}}$$

模型 2：

$$P_{\text{mem}} = P_{\text{idle}}^{\text{men}} + C_{\text{m}} \times U_{\text{mem}}$$

式中，N_{LLCM} 代表 LLCM（Last Level Cache Misses，一级缓存缺失率）；C 是待训练的常数；U_{mem} 为当前系统内存占用；C_{m} 是与存储器配置相关的固定常数，可通过训练获得。模型 2 更适用于主机操作系统和虚拟机环境。

➤ 基于多变量阈值和区分 I/O 模式的磁盘能耗模型

磁盘的能量消耗与磁头的读、写及转速等参数有关。另外，磁盘的功耗不仅与读或写字节有关，而且与 I/O 模式有关。考虑下列两种模型：

模型 1：

$$P_{\text{disk}}(T) = P_{\text{ilde}} \times T_{\text{idle}} + (P_{\text{max}} - P_{\text{idle}}) \times (T_{\text{ask}} - T_{\text{trans}})$$

式中，P_{ilde} 表示磁盘空闲功率；P_{max} 表示磁盘最大功率；T_{idle} 表示磁盘空闲时间；T_{ask} 表示磁盘查询时间；T_{trans} 表示传输时间。

模型 2：

$$P_{\text{disk}} = \begin{cases} \alpha_{\text{seq}} \times (S_{\text{read}} + S_{\text{write}}), & (S_{\text{read}} + S_{\text{write}}) > H_{\text{S}} \text{ 且 } (R_{\text{read}} + R_{\text{write}}) > H_{\text{R}} \\ \alpha_{\text{random}} \times (S_{\text{read}} + S_{\text{write}}), & \text{其他} \end{cases}$$

式中，α_{seq} 表示顺序 I/O 磁盘模式参数；α_{random} 表示随机 I/O 磁盘模式参数；H_{S} 和 H_{R} 分别表示顺序 I/O 磁盘和随机 I/O 磁盘每秒 I/O 操作及读写速度阈值；S_{read} 和 S_{write} 分别表示顺序 I/O 磁盘读和写操作；R_{read} 和 R_{write} 表示随机 I/O 磁盘读和写操作。

2. 应用任务能耗模型分析

基于时间调度，对云平台任务、虚拟机及节点等运行单元的开始、执行到结束的过程进行分析，从而建立应用程序级能耗模型。

分析任务、虚拟机，以及节点的运行时间和能量流，包括任务执行的开始和结束时间；每项任务所需数据传输的开始和结束时间；虚拟机设置和关闭的开始和结束时间；每个虚拟机的总体运行开始时间和结束时间；每个节点的总运行开始时间和结束时间。进行下列符号定义：

P_{mki}^{Core} 是任务在节点 m 中虚拟机 k 基于内核 i 所消耗的按比例平均功率；

$P_{\text{setup}_{mk}}^{\text{VM}}$ 和 $P_{\text{down}_{mk}}^{\text{VM}}$ 分别是在节点 m 中创建和销毁虚拟机 k 时所消耗的平均功率；

$P_{\text{idle}_m}^{\text{node}}$ 是处于空闲状态的节点 m 所消耗的平均功率；

$P_{\text{node}_m}^{\text{net}}$ 是通过云平台设施传输数据所需节点 m 的平均功率；

P^{UE} 是支持系统（UPS、冷却等）消耗的比例平均功率。

（1）任务时间表能耗分析

任务 j 的能量消耗如下式所示：

$$P_{\text{task}j_{mki}}^{\text{Task}} = T_{\text{setup}_j}^{\text{Task}} \times P_{\text{node}_m}^{\text{net}} + T_{\text{exec}_j}^{\text{Task}} \times P_{mki}^{\text{Core}}$$

任务 j 在虚拟机 m 中运行，任务 j 能耗包括两部分：一部分是数据文件传输所消耗的能量，另一部分是任务处理所消耗的能量。数据文件传输所消耗的能量＝传输数据所花费的时间×通过网络基础设施传输数据的平均功率，任务处理所消耗的能量＝任务的处理时间×在虚拟机中分配使用的按比例平均功率。

（2）虚拟机能耗分析

虚拟机 k 的能量消耗如下式所示：

$$P_{\text{VM}_{nm}}^{\text{VM}} = T_{\text{setup}_{mk}}^{\text{VM}} \times P_{\text{setup}_{mk}}^{\text{VM}} + \sum_{i \in \text{Core}_{mk}, j \in \text{Task}_{mki}} P_{\text{task}j_{mki}}^{\text{Task}} + T_{\text{down}_{mk}}^{\text{VM}} \times P_{\text{down}_{mk}}^{\text{VM}}$$

虚拟机能耗包括三部分，分别是节点 m 的虚拟机 k 的建立和关闭所消耗的能量，以及虚拟机中所执行的不同任务所消耗的能量总和。

（3）节点能耗分析

节点 m 的能量消耗，由两部分组成：第一部分是节点的不同虚拟机所消耗的总能量，第二部分是操作系统服务所消耗的能量，可以通过节点运行时间和节点处于空闲状态的平均功率的乘积来估计。如下式所示：

$$P_{\text{node}_m}^{\text{Node}} = \sum_{\text{VM}_{mk} \in \text{VM}_m} P_{\text{VM}_{mk}}^{\text{VM}} + T_{\text{run}_m}^{\text{Node}} \times P_{\text{idle}_m}^{\text{Node}}$$

12.5.3　虚拟机容错管理节能调度机制

优化虚拟机动态迁移的能耗是降低能耗方法之一，通过高效节能的虚拟机进程的故障预测和故障管理，减少无效虚拟机迁移的次数，从而降低能耗，即通过分析虚拟机的故障率和成功率进行故障管理，实现机器优化选择和节约能耗。对于如何分析虚拟机故障率，本项目提出了一种混合群智能算法，即以人工蜂群算法为基础，融合蝙蝠算法，进行虚拟机故障预测和容错管理。

虚拟机动态迁移有两个关键参数：一个是停机时间，一个是迁移时间。虚拟机动态迁移故障模型组件包括响应失效容限（Responsive Failure Tolerance）和主动容错（Proactive Failure Tolerance）。目前朴素贝叶斯分类器（Naive Bayes Classifier）等方法都不能适应虚拟迁移极端情况，基于人工蜂群算法（ABC Algorithm）和蝙蝠算法（Bat Algorithm）的混合群智能算法完善了虚拟机迁移故障预测分析，预测 N 个产生能耗的无效迁移次数，实现机器选择和能耗优化的节能调度机制。该算法在人工蜂群算法的侦查蜂阶段（Scout Bee Phase），与蝙蝠算法结合进行更新。克服了典型人工蜂群在侦查蜂阶段故障机器和参数随机选择的缺陷。混合优化算法流程如图 12 - 8 所示。

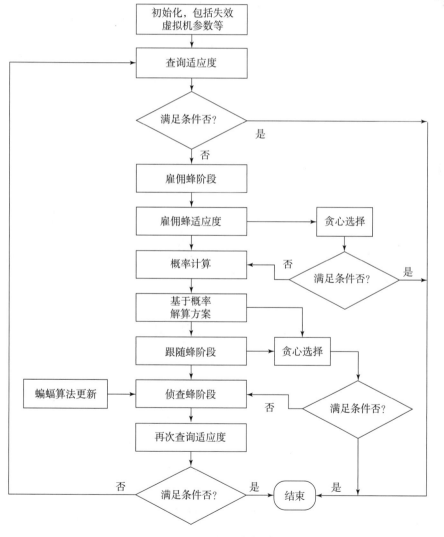

图 12 - 8　基于混合群智能的虚拟机容错管理节能调度算法流程

算法初始化参数包括虚拟机位置选择，失效虚拟机的数量、时间和任务（job），以及雇佣蜂（Employed Bee）数量、跟随蜂（Onlooker Bee）数量、蜂群大小（Colony Size）。用 F_{VM_n} 表示第 n 个食物源（Food Source），$n = 1, \cdots, N$。能耗优化目标函数（适应度函数）如下：

$$E_i = \min\{ \text{energy}_{\text{idle},i} + \text{energy}_{\text{runing},i} \}$$

（1）算法的概率函数计算

在跟随蜂阶段，采用随机确定的方法，在蜜源区域内寻找邻近的最优值，并由跟随蜂选择概率最高的排序。概率函数计算公式如下：

$$\phi = \frac{E_i}{\sum_{i=1}^{N} E_i}$$

（2）侦查蜂阶段

在侦查蜂阶段，融合蝙蝠算法，而不是随机选择，通过蝙蝠算法实现一个更优的选择。

12.5.4　基于多重启发式算法实时动态任务节能调度机制

目前任务调度算法主要以最小化执行时间（Make Span）为目标，而基于多重启发式算法实时动态任务节能调度机制是在应用时间表能耗分析的基础上，实现异构平台的多个不同处理器任务节能优化调度，通过综合考虑任务执行时间和能源消耗，运用多重启发式资源分配（multi-heuristic resource allocation）资源分配算法，在不显著增加总执行时间的情况下降低能源消耗。定义如下参数：

执行时间（Make Span），用 $T_{\max}^{\text{MakeSpan}}$ 表示，由最后一个任务 j 的结束时间和最后一个任务的虚拟机的停机时间决定，由下式给出：

$$T_{\max}^{\text{MakeSpan}} = \max(T_{\text{end}_j}^{\text{task}}, T_{\text{down}_{mk}}^{\text{VM}})$$

能耗流（Energy Flow），用 $P_{\text{flow}}^{\text{Overall}}$ 表示，等于不同节点的能耗乘以支持系统（UPS、冷却等）消耗的比例平均功率，由下式给出：

$$P_{\text{flow}}^{\text{Overal}} = P^{\text{UE}} \times \left(\sum_{\text{node}_m \in N} P_{\text{node}_m}^{\text{node}} \right)$$

多重启发式资源分配算法最小化函数是一个多目标函数，优化条件包括满足资源提供者或用户要求的能源性能重要性因子（energy‐performance importance factor），并将能源消耗和执行时间结合起来，同时考虑任务之间的顺序相关设置时间、虚拟机的设置时间和停机时间，以及根据不同架构的能源配置参数（energy profile）。算法实现了一个快速局部搜索，而不是穷举搜索。该算法分为两个阶段：第一阶段，根据数据传输量、前置任务数量、后续任务数量，以及任务执行时间参数，结合一组启发式规则，进行合法的并行任务群排序并给出有向无环图（Direct Acyclic Graph，DAG）。第二阶段，资源分配算法的重要性因子集，求解对于特定任务满足最小化能量流和执行时间，资源分配的最优位置。基于多重启发式算法实时动态任务节能调度机制系统架构如图 12‐9 所示，其核心功能组件为能量感知调度器，图 12‐10 描述了能耗感知调度器系统架构。

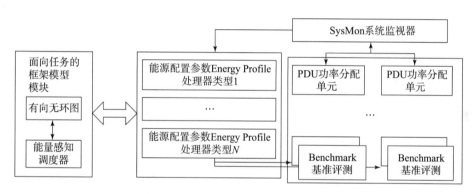

图 12‐9　基于多重启发式算法实时动态任务节能调度机制系统架构

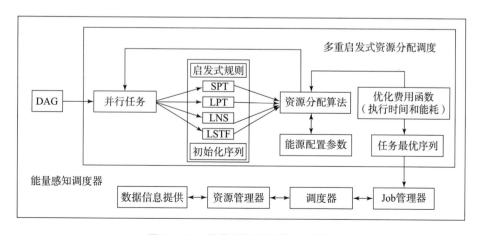

图 12‐10　能量感知调度器系统架构

（1）模块描述

功率分配单元（Power Distribution Units，PDU）是云平台中不同节点的能源分配单元，系统监视器（System Monitor，SysMon）监控 PDU 提供的能耗信息，包括每个节点和虚拟机的资源消耗。面向任务的框架模型，在运行时，检测创建有向无环图（DAG）的任务之间的数据依赖关系，在检测到 DAG 被创建后，面向任务的框架模型模块使用能量感知调度器（Energy – aware scheduler）来分配和执行可用智能计算资源上的任务，满足最小化能耗流和执行时间。面向任务的框架模型模块包括 DAG 和能量感知调度器两部分，基于 DAG 可以实现对合法并行任务群进行排序。能量感知调度器对 DAG 及实际面向任务的框架模型应用程序进行评估，得到满足最小化费用函数的调度序列。SPT、LPT、LNS、LSTF 是初始化排序任务的规则，其中，SPT(Shortest Processing Time) 为最短处理时间，LPT(Longest Process Time) 为最长处理时间，LNS(Longest Number of Successors) 为最长任务继承数，LSTF(Longest Setup Times First) 为最长建立时间优先。

（2）多重启发式资源分配

多重启发式资源分配实现了一种求解局部解的快速局部搜索算法和逐步求解方案，一次只执行一个任务，确定资源最佳位置。算法接收一个 DAG 作为输入，其中包含要执行的一组任务。该算法自动分析 DAG 和获得任务树子集，然后对每个子集，根据不同的启发式规则对任务进行优先级排序，进行资源分配，根据用户指定的重要性因子，为每个任务寻找最佳资源，实现最小化双目标费用优化函数（Cost Function）。对于 DAG 和启发式规则的每个子集，进行资源分配和目标函数评估，最后得到满足最小化费用函数的调度序列。

12.5.5 基于断流控制器的微服务及容器群节能优化方法

虽然虚拟机整合和动态电压频率缩放方法可以有效降低云数据中心的能耗，但在整个数据中心过载的情况下不能有效地工作，在云平台环境下，基于微服务架构实现机器学习算法，可以采用基于断流控制器（Brownout Controller）实现微服务及容器群的节能调度优化方法，通过解决动态停用或激活可选微服务或容器的限制，优化过载处理，实现降低能耗。

用 MS(O) 表示可选的微服务，用 MS(M) 表示强制微服务。定义云服务库

（Cloud Service Repository）包括服务信息，每个服务可以通过一组微服务来构造，微服务分为强制或可选；执行环境（Execution Environment）为微服务或容器提供基于容器的环境；断流控制器（Brownout Controller）实现微服务和容器的选择控制，控制算法基于能源效率策略；系统监视器（SysMon）监视节点健康状态和收集主机资源消耗状态；调度策略管理器（Scheduling Policy Manager）为断流控制器提供管理策略，实现微服务和容器的调度；能耗模型管理器（Models Management）为维护系统中的能耗和 QoS 模型。

断流控制器系统架构如图 12 – 11 所示。

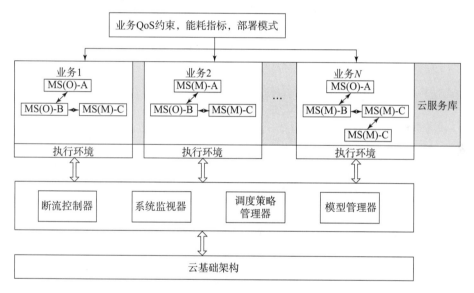

图 12 – 11　断流控制器系统架构

基于断流控制器的节能调度体系架构如图 12 – 12 所示。

节能调度系统过程：用户向系统提交请求，请求包括 QoS 约束、能源预算等信息。容器群管理器（Docker Swarm Manager）将请求发送给容器和主机。系统监控器从主机收集能量和利用率信息，然后将信息发送给断流控制器。断流控制器根据主机功耗和利用率模型，实现减少计算利用率和能耗优化的调度策略，即满足最小化能耗及能耗率。最后断流控制器根据调度策略进行决策，以切换主机和容器的状态。

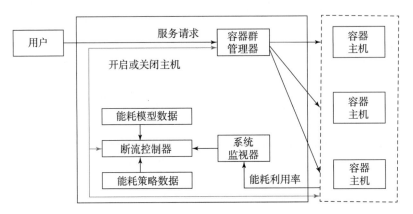

图 12-12　基于断流控制器的节能调度体系架构

▪ 12.6　本章小结

本章针对天地一体化网络边缘计算技术，介绍了边缘计算的起源、边缘计算的目的、一些学术和工业界使用的各种不同边缘计算的名称和概念，阐述了卫星边缘计算的方案，主要说明了基于动态网络功能虚拟化方案和松耦合编排器设计方案，详细说明了基于微服务的卫星移动边缘计算系统架构和实现，并阐述了最新的渗透计算原理和应用，最后说明边缘计算能耗效率模型、几种节能调度机制。天地一体化网络边缘计算研究还处于初始阶段，未来的研究将有更大发展和应用。

第 13 章

6G 及未来网络技术

■ 13.1 6G 技术

13.1.1 从 1G 到 5G

移动通信技术从 1G 到 5G，每一代移动技术设计都是为了满足网络运营商和最终消费者的需求，如图 13 – 1 所示。先后经历 GSM、CDMA、UMTS、LTE 等技术时代，数据通信速率从 2.4 Kb/s、64 Kb/s、2 Mb/s、100 Mb/s 到 1 Gb/s 等。1G 网络采用模拟技术，通过频分复用的方式将带宽分配给不同的用户，不但网络容量低、保密性差，并且网络极易受到干扰，当手机用户距离基站较远时，语音质量就会随之下降，从而导致每个小区的有效覆盖范围较小。在 2G 时代，GSM 采用了数字技术，引入了低码率编码、更先进的纠错编码等技术，提升了系统容量、频谱利用率，以及系统抗干扰能力，大幅提升了用户通话质量，并使得小区的有效覆盖范围提升。在 3G 时代，由于要支持数据业务，支持更大的带宽，为用户保障更高的上网速率，WCDMA 系统采用了码分多址（CDMA）技术，全网所有小区使用相同的频率，从而不再需要频率复用规划，而是通过扰码规划来区分不同的小区和避免邻区干扰。这意味着 SINR（信号干扰噪声比）会随着手机与基站之间的距离增大而下降，小区边缘的 SINR 较低，导致用户在小区边缘体验到的网络速率远低于小区近点或中点。不仅如此，由于 WCMDA 网络本身是一个自干扰系统，随着小区的用户数增加，网络业务量增多，网络干扰会增大，小区的有效覆盖范围会减小，这就是我们常说的小区呼吸效应，即小区覆盖范围随着用户数变化而变化。在 4G 和 5G 时代，为了应对不断增长的数据业务需求，网络需要更大的带宽，所有小区依然使用相同的频带，尽管采用了OFDMA 正交频分多址接入技术，小区内可通过子载波之间的正交性来避免用户之间的干扰，但在小区边缘仍然会受到来自相邻小区的干扰，因此，当用户处于小区边缘时，由于相邻小区的干扰，加之本身距离基站较远，SINR 仍然会减小，导致小区边缘用户服务质量差、速率低。通信技术日新月异，对人类相互理解和互动的方式以及周围环境产生了深远的影响。随着 5G 移动通信技术在世界各地部署和应用，并很快连接到整个全球，这就提出了一个显而易见的问题：下一步该怎么做？在过去几年已经开启新一代无线系统研究，即第六代（6G）系统。

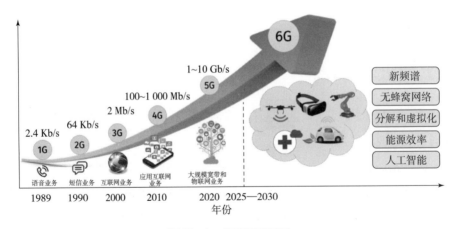

图 13 – 1　蜂窝网络演进

当今社会正变得越来越以数据为中心、数据相关和自动化。工业生产过程彻底自动化，数以百万计的传感器将应用在城市、家庭和食品生产环境中，人工智能操作的新系统通常会驻留在新的本地"云"和"雾"网络环境中，这将产生大量新的应用。通信网络将提供这些新的智能系统范例的神经系统。网络将需要以更高的速度传输更多的数据。连接将从个性化通信转向机器式通信，不仅连接人，还连接数据、计算资源、车辆、设备、可穿戴设备、传感器甚至机器人代理。据观察，移动通信技术几乎每 10 年就重新部署一次，随着 5G 部署的完成和应用，预计到 2030 年，6G 将部分或全部取代 5G。6G 性能将远远超过 5G。6G将更具变革性，将带来通信技术的范式转变，从"连接设备"演变为"连接网络智能"，并将提出更严格的要求，以充分满足未来不断增长的需求。

13. 1. 2　6G 一些潜在应用

从 1G 到 6G 网络，每一代都用最相关/最具代表性的应用程序来表示。6G 的目标是支持未来数字社会的各种应用需求。以下是 6G 的潜在应用：

增强现实（AR）和虚拟现实（VR）：无线 AR 和 VR 将成为各种用例中的关键应用，包括教育和培训、游戏、工作区通信、娱乐等。VR/AR 应用将面临前所未有的挑战，包括提高沉浸质量、增加每用户容量、亚毫秒延迟和统一的体验质量。移动边缘、云和雾计算技术将为最终用户带来智能，以支持高效的数据分发，同时满足网络的异构需求。

全息通信：随着数字精度的不断提高，人类远程连接的趋势将给下一代网络基础设施带来严峻的通信挑战。全息通信不过是一个实时实体在同一时间在两个不同地方的虚拟复制。这些交流可以带来人类互动的一场革命。在未来的几年里，目前的远程人类交互方法将变得过时，全息通信将处于部署的边缘。全息通信和 5D 中的服务有望整合人类各种感官信息，它们将携手进化，并将提供一种超现实而又沉浸式的体验。伴随全息通信而来的多视角相机和传感器预计将要求每秒太比特的高数据速率，这对于 5G 通信一代来说是很难满足的。有文献探讨了 3D 全息显示及其数据传输要求：未经任何优化或压缩的原始全息图，具有颜色、全视差和 30 fps，需要 4. 32 Tb/s 数据速率。延迟要求亚毫秒，需要数千个同步视角。此外，为了充分实现身临其境的远程体验，人类所有的 5 种感官都将被数字化，并在未来的网络中传输，从而提高整体目标数据速率。

无人自动驾驶：自动驾驶汽车需要融合人工智能、自动化系统和 6G 通信的集成。自动驾驶车辆完全自动化，无须任何人工操作。需要大量的数据，并支持人工智能，使用实时预测和自组织方法来完成其旅程。这只有在未来 6G 通信的情况下才可能实现。自动驾驶汽车本身就是一个自动化系统，只有在人工智能的推动下才能发挥作用。这些车辆在行驶时需要实时数据来预测下一步行动，并不断更新系统中的信息。车辆在行驶过程中处于运动状态，完全依赖于其实时接收的数据。车辆需要不断更新最新的信息，这会每秒产生大量的数据，包括交通更新、高分辨率地图、实时系统工作更新、警报等，数据通过卫星通信接收，网络必须具有足够高的数据速率，以满足自动驾驶车辆的要求。如果数据没有到达请求数据的车辆，或者通信受到干扰，这些自动驾驶汽车就会失去功能，甚至在失控时对社会构成威胁，以及可能致命。只有当通信技术足够强大，能够提供非常高的数据速率和最小的延迟时，才能做出鼓励自组织能力的实时网络决策。随着实时行驶车辆的快速增长，道路上的交通量急剧增加，这使得通信技术更难以实现这些载休的概念，更难以满足超低延迟、高数据速率、高安全性和可靠性的严格要求。汽车工业正迅速向完全自主的运输系统发展，提供更安全的出行、改进的交通管理和对信息娱乐应用的支持。互联和自动驾驶车辆的设计和部署仍然具有挑战性：在乘客安全受到威胁的情况下，即使在超高机动场景（1 000 km/h）中，通信可靠性和低端到端延迟（即分别高于 99. 999 9% 和低于 1 ms）也有望达到前所未有的水平。此外，汽车将配备越来越多的传感器，这将要求提高数据速率，使传统技术的容量饱和。

电子健康：6G 将彻底改变卫生保健部门，例如，通过远程手术消除时间和空间障碍，并保证卫生保健工作流程的优化。当前通信技术在医疗领域应用的主要限制之一是缺乏实时触觉反馈。此外，由于 6 GHz 以下频谱的拥塞，5G 系统不太可能共同满足 eHealth 服务的 QoS 期望，来保证连续连接可用性、超低数据传输延迟、超高可靠性和移动性支持。6G 增强将通过移动边缘计算、虚拟化和人工智能等创新，释放电子健康应用的潜力。

大规模连接通信：尽管 5G 网络的设计支持每千米超过 100 万个连接，但从2016 年到 2021 年，移动通信量增长 3 倍，从而将移动设备的数量推向极端（据一些估计，到 2030 年，全球将有超过 1 250 亿个连接设备）。这将给已经拥塞的网络带来压力，无法保证所需的服务质量（QoS）。此外，5G 无线系统提供的数据速率不能满足完全由数据驱动并需要近乎即时的超高吞吐量连接的要求。即使在民用通信基础设施可能受到损害，比如在自然灾害之后，技术也应该具有容量扩展策略，以向用户提供高吞吐量和连续连接。

室内覆盖：在毫米波频谱中运行的 5G 基础设施很难提供室内连接，因为高频无线电信号不容易穿透固体材料。通过毫微蜂窝基站（femtocell）或分布式天线系统（DAS）实现 5G 加密是一种室内连接解决方案，它给运营商带来了可扩展性问题以及高昂的部署和管理成本。6G 的目标应是成本意识强、高效的室内连接解决方案，这些解决方案可由最终用户自主部署，并由网络运营商管理。

工业 4.0 和机器人技术：6G 将推动以 5G 为起点的工业 4.0 革命，即通过网络物理系统（CPS）和物联网（IoT）服务实现制造业的数字化转型。特别是，CPSs 将打破物理工厂维度和网络计算空间之间的界限，从而以经济高效、灵活高效的方式实现基于互联网的诊断、维护、操作和直接机器对机器（M2M）通信。自动化在可靠和同步通信方面要求更高，6G 研究通过新的半导体和集成电路（IC）创新来解决这一问题。

智慧城市：6G 将加快智能城市解决方案的采用，目标是改善生活质量，并使环境监测、交通控制和城市管理自动化。这些服务建立在低成本和低能耗传感器生成的数据之上，这些传感器可以有效地与彼此及其周围环境进行交互。当前的蜂窝系统主要是为宽带应用而开发的，具有针对 M2M 业务的自组织配置。相反，6G 将无缝地支持以用户为中心的机对机通信，以经济高效的方式为智能城市提供本地支持。6G 还将促进超长电池寿命与能量收集方法相结合。

13.1.3　6G 部分技术研究方向

13.1.3.1　机器类通信（MTC）

机器类通信（MTC）是未来 6G 发展的研究方向之一。可靠性、延迟、设备密度和能效是与 MTC 相关的主要关键性能指标（KPI）。6G 网络技术的可靠性和延迟要求将多样化，在降低部署成本的同时，提高网络的可扩展性、可靠性、延迟和频谱使用效率，是 6G 技术针对 MTC 优化、实现经济高效网络的设计目标。

对于 MTC 来说，确保快速、高效和可靠的信道接入是一个关键的设计挑战，MTC 设备具有动态的、通常较低的有效负载流量和变化的延迟/可靠性要求。传统的通过四次握手过程向用户授予独占权限的访问机制由于其多样性和挑战性的需求而不适合 URLLC（Ultra - reliable and Low Latency Communication）/mMTC（Massive Machine Type Communication）服务，因此，需要高效的无线接入技术（RAT）解决方案。

在物理层（PHY）中，5G NR 引入了持续时间低至 0.07 ms 的小时隙，而不是 LTE 中的固定时隙持续时间 1 ms，从而大大减少了最小传输时间。减少建立通道访问所需的时间对于减少延迟也很重要。在这方面，无授权（Grant－free，GF）随机接入允许用户在数据分组到达 PHY 时立即发送，从而减少接入延迟和信令开销。随着 URLLC 和 mMTC 服务越来越相互关联，向 6G 迈进，需要新的统一解决方案和对现有技术的进一步优化，需要研究解决下面几个问题，以应对高效快速的大规模连接的挑战。

> 预测性资源分配与调度

MTC 通信量的固有属性可用于预先分配资源。例如，可以利用相邻传输节点之间的业务到达中的相关性来将资源分配给以相邻传输为条件的给定节点。

> 无授权 GF 随机存取的增强

控制和解决冲突是无授权 GF 随机存取的主要挑战之一。使用先进的接收技术，如非正交多址（NOMA）和连续干扰消除与无授权 GF 传输的合作，提高了其可靠性。此外，GF 还可以与常规方案相结合。例如，可以在专用的基于授权的资源上执行初始传输，而通过使用无授权 GF 方案可以在共享资源上执行主动混合自动重复请求重传。在这种背景下，考虑延迟预算的差异化随机访问和调度策略将受到越来越多的关注。

> 改进的 NOMA 方案

NOMA 通过依赖于先进的接收机来检测重叠的传输，允许传输在时间上被多路复用。大多数 NOMA 技术可以分为签名域复用和功率域复用。共享同一资源的用户之间的区分是基于前者使用不同的签名，而后者利用其接收信号功率的差异来实现的。6G 中的 NOMA 研究可能侧重于改进签名域 NOMA 的发送方处理和功率域 NOMA 的接收方处理。

> 高效、低成本的身份验证和授权

随着大量的互联设备、巨大的带宽增长以及来自各个垂直行业的爆炸性用例，6G 不可避免地会带来巨大的安全挑战。考虑到设备限制，这对于 MTC 尤其具有挑战性，这些限制通常是延迟敏感的和/或在硬件、处理能力、存储内存、成本和能量方面受限的。因此，安全和隐私方面的低成本和高效的解决方案要求很高，因为当前的加密方法不适合大多数 MTC。

来自数百万连接的 MTC 设备的同时认证、授权和计费（AAA）过程可能导致严重的信令拥塞。MTC 通信的短有效负载和延迟限制，以及设备的有限计算能力，要求为认证过程提供更具可伸缩性的解决方案。轻量级和灵活的解决方案，如基于组的身份验证方案、用于管理大量身份验证请求的匿名面向服务的身份验证策略、轻量级物理层身份验证、身份验证与访问协议的集成，代表了 6G 可能采用的潜在解决方案。

用户识别也将是 6G 的一个重要挑战。传统的基于用户识别模块（SIM）的解决方案对于数十亿的物联网设备来说根本不具有可扩展性和成本效益，因此需要新的 AAA 机制。

➤ 网络切片安全

网络切片使核心网络基础设施能够在不同的服务类别之间无缝共享。可以通过区分安全性来适应不同服务类别对应的不同网络切片的服务质量要求和安全级别的差异。网络切片的一个重要考虑因素是确保切片之间的安全隔离，使得对给定切片的恶意攻击不会影响其他切片的操作。此外，必须在不同的域基础设施之间设计具有自适应 AAA 协议的定制安全设计。

➤ 改进的物理层安全技术

物理层安全（PLS）技术利用无线信道的特性，在防止窃听的同时实现了安全传输。PLS 技术不依赖于复杂的加密或解密过程，是 MTC 网络中一种很有前途的安全技术。然而，开发更健壮、高效和吸引人的 PLS 技术，同时满足可靠性、能量开销、延迟、短有效负载和吞吐量的要求，并为 MTC 应用定制，是至关重要的。此外，与传统的保密容量或保密中断概率相比，评估 MTC 安全系统的性能将需要针对现实和实际场景的新的保密度量。

➤ 边缘智能以防止安全攻击

MTC 网络正演变为高度异构的网络，在这种网络中，设备、功能和服务的广泛多样性将带来前所未有的、更强大的基于人工智能（AI）的恶意安全威胁。然而，新兴网络技术，包括如边缘计算 MEC 和软件定义网络（SDN），可以提供计算能力，在边缘层提供了强大的计算能力，可以帮助设计有效的策略，结合高级机器学习和数据挖掘策略，防止分布式拒绝服务（DDoS）攻击。

13.1.3.2　无线能量传输及无线信息和能量一体化传输

提高电池寿命，尤其是物联网设备的电池寿命，是 5G NR 的一个关键设计重点。以高效和绿色的方式为大量连接的设备供电，同时保证不间断运行，将继续是 6G 的一个重要设计挑战。未来目标是完全消除对移动设备单独充电的需要，通过结合节能通信、先进的电池技术、将能源密集型处理卸载到边缘和能量收集技术实现。能量收集是一种设备避免更换或需要外部充电电池的有效能源解决方案，在危险环境、建筑结构或人体内，这一过程可能成本高昂或不可能。

1. 能量收集源

可获取的能源可以来自自然资源，如太阳能、振动、热能、生物（如血压）、微生物燃料电池（将微生物还原力转化为电能的生物电化学传感器）、人力（如步行）等，可以通过无线能量传输从人造能源中获取能量，其中，能量通过专用能量信标的传输从能源传输到目的地。

2. 无线信息和能量一体化传输

无线信息和能量一体化传输中，典型的信息接收器可以非常低的灵敏度工作，而能量收集设备需要更多的入射功率。因此，能量和信息收发器通常需要不同的射频系统。一个潜在的解决方案是为每种应用提供具有不同天线系统的设备。能量和信息传输可以带外或带内的方式执行。前者允许避免干扰，而后者通过允许信息和能量以时分甚至全双工方式在同一频带上传输来减轻频谱效率问题。将无线能量传输整合到通信架构中面临着重要的设计挑战。首先，系统设计必须支持异构无线信息传输（WIT）和无线能量传输（WET）共存，例如，依赖专用能源信标和混合 WET + WIT 接入点。其次，无线能量传输还可能对附近的其他通信设备造成一些干扰。因此，无线能量传输设计不能独立于无线信息传输，需要对两种进行联合优化，同时考虑各自的特点。引入新的指标，如效力容量（Effective Capacity，EC）和有效能源效率（Effective Energy Efficiency，EEE），为无线信息传输和无线能量传输优化提供了一个健壮的框架。效力容量 EC 度量可用于捕获与传输吞吐量并行的统计延迟需求，而有效能源效率 EEE 定义为效力容量 EC 与总功耗的比率。有效能源效率 EEE 非常适合捕捉无线能量传输中固有能量受限特性，以及 MTC 中突发流量场景。

13.1.3.3　多址接入边缘计算

多址接入边缘计算是在蜂窝网络边缘部署和操作分布式计算、缓存、网络通信与数据分析资源。MEC 是从 fog 计算概念演变而来的，fog 计算概念的引入主要是为了让类似物联网的应用程序能够在网络边缘充分利用云计算的优势。MEC

进一步扩展了这一概念，包括数据处理、存储和使用数据做出网络决策等附加功能。MEC 将作为一个中间层，为关键和资源受限的应用程序提供快速和本地化的数据处理，将在 6G 中发挥主导作用。URLLC 的安全性、车辆对任何东西（V2X）通信、能源效率和卸载是特别相关的用例。不同 MEC 功能在 6G 中对大规模和关键 MTC 的多业务通信有着重要意义。

1. 快速本地化数据分析

端到端（E2E）延迟是通信链路两端应用层之间的延迟，取决于接入链路质量和传输和核心网络引入的延迟。许多新兴应用，如增强现实和蜂窝 V2X，都需要较低的 E2E 延迟。为此，MEC 可以在网络边缘提供处理能力，从而显著减少 E2E 延迟。云/集中式数据中心的更高功能允许以传输和处理延迟为代价进行复杂和详细的数据分析。MEC 的引入使得数据分析可以分为两个阶段。在边缘，快速和本地化的数据处理、分析和内容缓存可以服务于关键应用程序，因为它靠近最终用户，而在更大的时间范围内更深入和全面的数据分析可以在核心进行。

MTC 数据量的不断增长不仅增加了需要处理的数据量，而且使得区分有用数据和不必要数据变得更加困难。由 MEC 服务器支持的边缘主数据分析周期将允许对终端设备生成的大量 MTC 数据进行分类和细化，然后再传递到核心/云网络。

2. 集中式/半集中式资源分配

有效管理稀缺的通信和计算资源是一个众所周知的优化问题。在实际网络中，为了限制信道状态信息（CSI）的要求和复杂度，通常采用分布式次优方案。6G 网络边缘的 MEC 服务器的集成将使通信和计算资源的快速（半）集中分配切实可行。因此，可以有限的复杂性和 CSI 有效地执行用于连接到边缘的设备集群的集中式资源分配算法。同时，MEC 服务器之间的协调可以在更大的时间帧上引入另一层资源管理。

13.1.3.4　机器学习应用

随着通信技术的飞速发展，人工智能对 6G 通信有重要影响。6G 将在许多方面增强人工智能，人工智能将成为移动通信技术的主要驱动力。6G 通信将从连接的事物转变为连接的智能，这样只有在人工智能及其子集、机器学习和深度学习的参与下才能实现。人工智能、自动化系统和 6G 移动通信都是相互联系的。

人工智能是自动化系统的关键技术。各种机器学习算法和深度学习算法是自动化背后的主要手段。实时学习的概念使得自动化系统能够高效地运行。当连接到全球时，许多系统都需要自动化，以充分利用 6G 通信的能力。如今，在智能手机或任何智能设备上运行的许多应用程序都是由人工智能（尤其是机器学习）驱动的，因此 AI 将在 6G 的各个方面发挥关键作用，如语义通信、机器学习和深度神经网络，以及对通信、计算、缓存和控制资源的整体管理。6G 将是无线通信技术在多个方面的变革和革命性的一代。未来将要开发的网络将过于复杂，无法进行人工操作或人为干扰。需要一种人工智能授权和基于学习的网络技术来管理零接触的通信。人工智能在 6G 通信中，用于网络规划、优化、分析、故障检测和资源管理等。支持 6G 的物联网和人工智能的结合将形成一个强大的连接，并成为两种技术的高效互动。

通过近乎即时和无限的无线连接实现的数据驱动 6G 通信，将需要解决复杂、异构和经常相互冲突的设计需求。网络及其配置的日益复杂，以及多业务通信和应用的出现，要求全面的网络智能化。增强网络智能，实现自组织，势在必行。此外，6G 中的一些应用可能需要动态和/或多个服务类型分配，而不是 5G NR 中的增强移动宽带（eMBB）、URLLC 和 MTC 服务类别的静态分类。

结合网络智能需要跟踪环境变化和估计不确定性，然后将其作为决策和网络重新配置的输入。人工智能技术旨在为机器和系统配备智能，长期以来一直被用于特定场景中，以优化异构网络配置。它再次成为未来 6G 网络设计中的关键元素。人工智能工具可以解决与观察变化、学习未知数、识别问题、预测变化和促进决策相关的问题。

机器学习 ML 是最有前途的人工智能工具之一。ML 可分为有监督学习、无监督学习和强化学习。在有监督学习中，通过学习标签数据的输入/输出关系及其匹配输出来估计新输入对应的输出。在无监督学习中，输入数据不是先验的，智能体 agent 需要自己寻找输入数据的内在结构。例如，小区用户聚类，安全协议中的入侵、故障和异常检测。最后，在强化学习中，agent 与环境交互，以实现其目标，而不明确地知道目标是否通过尝试最大化累积报酬来实现，例如 Markov 决策过程和竞争场景中的 Q - 学习。

此外，机器学习也应用于解决 MTC 网络问题。在未来几年，面向人工智能的解决方案将因其异构需求而在 MTC 环境中大规模应用。目前的 MTC 网络（大规模的和关键的）是静态的，具有固定的切片。随着 MEC 能力和垂直服务（the verticals）的增加，MTC 网络将是自治的、自组织的和动态的，将能够利用 MTC 设备的流量信息和使用模式以及它们各自的安全需求，根据每个应用和/或面向垂直服务的需要来执行动态切片划分和资源分配。

13.1.3.5　D – OMA 接入技术

增量正交多址（Delta – Orthogonal Multiple Access，D – OMA）用于未来 6G 蜂窝网络中的大规模接入。D – OMA 是基于分布式大规模协同多点传输（CoMP）支持的非正交多址（NOMA），使用 NOMA 集群的部分重叠子带。下一代无线网络必须在较小的地理区域内为大量终端用户提供服务，这将导致密集/超密集部署具有重叠覆盖区域的接入点或基站。在这样的场景中，设备将由多个接入点或基站同时服务，这必须解决有效的切换、频率分配和干扰管理等问题。当在不同的接入点或基站之间使用非常快速的上行链路时，从终端设备的角度来看，整个网络将呈现为一个无小区、分布式的大规模多输入多输出（MIMO）系统。具体地说，所有接入点将知道其附近的所有活动设备。接入点可视为 RRH（Remote Radio Head），就像 C – RAN（Cloud Radio – Access Network）一样。通过传输协调或传输复用，每个设备可以由多个 RRH 服务。这种无小区架构可视为 CoMP 传输，其中协作接入点共同服务于其覆盖区域内的所有设备（小区边缘和小区中心设备）。这可以通过使用将资源分配给不同终端设备的非常快速的集中处理单元来实现，而数据处理可以在所谓的基带单元池中进行，如 C – RAN 的情况。通过不同 RRH 之间的完全协调，通过一些集中式或分布式的优化方法来优化或接近优化地执行干扰管理。对于这样一个具有大量接入需求的网络体系结构，需要新的频谱管理和多址接入方法。采用更高的频带，例如毫米波及更高的频带，将缓解频谱不足的问题；然而，由于极高的衰减和波束控制要求，这些频带并不理想，特别是在中大通信范围内。对于多址接入，在可用频谱内采用完全 OMA 方案是不够的。另外，纯 NOMA 方法将不具有支持具有不同服务需求的设备的无线连接的灵活性。因此，鉴于有限的频谱资源，需要为这些无小区网络开发新的多址/资源分配和干扰管理方法。增量正交多址提供一种解决方案。OMA 已经用于第 1G 代到第 4G 代的蜂窝网络中。5G 技术采用了 NOMA 技术。NOMA 的主要思想是在同一子带内的功率域上叠加多个信号，并在接收端使用连续干扰消除（SIC）来滤除不需要的干扰信号。使用 NOMA，每个 OMA 子带可以同时服务于多个设备；在这个过程中，传输功率的较高部分被赋予链路质量较低的部分。

在 6G 无小区架构的网络中，将使用大规模 NOMA 技术，所有附近的接入点将能够相互协作，同时服务于某个 NOMA 集群。在覆盖区域内的所有设备将由所有接入点服务。在这种方案中，通过增加每个 NOMA 集群的服务接入点的数量来补偿 NOMA 集群规模过大将导致 NOMA 之间干扰（Intra – NOMA Interference，INI）增加。非常大的集群将导致 NOMA 接收机的高复杂度，不适合具有简单设计和最小功耗要求的 mMTC 设备。终端设备的高复杂性和不断增加的功耗是大规模部署带内 NOMA 集群的两个主要问题。增量多址接入 D – OMA 方案，可以解决这两个问题，在 D – OMA 中，允许具有相邻频带的不同 NOMA 集群以其最大分配子带的 $\Delta\%$ 的量重叠，当 $\Delta = 0$ 时，对应于传统的功率域 NOMA。为了补偿重叠 NOMA 簇引入的 ICI，可以减小每个 NOMA 簇的大小，使得 INI 和 ICI 的总和几乎与使用非重叠的大规模带内 NOMA 簇的 INI 的值相同。与大规模带内 NOMA 相比，D – OMA 的性能将取决于簇的大小和簇共享频谱中的重叠量。使用 D – OMA，与大规模带内 NOMA 相比，簇大小可以显著减小，同时提供类似的性能。DOMA 方案还可以提供非常低的截获概率和显著增强的更高级别的加密的安全性。

■ 13.2 智能超表面技术及应用

13.2.1 相关概念

1. 超材料

超材料（metamateria）是一类具有特殊性质的人造材料，这些材料是自然界没有的。它们拥有一些特别的性质，比如让光、电磁波改变它们的通常性质，而这样的效果是传统材料无法实现的。超材料的成分没有什么特别之处，它们的奇特性质源于其精密的几何结构以及尺寸大小。其中的微结构，大小尺度小于它作用的波长，因此得以对各种波产生影响。超材料就是指使用大量亚波长尺寸元件按照一定规律排布实现特定电磁特性的设计方法，其中包括把这些亚波长器件按照特定规律在一维、二维或三维空间中排布。负折射率超材料就是热点研究的一种超材料。

2. 超表面

超表面（metasurface）是指一种厚度小于波长的人工层状材料。超表面可实现对电磁波偏振、振幅、相位、极化方式、传播模式等特性的灵活有效调控。超表面是超材料中的一种特例，特指把这些亚波长尺寸器件在二维空间中排布，从而实现特定的电磁特性。根据面内的结构形式，超表面可以分为两种：一种具有横向亚波长的微细结构，一种为均匀膜层。根据调控的波的种类，超表面可分为光学超表面、声学超表面、机械超表面等。光学超表面是最常见的一种类型，它可以通过亚波长的微结构来调控电磁波的偏振、相位、振幅、频率等特性，是一种结合了光学与纳米科技的新兴技术。超表面有下列特性：

➢ 超表面对偏振的调控。在偏振方面，超表面可实现偏振转换、旋光、矢量光束产生等功能。

➢ 超表面对振幅的调控。超表面可以实现光的非对称透过、消反射、增透射、磁镜、类 EIT（Electromagnetically Induced Transparency）效应等。

➢ 超表面对频率的调控。超表面的微结构在共振情况下可实现较强的局域场增强，利用这些局域场增强效应，可以实现非线性信号或荧光信号的增强。在可见光波段，不同频率的光对应不同的颜色，超表面的频率选择特性可以用于实现结构色。我们在自然界中看到的颜色，从产生原理上可以分为两大类：一类是由材料的反射、吸收、散射等特性决定的颜色，比如常见的颜料、塑料袋的颜色等；另一类是由物质的结构，而不是其所用材料来决定的颜色，即所谓的结构色，比如蝴蝶的颜色、某些鱼类的颜色等。人们利用超表面，可以通过改变其结构单元的尺寸、形状等几何参数来实现对超表面的颜色的自由调控，可用于高像素成像、可视化生物传感等领域。

➢ 超表面对相位的调控。相位是电磁波的一个核心属性，等相位面决定了电磁波的传播方向，一幅图像的相位则包含了其立体信息。通过控制电磁波的相位，可以实现光束偏转、超透镜、超全息、涡旋光产生、编码、隐身等功能。

➢ 超表面对电磁波多个自由度的联合调控。超表面可以实现对电磁波相位、振幅、偏振等自由度的同时调控。比如，通过对电磁波的相位和振幅的联合调控，可以实现立体超全息；通过对电磁波的相位和偏振的联合调控，可以实现矢量涡旋光；通过对电磁波的相位和频率的联合调控，可以实现非线性超透镜等功能。

3. 智能反射面

智能反射面（Intelligent Reflecting Surface，IRS）又称可重智能反射面（Reconfigurable Intelligent Surfaces，RIS）。智能反射面由智能反射单元阵列组成，每个智能反射单元能够独立地对入射信号进行某些改变。一般包括相位、振幅、频率，甚至极化。只考虑到入射信号的相位偏移，IRS 不消耗传输功率。智能反射面是一种由大量低成本的被动无源反射元件组成的平面，放置于基站与用户（发送方与接收方）之间。由于每个元件能都能够独立地对入射信号进行相位或幅度的改变，可以利用智能反射面，使得用户更好地接收基站发送的信号。

13.2.2 智能反射面的原理和特性

智能反射面可以通过在平面上集成大量低成本的无源反射元件，智能地重新配置无线传播环境，从而显著提高无线通信网络的性能。具体地说，IRS 的不同元件可以通过控制其幅度和/或相位来独立地反射入射信号，从而协同地实现用于定向信号增强或零陷的精细的三维（3D）无源波束形成。智能反射面 RIS 能够实现克服传播信道的随机性来增强智能无线环境，从而提高无线网络的服务质量（QoS）和连接性。无线网络环境在过去是一个动态的不可控因素，有了智能反射面技术，现在被认为是网络设计参数的一部分。智能反射面 RIS 是由大量低成本被动反射元件组成的平面，可以通过软件实现控制。每个尺寸小于波长的元件都能够改变冲击信号的相位，从而在发射机和接收机之间创造一个良好的无线环境。智能反射面 RIS 反射自适应通过智能控制器进行编程和控制，可利用 FPGA 作为门控方式，通过单独的无线或有线链路与基站进行通信和协调。RIS 从基站（BS）接收信号，然后通过诱导相位变化（由控制器调整）来反映入射信号。因此，反射信号可以与来自 BS 的直接信号相干地相加，以增强或衰减接收机处的整体信号强度。

智能反射面有下列特性：

➢ 无源的全双工元器件，不需要发射模块，只需要无源元件反射接收和发射信号，几乎没有能耗，与此同时，全双工模式是其频谱效率可观（与有源半双工的 AF 中继比较），并且不存在自干扰问题。

➢ 反射过程不进行信息干扰，IRS 是一个"没有思想"的传递者，传输过程中不会有自己的信息需要传输，这样的话，在接收或者反射发送到时候就不需要进行信息处理，直接进行信息交互，提高传输效率。

➢ 与其余的有源智能表面相比，具有特殊的阵列结构（无源）和操作机制（反射）。

➢ 低成本，位置灵活。

智能反射面有下列优点：

➢ 易于部署：RIS 几乎是无源设备，由电磁（EM）材料制成。RIS 可以部署在多个结构上，包括但不限于建筑物正面、室内墙壁、空中平台、路边广告牌、公路投票站、车窗以及行人的衣服，因为它们的成本较低。

➢ 频谱效率增强：RIS 能够通过补偿远距离的功率损耗来重新配置无线传播环境。基站（BS）和移动用户之间的虚拟视线（LoS）链路可以通过被动反射碰撞的无线电信号形成。当 BS 和用户之间的服务水平链路被障碍物（如高层建筑）阻塞时，吞吐量的提高变得显著。由于 RIS 的智能部署和设计，可以构建软件定义的无线环境，从而提供接收信号与干扰加噪声比（SINR）的潜在增强。

➢ 环境友好：与传统中继系统如放大转发（AF）和解码转发（DF）相比，RIS 能够通过控制每个反射元件的相移而不是使用功率放大器来塑造输入信号。因此，部署 RIS 比传统 AF 和 DF 系统更节能、更环保。

➢ 兼容性：RIS 支持全双工（FD）和全频段传输，因为它们只反射电磁波。此外，RIS 增强型无线网络与现有无线网络的标准和硬件兼容。

13.2.3　智能反射面应用场景分析

智能反射面 RIS 的研究主要包括两个方面：①RIS 作为新型无线发射机，直接参与信号的调制和传输；②RIS 作为无线传输的中继节点，以反射面的形式改善无线信号的传输性能。对于基于 RIS 的新型无线发射机，其与现有发射机相比，在硬件器件和结构上都有较大差异，考虑到产品发展的延续性，这种新型无线发射机不可能成为 6G 及未来无线网络的主流产品，而 RIS 作为无线传输中继节点的应用方式的前景更广。一般包括室外场景无线网络应用和室内场景无线网络应用。

1. 室外场景

随着低频段频谱资源的耗尽，6G 系统需要向更高频段开拓可用的频谱资源。然而，高频系统在无线信号覆盖方面存在天然的"短板"，高频信号的传输更容易受到物体遮挡而导致无线链路的中断。如何解决无线网络的覆盖问题，一直是运营商所关注的重点。RIS 凭借其轻量、灵活、低成本等天然优势，会在 6G 网络的室外覆盖场景中发挥重要的作用。RIS 在室外场景的潜在应用包括：

➢ 建立视距环境

行人、车辆的移动，甚至由于植被以及树叶的生长，都有可能对高频信号的传输产生遮挡，导致传输中断。虽然 3GPP NR 标准中为高频频段专门制定了波束管理流程，其中就包含了针对路径遮挡问题的波束恢复策略，但这无法从根本上解决遮挡问题。RIS 技术的出现，为这一问题的有效解决带来了转机。通过在建筑外墙的合适位置部署 RIS，可以人为地营造出基站到 RIS、RIS 到用户的双视距（Line of Sight，LoS）传播环境，提升无线链路的鲁棒性和可靠性，具体如图 13 - 2 所示。

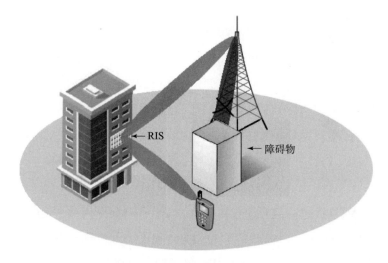

图 13 - 2　通过 RIS 建立视距环境

　➢ 弱覆盖区域补盲

　　由于建筑、植被等环境因素的影响，移动通信网络的覆盖会呈现一定的不均匀性，可能会出现零星的弱覆盖区域。这些弱覆盖区域的面积可能很小，但是会导致部分用户的通信业务无法正常进行，对用户体验造成不好的影响，比如共享单车停放区域的弱覆盖、电子售货机放置区域的弱覆盖等。针对这些零星弱覆盖区域，一方面，可能很难通过网络优化或系统调参的方式解决；另一方面，通过增加布站的方式提升相应区域的覆盖性能也不太现实。因此，需要寻找一种低成本、易实施的解决方案。而 RIS 正适合解决该场景的覆盖问题，通过 RIS 的部署，可以有针对性地将无线信号反射到相应弱覆盖区域，提升其覆盖性能。

　➢ 邻区干扰抑制

　　通常来说，基站天面在部署时会进行一定的机械下倾，在保证本小区覆盖的同时，对邻区干扰进行一定的抑制。然而，小区边缘用户的覆盖性能和邻区干扰抑制始终存在一定的矛盾性。虽然 NR 系统引入了波束赋形技术，可以更好地平衡本小区信号和邻区干扰的关系，但是边缘用户的性能仍然不是很理想，尚有很大的提升空间。通过 RIS 的部署，可以更好地解决边缘用户的邻区干扰问题。举例来说，可以在小区边缘建筑表面部署 RIS，通过信号反射取代信号直射，进一步抑制对邻小区的干扰，如图 13 - 3 所示。

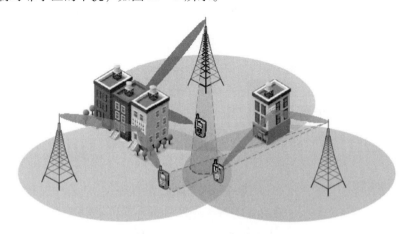

图 13 - 3　通过 RIS 抑制邻区干扰

2. 室内场景

伴随着新型应用的出现，各种类型的数据业务层出不穷，从最基本的语音、上网业务，到现在的视频直播、AR/VR 类业务，这些新型业务的出现不断对移动通信网络的性能提出更高要求。可以注意到，大部分的数据业务实际上都发生于室内，室内覆盖已成为现在和未来的重要场景。与室外通信场景相比，室内的通信环境更为简单，通信距离更短，用户移动性更低，但是无线传输面临着更大的穿透损耗，以及更加严重的多径问题。另外，由于建筑材料、家具表面的微小坑洼，室内反射主要以漫反射为主，信号能量散开在室内空间中，很难实现均匀的覆盖。不同位置、不同房间的覆盖性能可能存在较大差异，并且难以控制。从4G 时代的无源室内分布式系统到 5G 时代的有源室内分布式系统，室分系统逐渐成为室内覆盖的主流解决方案。然而，室分系统也存在一定的局限性：首先，室分系统的建设成本较高；其次，室分系统可能存在布线困难的问题，部分建筑不适合部署室分系统；最后，室分系统的建设可能涉及多个运营商，在运维、共建共享方面存在一定的困难。RIS 技术为室内覆盖解决方案提供了一种新的思路。一方面，由于 RIS 本身由无源或近无源器件组成，并且占用空间较小，可以打消人们对于电磁辐射的顾虑；另一方面，RIS 易于部署在室内墙面上，不需要额外的布线，并且可通过室内装饰的方式呈现，不会有突兀的视觉观感。通过在室内部署多个 RIS，可以将室外基站信号反射到各个屋内，提升室内覆盖性能。另外，RIS 也可以很好地与其他室内覆盖方案相结合，作为室内覆盖增强方案的额外补充。

13.2.4　智能反射面应用

13.2.4.1　RIS 辅助太赫兹（THz）通信

由于超高频，太赫兹信号可能会经历严重的信号衰减和通信中断。与毫米波通信相比，太赫兹通信可以提供更丰富的带宽和更高的数据速率。尽管其带宽丰富，但太赫兹频率仍受到强烈的大气衰减、分子吸收和极其严重的路径损耗的影响，这限制了其工作范围。此外，这种高频信号很容易产生阻塞效应，因此无法支持可靠的通信链路。这些缺点妨碍了它的实际实施。RIS 可应用于太赫兹通信，以获得更好的覆盖性能。由于 RIS 具有创建替代信号路径的能力，因此使用

RIS 是解决这些问题的一种优势方法。在太赫兹波段，路径损耗峰值出现在不同的频带上，因此总带宽必须划分为几个具有不同带宽的子频带。此外，太赫兹电子元件可以变得紧凑，因此 RIS 可以容纳大量微小的反射元件，能够实现具有近连续孔径的全息阵列。因此，用于 RIS 辅助太赫兹通信的信道估计和波束图设计是未来研究的一个领域，需要解决 RIS 辅助的太赫兹通信中太赫兹的独特传播特性问题。

13.2.4.2　RIS 辅助 NOMA

NOMA 是下一代网络中支持大规模连接的技术。功率域 NOMA（Power - Domain Non Orthogonal Multiple Access，PD - NOMA）允许多个用户共享相同的资源（例如，时间、频率、代码）块，因此提高了频谱和能量效率。在下行链路 NOMA 系统中，在 BS 处使用叠加编码（SC）来复用具有不同信道增益的用户的数据，并且在接收机处使用连续干扰消除（SIC）来解码消息信号。由于 6G 系统对数据速率和连接性有更严格要求，通过 RIS 与 NOMA 技术集成实现系统的增益。与传统的 NOMA 系统相比，RIS - NOMA 技术能够以节能的方式克服动态环境的挑战，如无线信道的随机波动、阻塞和用户移动。借助 RIS - NOMA 系统可以获得更好的信道增益、优化的资源分配、增强的覆盖范围。

在 NOMA 与 RIS 集成设计中，需要解决很多新的问题。对于多天线 NOMA 传输，解码顺序不是由用户的信道增益顺序决定的，因为需要满足额外的解码速率条件，以保证成功的 SIC。此外，主动波束形成和被动相移设计都会影响用户之间的解码顺序和用户聚类，这使得 RIS - NOMA 网络中的解码顺序设计、用户聚类和联合波束形成设计高度耦合。

为了充分利用 RIS 辅助 NOMA 系统的增益，需要设计适当的相移矩阵和波束形成矢量。相干相移和随机相移这两种类型的相移设计在 RIS 辅助 NOMA 系统的性能和复杂性之间实现了不同的权衡。对于相干相移，每个 RIS 元素引入一个相位，该相位与来自 RIS 和用户的衰落信道的相位相匹配。随机相移设计降低了系统复杂度和获取了 CSI 的开销，但也降低了系统性能。可以使用半定松弛（SDR）联合优化 RIS 相移矩阵和波束形成向量，以最小化 BS 的发射功率。

采用了功率域 NOMA 技术，改善 RIS 增强型无线网络的频谱效率和用户连接性，通过随机地探索用户的不同信道条件，以不同的功率叠加两个用户的信号，以便更有效地利用频谱。与传统的 MIMO – NOMA 系统相比，RIS – NOMA 技术能够以节能的方式克服动态环境的挑战，如无线信道的随机波动、阻塞和用户移动。对于 RIS – NOMA 系统，核心挑战是解码顺序会因 RIS 的相移配置而动态变化。

有文献研究通过联合设计发射预编码向量和反射系数向量来最小化总发射功率的 MISONOMA 下行链路通信网络。有文献研究和提出了一种新的 RIS 辅助 NOMA 网络设计。用户信道向量的方向可以借助 RIS 对齐。有文献研究和提出了一种 RIS 增强型多天线 NOMA 传输框架，通过考虑 NOMA SIC 解码顺序条件来最大化系统吞吐量。采用 SCA 技术和基于序贯秩一约束松弛（sequential rank – one constraint relaxation）算法获得局部最优解。有文献提出了多小区 RIS – NOMA 网络中的资源分配框架，通过解决用户关联、子信道分配、功率分配、相移设计和解码顺序确定的联合优化问题，可实现速率最大化。

13. 2. 4. 3 RIS 辅助 SWIPT

同步无线信息和能量传输 SWIPT 是未来无线物联网（IoT）供电系统的潜在有效解决方案。SWIPT 是一种很有前途的技术，可以向能量有限的物联网网络提供经济高效的电力传输，其中具有恒定电源的基站同时向信息接收器（IR）和能量接收器（ER）广播无线信号。SWIPT 系统的关键挑战是 ER 和 IR 在不同的电源特性要求下运行。即 ER 需要比 IR 更高阶的接收功率。长距离传输功率损耗会降低能量接收器收集的能量，从而降低 SWIPT 系统的性能。SWIPT 系统的限制可以通过 RIS 进行补偿。通过智能信号反射，RIS 提高了信息接收器（IR）和能量接收器（ER）的信号强度，从而提高了 SWIPT 系统的能量效率。

能量接收器的低能源效率是 SWIPT 系统大规模应用的"瓶颈"。为了克服这一限制，RIS 辅助的 SWIPT 提供了一个可行解决方案。有文献根据信息接收者的单个 SINR 要求，研究了一种 RIS 辅助的 SWIPT 系统。通过联合优化发射波束形成和无源波束形成，使能量接收机接收到的加权和功率最大化。有文献研究将能量接收器中的最小接收功率最大化，部署 RIS 可以提高能量收集效率。有文献研究了 RIS 辅助 SWIPT MIMO 系统中的加权和速率最大化问题，该问题取决于每个能量接收器的能量收集需求。目前主要从通信角度研究了部署 RIS 用于 SWITT 的性能增益，而忽略了 RIS 的 EM 特性。由于 RIS 的近场区域和远场区域之间存在实质性差异，需要研究更复杂的基于 EM 的无线功率传输模型来充分利用 RIS 的优势。

13.2.4.4　RIS 辅助后向散射通信

后向散射通信（Backscatter Communication 或 BackCom）系统是实现节能和可持续的物联网的一个有效解决方案。尽管对提高 BackCom 系统的可靠性和吞吐量进行了广泛的研究，但由于近距离操作影响其大规模部署。有文献研究了 RIS 辅助的单站和双站后向散射通信系统，RIS 用于辅助标签和阅读器之间的通信，并研究了一个联合优化框架，在发射功率最小化的情况下，优化 RIS 相移和源发射波束形成。此外，可以利用 RIS 在不同方向上引导信号，以减少用户间干扰的能力，来提高环境后向散射通信系统的检测性能。有文献研究了一种基于深度强化学习（DRL）的方法，即深度确定性策略梯度（DDPG）算法，用于在不了解信道和环境信号的情况下，联合优化 RIS 辅助环境背景通信系统的 RIS 和读卡器波束形成。

13.2.4.5　RIS 辅助毫米波通信

毫米波频率有一些固有的缺点，比如严重的路径损耗，但考虑到其短波长，在紧凑空间内的大型天线阵列可以提供巨大的阵列增益。另外，它容易受到汽车、行人和树木的阻碍。容易穿透的损耗也很高。由于毫米波的高带宽特性，具有支持高数据速率的潜力。毫米波通信具有支持数千兆位数据速率的能力。然而，毫米波的高方向性使其容易受到阻塞瞬间的影响，特别是在室内和密集的城市环境中。通过部署 RIS 构建辅助传输链路，优化毫米波通信系统。RIS 辅助毫米波系统可以克服传统毫米波系统的局限性。有文献研究当从 BS 到用户的直接链路被严重阻塞时，优化系统参数可以提供性能增益；利用交替优化和逐次凸近似（SCA）联合优化 RIS 辅助毫米波 NOMA 系统的波束形成矢量和功率分配；验证了 RIS 能够增强毫米波 NOMA 系统的覆盖范围，尤其是当直接基站到用户链接被阻断时。有文献介绍了多用户辅助毫米波通信系统的混合预编码设计，其中假设来自 BS 和用户的直接链路被阻塞。作者联合优化了 BS 处的混合预编码和 RIS 处的相移，以最小化发送和接收符号之间的均方误差（MSE）。采用基于交替优化（AO）的梯度投影（GP）方法解决模拟预编码和相移的非凸约束。结果表明，所提出的设计显著提高了性能。然而，在不完全 CSI 条件下，该设计的有效性还需要进一步研究。此外，所提出的混合预编码和相移设计可以扩展到 BS 和用户之间具有直接链路的系统。

13.2.4.6　RIS 辅助物理层安全

物理层安全技术由于能够避免复杂的密钥交换协议，适合对延迟敏感的应用，有着广泛的应用前景。RIS 的信号处理能力可以提高通信链路的物理层安全性（PLS），RIS 能够同时增强预期用户处的期望信号功率，并减轻其他非预期用户处的干扰功率，实现提高目标用户的信号波束，抑制非目标用户的波束。RIS 辅助的 PLS 需要从窃听者到 RIS 和 BS 的信道信息，但这很难获得。在不完全 CSI 条件下，需要对 RIS 辅助 PLS 进行复杂的信道估计和 RIS 无源波束形成设计。有文献研究了在窃听者在场的情况下运行的网络中部署了一个 RIS，以减轻对窃听者的信息泄露，同时增加合法用户处的接收信号功率。有文献研究了一种 RIS 增强型多输入单输出单窃听器（MISOSE）信道，其中窃听器配备一个天线。通过使用基于 AO 的算法联合优化发射波束形成和 RIS 相移矩阵，最大限度地提高了保密率。有文献通过考虑连续和离散 RIS 相移，研究了 RIS 增强型多用户多输入单输出多窃听器（MISOME）系统中的最小保密速率最大化问题。有文献研究了在 RIS 增强的 MISOME 系统中使用人工噪声 AN 的有效性。通过联合优化发射波束形成、无源波束形成和信道估计，最大限度地提高了可实现的保密率。有文献研究了不完全 CSI 下的 RIS 增强型多用户多输入单输出多窃听器 MISOME 系统，实现在最大信息泄露约束下最大化总速率。

13.2.4.7　RIS 辅助无人机及空中通信

无人机携带的空中 RIS 可以实现全空间反射，从而拥有比固定在某个位置的地面 RIS 服务相对更多的用户。RIS 可以应用于支持无人机的通信系统，以改善传播环境并提高通信质量。空中 RIS 具有 LoS 信道，从而缓解堵塞。无人机的高机动性可用于进一步扩大空中侦察系统的覆盖范围。RIS 辅助无人机通信系统需要研究解决空中 RIS 带来三维（3D）布局和信道估计等问题。在密集的城市环境中，无人机与地面用户之间的 LoS 链路可能被阻断，从而降低信道增益。RIS 辅助无人机系统可以通过将从无人机接收到的信号反射给地面用户来实现虚拟 LoS 信道。通过 RIS 波束形成和无人机轨迹的联合优化，可以显著提高地面用户接收到的信号功率。有文献研究了一种无人机机动性和 RIS 相移约束条件下可实现速率最大化的迭代算法，借助 RIS 可显著提高可实现速率。

RIS 可以增强无人机的蜂窝通信，无人机的蜂窝通信受到向下倾斜的基站天线的影响，即天线的主瓣经过优化以服务于地面用户，而无人机通信仅由旁瓣支持。通过智能和优化的信号反射，通过蜂窝基站控制，RIS 可以将基站信号定向到特定的无人机。RIS 反射信号与直接 BS－UAV 信号相干组合，从而提高 UAV 处的接收信号强度。通过部署在建筑立面上的小型 RIS，也可以大大改善在 BS 上方飞行的无人机的蜂窝通信。RIS 安装于无人机，RIS 通过补偿长距离的功率损失，以及通过被动反射无人机和移动用户接收到的信号，在无人机和移动用户之间建立虚拟 LoS 链路，从而提高无人机的覆盖范围和服务质量。有文献研究了单个无人机的有效布局方案，无人机配备一个 RIS，在考虑用户移动性的同时，辅助毫米波下行链路传输。通过联合设计无人机轨迹和 RIS 反射参数，保证了基站和用户之间的虚拟视距连接，提高了平均数据速率和下行链路 LoS 概率。有文献研究了一种新的 RIS 辅助多无人机 NOMA 传输框架，以增强无人机与其服务地面用户之间的期望信号强度，同时缓解无人机间的干扰。

RIS 辅助无人机，通过部署 RIS，可以调整 RIS 相移，从而在无人机和用户之间形成虚拟 LoS 链路，减少无人机的飞行，降低能耗。无人机借助 RIS 虚拟 LoS 链路来保持悬停状态，实现无人机的总能耗最小化，从而使无人机的续航能力最大化。

13.2.4.8　RIS 辅助移动边缘计算（MEC）网络

移动边缘计算（MEC）与人工智能技术联合，可以提供丰富的计算资源来训练机器学习（ML）模型的平台，并实现对移动和物联网（IoT）设备生成的数据的低延迟访问。有文献研究了一种在 MEC 服务器上借助可重构智能表面（RIS）执行 ML 任务的基础结构。代替传统通信系统的吞吐量最大化目标，是最大化学习性能。通过联合优化移动用户的发射功率、基站（BS）的波束形成向量和 RIS 的相移矩阵来最小化所有参与用户的最大学习误差，并基于逐次凸近似（SCA）的算法来解决功率分配问题，设计了一种基于交替方向乘子法（ADMM）的算法，有效地解决了相移矩阵设计问题。

在虚拟现实（VR）等新型未来应用中，计算密集型图像和视频处理任务必须实时执行。然而，由于典型 VR 设备的电源和硬件能力有限，这些任务无法在本地完成。为了解决这个问题，可以将这些计算密集型任务卸载到通常部署在网络边缘的强大计算节点上。然而，对于这些设备远离 MEC 节点的一些特殊情况，由于严重的路径丢失，它们可能会遭受较低的数据卸载率，从而导致过多的卸载延迟。有文献研究了一种新的 RIS 辅助 MEC 框架，仿真结果表明，如果采用100个元素的 RIS，总体任务延迟可以从 115 ms 减少到 65 ms。

有文献研究通过可重构智能表面技术来增强 MEC 系统。可重构智能表面技术能够重构无线传播环境，从而增强卸载链路。通过联合来优化 RIS 以及 MEC系统的通信和计算资源分配，并考虑了四个用例。

13.2.5　RIS 辅助无线网络中的关键问题

在 RIS 辅助无线网络系统中，需要解决信道估计、波束形成设计、移动管理、部署方法等问题。

1. 信道估计

智能反射面 RIS 辅助无线网络，需要估计 CSI 以支持相移设计。可以考虑近实时 CSI 和长期 CSI。对于近实时 CSI 估计，考虑一个典型的 RIS 辅助无线系统，其中多天线 BS 在 RIS 的帮助下服务于单个天线用户。分析从 BS 到 RIS 以及从RIS 到用户的信道。由于反射元件的数量通常非常大，因此级联信道包含大量的信道系数，所以需要大量的导频，这与反射元件的数量成比例。如何降低信道估计开销仍然是一个有待解决的问题。对于长期 CSI 的相移设计，应在基站处提供角度或位置信息。但是当从 BS 到用户的直接信道被阻塞时，传统的角度/位置估计算法不适用于 RIS 辅助网络。因为传统 BS 可以发射用于跟踪用户的导频波束，而 RIS 是被动的，不能发送导频信号。因此，必须为 RIS 辅助网络设计低复杂度但高性能的角度/定位算法。

2. 波束形成设计

智能反射面 RIS 辅助无线网络，对于给定估计的 CSI，相移必须与 BS 的主动波束形成一起设计。为了估计级联 CSI，首先通过关闭 RIS 来估计直连 BS 用户信道，然后再打开 RIS 来估计整个信道。如果基于直连 BS 的用户信道估计误差，则会进一步影响级联 CSI，需要解决级联的 CSI 误差问题。此外，非线性放大器、低分辨率模数转换器（ADC）和不完善的振荡器会引起的实际收发器硬件损坏

（HWI）。为了降低硬件成本和功耗，可以使用有限数量的量化相移，这将在 RIS 元件的相移上施加量化噪声。此外，普遍假设的纯相位反射模型在实践中并不准确，因为反射振幅往往取决于相移本身的值。与不使用 RIS 的传统系统相比，由于 RIS 处存在量化相位，因此 RIS 辅助系统中 HWI 的影响是复杂的。因此，需要考虑收发器和 RIS 处的 HWI 的稳健传输设计。

另外，由于以下原因，获取近实时 CSI 可能具有挑战性。第一，当反射元素的数目较大时，训练开销过大。第二，BS 必须计算其波束形成权重以及 RIS 处的相移，这需要解决大规模优化问题。第三，当 RIS 元素的数量较大且信道快速变化时，从 BS 到 RIS 的反馈链路所需的容量也增加，这带来了高开销和高成本。为了应对这些挑战，设计基于长期 CSI 的相移是很有吸引力的，它依赖于角度和位置信息，而角度和位置信息的变化要慢得多。不幸的是，只有很少的贡献被用于这一研究领域。

3. 低开销交换的分布式算法

在某文献的 RIS 辅助多小区方案中，传输设计是集中的。特别是，所提出的算法需要一个中央处理器（CPU）来收集网络上的所有复数信道矩阵。CPU 计算所有活动波束形成权重和相移，然后将它们发送回相应的节点。然而，这些集中式算法存在严重的反馈开销和较高的计算复杂度，这是一个障碍。注意，与传统的 RIS 自由系统相比，大维度级联信道矩阵必须额外反馈给 CPU。

因此，必须设计分布式算法，其中每个基站可以基于其本地 CSI 和与其他基站的有限信息交换来做出传输决策。与集中式算法相比，分布式算法具有诱人的优势，如信息交换开销低、计算复杂度低和扩展性强。

4. RIS 辅助频分双工（FDD）系统的设计

由于信道互易的吸引人的特性，与 RIS 相关的大多数现有贡献都考虑了基于时分双工（TDD）实现的信道估计。然而，最近在某文献中的结果表明，RIS 相移模型取决于入射电磁角，这意味着 TDD 系统中的信道互易假设在实践中可能不成立。因此，研究 FDD – RIS 系统的信道估计和传输设计是十分必要的。由于在 RIS 处有大量反射元件，在 FDD – RIS 系统中，必须将大尺寸信道矩阵反馈给 BS，这会产生高反馈开销。

5. 流动管理

移动管理对于无线网络来说是一个具有挑战性的问题。由于用户的快速移动，除非使用敏捷移动管理方案，否则，基站可能会失去与用户的连接。由于 RIS 是被动的，它们不能发送引导信号来跟踪用户的移动。因此，跟踪漫游用户更具挑战性，特别是当 BS 和用户之间的直接链路被阻塞时。

6. 部署问题

RIS 反射元件的部署策略对 RIS 相关信道系数的生成有重大影响，因此也对系统性能极限有重大影响。RIS 部署必须考虑硬件成本、位置可用性、用户分布和请求的服务。给定反射元素的总数，分析和比较各种集中式和分布式部署方案。

7. AI 驱动的设计和优化

为了提高系统性能，需要对 RIS 相移矩阵进行优化。在实际部署中，每个 RIS 都配备了数百个反射元件。由于相移约束的非凸性和目标函数的非凸性，现有的相移设计方法大多依赖于基于模型的优化方法，需要大量迭代才能找到近似最优解。现有的方法计算复杂度高，不适合实时应用。基于人工智能（AI）的方法，在没有特定数学模型的情况下提取系统特征。通过训练，可以用简单的代数计算找到最优解，经过训练后的模型对不完善的 CSI 和硬件损伤都具有很强的鲁棒性。

13.2.6 RIS 在 6G 系统中的应用及未来研究方向

未来的 6G 通信业务要求更高的通信速率和更多的连接密度，需要开发更多的频谱资源和达到更高的频谱利用率。很多新兴技术会应用于 6G 通信系统中，例如太赫兹通信、超大规模的 MIMO 技术等。智能表面技术与上述技术方向结合，可以在多个实际应用场景中提升通信系统的性能。无线通信环境中的遮挡物会造成阴影衰落，导致信号质量下降。传统的无线通信系统通过控制发射设备的发射信号波束和接收设备的接收信号波束来提升接收信号的信号质量。对于毫米波和太赫兹频段，高频信号的透射和绕射能力更差，通信质量受到物体遮挡的影响更明显。在实际部署中，智能表面可以为物体遮挡区域的终端提供转发的信号波束，扩展小区的覆盖范围，由于智能表面只反射或折射入射信号，不需要具备射频链路，避免了硬件复杂度和功耗的问题，可以进一步提升多天线规模，获得更高的波束赋形增益。RIS 应用研究除了容量及数据速率分析、功率/频谱优化、信道估计、基于深度学习的设计、可靠性分析、安全通信、终端定位等应用外，面向 6G 的智能表面技术中，还需要很多基础性的问题需要研究，下面是几个典型研究内容：

1. 器件单元的设计和建模理论

用于通信的智能表面器件单元需要支持双极化的入射信号，并且对于双极化入射信号具有相近幅度和相位响应特性。智能表面器件单元的设计需要从器件材料选取和器件结构两个方向设计符合通信系统需求的智能硬件。在理论分析中，智能表面器件单元被建模成理想的反射单元，然而实际的器件单元的响应信号的参数受到多个因素影响，例如入射信号角度、出射信号角度、入射信号极化方向等。准确高效的器件单元的信号响应模型是智能表面设备性能评估的基础。

2. 智能表面的信道建模

未来的通信环境中可能会大量部署智能表面设备。智能表面设备不能抽象为一个简单的通信节点，现有的无线通信信道模型不适用于智能表面的信道建模。学术界需要对智能表面设备与基站或终端节点之间的信道特征进行分析和建模并进行测试验证。特别地，智能表面的信道特征受基站、终端和智能表面部署位置的影响，系统仿真需要对智能表面进行空间建模来准确地评估系统性能。

3. 信道测量和反馈机制

由于智能表面由大量的器件单元构成并且没有射频和基带处理能力，所以基站无法分别获得基站到智能表面以及智能表面到终端的信道信息。基站或终端的接收信号由大量的智能表面器件单元的响应信号叠加形成，改变一个或者少量的器件单元的工作状态并不能使接收信号产生明显的变化。一种可能的测量方案是在智能表面安装少量有源器件单元，使得智能表面能够进行信道测量和反馈；基站使用压缩感知或者深度学习算法从有限的信道信息中推算出合理的智能表面配置参数。基于智能表面的通信系统需要一个高效的信道测量机制，在保证智能表面低复杂度的前提下，尽量提升端到端的信号质量。此外，基于智能表面的通信系统的理论性能分析、多用户 MIMO 性能分析、智能表面应用部署场景的探索等也是后续研究的重要方向。

■ 13.3　本章小结

本章介绍了正在被热点研究的两大技术领域：6G 技术和智能超表面技术。分析了从 1G 到 5G 的技术发展和特征，介绍了 6G 的潜在技术应用，说明了 5 个 6G 研究和应用的技术方面。对于智能超表面技术，首先介绍了几个与智能超表面技术相关的几个概念、智能超表面技术的原理和特性，详细阐述了智能超表面的 10 个技术应用研究方向和领域。6G 技术和智能超表面技术是学术界正在追捧和探索的领域，未来必将有快速的发展和应用。

参考文献

［1］左青云，陈鸣，赵广松，等．基于 OpenFlow 的 SDN 技术研究［J］．软件学报，2013，24（5）：1078－1097．

［2］白煜．基于 NETCONF 的网络设备配置与管理系统设计与实现［D］．成都：电子科技大学，2020．

［3］张朝昆，崔勇，唐翯翯，等．软件定义网络（SDN）研究进展［J］．软件学报，2015，26（1）：62－81．

［4］雷葆华．SDN 核心技术剖析和实战指南［M］．北京：电子工业出版社，2013．

［5］韦兴军．OpenFlow 交换机模型及关键技术研究与实现［J］．长沙：国防科学技术大学，2008．

［6］安博．基于 SDN Controller 的交换保护研究［D］．成都：西南交通大学，2015．

［7］马文婷．基于 OpenFlow 的 SDN 控制器关键技术研究［D］．北京：北京邮电大学，2015．

［8］王淑玲，李济汉，张云勇，等．SDN 架构及安全性研究［J］．电信科学，2013，29（3）：117－122．

［9］许名广，刘亚萍，邓文平．网络控制器 OpenDaylight 的研究与分析［J］．计算机科学，2015，42（6A）：249－252。

［10］戴彬，王航，远徐，等．SDN 安全探讨：机遇与威胁并存［J］．计算机应

用研究，2014，31（8）：2254 - 2262.

［11］ 王晓军，董小燕，沈苏彬，等. 基于 Netconf 的网络管理系统设计［J］. 南京邮电大学学报：自然科学版，2006，26（3）：62 - 68.

［12］ Kerpez K J, Cioffi J M, Ginis G, et al. Software - defined access networks［J］. IEEE Communications Magazine，2014，52（9）：152 - 159.

［13］ 程莹，张云勇. SDN 应用及北向接口技术研究［J］. 信息通信技术，2014，8（1）：36 - 39.

［14］ 韦楠. 软件定义网络中北向接口关键技术的研究与实现［D］. 北京：北京邮电大学，2015.

［15］ Bosshart P, Daly D, Gibb G, et al. P4：Programming protocol - independent packet processors［J］. ACM SIGCOMM Computer Communication Review［J］，2014，44（3）：87 - 95.

［16］ The P4 Language Specification，version 1. 2. 2［EB/OL］.［2021 - 05 - 17］. https：//p4. org/p4 - spec/docs/P4 - 16 - v1. 2. 2. pdf.

［17］ OpenFlowSwitch Specification 1. 0. 0［EB/OL］.［2009 - 12 - 31］. https：// opennetworking. org/wp - content/uploads/2013/04/openflow - spec - v1. 0. 0. pdf.

［18］ OpenFlowSwitch Specification 1. 1. 0［EB/OL］.［2011 - 2 - 28］. https：//open-networking. org/wp - content/uploads/2014/10/openflow - spec - v1. 1. 0. pdf.

［19］ OpenFlowSwitch Specification 1. 2［EB/OL］.［2011 - 12 - 5］. https：//opennet-working. org/wp - content/uploads/2014/10/openflow - spec - v1. 2. pdf.

［20］ OpenFlow Switch Specification 1. 3. 0［EB/OL］.［2012 - 6 - 25］. https：// opennetworking. org/wp - content/uploads/2014/10/openflow - spec - v1. 3. 0. pdf.

［21］ OpenFlow Switch Specification 1. 4. 0［EB/OL］.［2013 - 10 - 14］. https：// opennetworking. org/wp - content/uploads/2014/10/openflow - spec - v1. 4. 0. pdf.

［22］ OpenFlow Switch Specification 1. 5. 0［EB/OL］.［2014 - 12 - 19］. https：// opennetworking. org/wp - content/uploads/2014/10/openflow - switch - v1. 5. 0.

pdf.

［23］邵喆丹. 软件定义网络安全保障若干关键技术研究［D］. 南京：南京邮电大学，2019.

［24］Gagandeep Garg，Roopali Garg. Review on Architecture & Security Issues of SDN［J］. International Journal of Innovative Research in Computer and Communication Engineering，2014，2（11）：6519 – 6524.

［25］Sooel S，Seungwon S，Vinod Y，et al. Model Checking Invariant Security Properties in OpenFlow［C］. Proceedings of IEEE International Conference on Communication（ICC），Budapest，Hungary，2013.

［26］Ali Hussein，Imad H Elhajj，Ali Chehab，et al. SDN Security Plane：An Architecture for Resilient Security Services［C］. 2016 IEEE International Conference on Cloud Engineering Workshops，Berlin，Germany，2016.

［27］Mehiar Dabbagh，Bechir Hamdaoui，Mohsen Guizani，et al. Software – defined networking security：pros and cons［J］. IEEE Communications Magazine，2015，53（6）：73 – 79.

［28］Ijaz Ahmad，Suneth Namal，Mika Ylianttila，et al. Security in Software Defined Networks：A Survey［J］. IEEE Communication Surveys & Tutorials，2015，17（4）：2317 – 2346.

［29］Rodrigo Braga，Edjard Mota，Alexandre Passito. Lightweight DDoS Flooding Attack Detection Using NOX/OpenFlow［C］. 35th Annual IEEE Conference on Local Computer Networks，Denver，USA，2010.

［30］Sooel Son，Seungwon Shin，Vinod Yegneswaran，et al. Model Checking Invariant Security Properties in OpenFlow［C］. IEEE ICC 2013（Communication and Information Systems Security Symposium）Budapest，Hungary，2013.

［31］纪越峰. 软件定义光网络的机遇与挑战［J］. 中兴通讯技术，2014（5）：42 – 44.

［32］鲁义轩. 中兴通讯发布 SDON 白皮书详解光网络变革技术关键［J］. 通信世界，2016（18）：55 – 56.

［33］ITU – T G. 8080/Y. 1304. Architecture for the automatically switched optical network（ASON）［S］.

［34］ Ramon Casellas, Ricardo Martínez, Raül Muñoz, et al. Control and Management of Flexi – grid Optical Networks With an Integrated Stateful Path Computation Element and OpenFlow Controller ［J］. Journal of Optical Communications and Networking, 2013, 5（10）: A57 – A65.

［35］ 张杰，赵永利. 软件定义光网络技术与应用 ［J］. 中兴通讯技术, 2013, 19（3）: 17 – 20.

［36］ 张国颖，徐云斌，王郁. 软件定义光传送网的发展现状、挑战及演进趋势 ［J］. 电信网技术, 2014（6）: 26 – 27.

［37］ Wolfgang Freude, René Schmogrow, Bernd Nebendahl, et al. Software – defined optical transmission ［C］. 2011 13th International Conference on Transparent Optical Networks, Stockholm, Sweden, 2011.

［38］ Jiawei Zhang, Yuefeng Ji, Jie Zhang, et al. Baseband Unit Cloud Interconnection Enabled by Flexible Grid Optical Networks with Software Defined Elasticity ［J］. IEEE Communication Magazine, 2015, 53（9）: 90 – 98.

［39］ 纪越峰，张杰，赵永利，等. 软件定义光网络（SDON）发展前瞻 ［J］. 电信科学, 2014, 41（8）: 19 – 22.

［40］ 张佳玮，赵永利，纪越峰. 软件定义光网络技术演进及创新应用 ［J］. 信息通信技术, 2016（1）: 10 – 16.

［41］ 张杰. 软件定义光网络研究进展与创新应用探讨 ［J］. 中兴通讯技术, 2015, 21（6）: 39 – 44.

［42］ 古渊，任剑. 全光通信中的光分插复用器 ［J］. 光通信技术, 2000, 24（4）: 250 – 256.

［43］ 俊杰. ROADM 技术的应用 ［J］. 中兴通讯技术, 2013（3）: 26 – 30.

［44］ 黄海清，李维民，杨种山. 下一代 ROADM 的结构与技术 ［J］. 光通信技术, 2013（5）: 37 – 39.

［45］ 李雪健，刘志刚，董振龙，等. 多域光网络互联互通技术 ［J］. 光通信技术, 2015（1）: 11 – 14.

［46］ 李晓维，李华伟，寿国础. 软件 – 集成电路 – 网络测试技术 ［J］. 信息通

信技术, 2015 (3): 4-8.

[47] 刘世栋, 王攀. 基于 SDN 的多域光网络虚拟化技术 [J]. 电信科学, 2016 (4): 109-113.

[48] 宋伊娜. 软件定义光网络创新 APP 研究与实现 [D]. 北京: 北京邮电大学, 2016.

[49] Yongli Zhao, Jie Zhang, Ting Zhou, et al. Time-aware Software Defined Networking (Ta-SDN) for Flexi-grid Optical Networks Supporting DataCenter Application [C]. 2013 IEEE Globecom Workshops (GC Wkshps), Atlanta, USA, 2013.

[50] Lionel Bertaux, Samir Medjiah, Pascal Berthou, et al. Software Defined Networking and Virtualization for Broadband Satellite Networks [J]. IEEE Communications Magazine, 2015, 53 (3): 54-60.

[51] Carl E Fossa, Jr. A Performance Analysis of The IRIDIUM Low Earth Orbit Satellite System [D]. the Degree of Master of Science, 1998.

[52] Arled Papa, Tomaso de Colay, Petra Vizarreta, et al. Dynamic SDN Controller Placement in a LEO Constellation Satellite Network [C]. 2018 IEEE Global Communications Conference (GLOBECOM), Abu Dhabi, United Arab Emirates, 2018.

[53] 付辰. 软件定义卫星网络控制器研究 [D]. 北京: 北京邮电大学, 2020.

[54] 吴帅. 软件定义卫星网络关键技术研究 [D]. 长沙: 国防科技大学, 2020.

[55] Valtulina L, Karimzadeh M, Karagiannis G, et al. Performance evaluation of a SDN/OpenFlow-based Distributed Mobility Management (DMM) approach in virtualized LTE systems [C]. 2014 IEEE Globecom Workshops (GC Wkshps), Austin, TX, USA, 2014.

[56] Ferr R, Koumaras, Sallent O, et al. SDN/NFV-enabled satellite communications networks: Opportunities, scenarios and challenges [J]. Physical Communication, 2016, 18 (3): 95-112.

[57] Jiajia Liu, Yongpeng Shi, Lei Zhao, et al. Joint Placement of Controllers and Gateways in SDN-Enabled 5G-Satellite Integrated Network [J]. IEEE Journal

on Selected Areas in Communications, 2018, 36 (2): 221 –232.

［58］Chowdhury P K, Atiquzzaman M, Ivancic W. Handover schemes in space net-
works: classification and performance comparison ［C］. 2nd IEEE International
Conference on Space Mission Challenges for Information Technology (SMC –
IT'06), Pasadena, CA, USA, 2006.

［59］Bottcher A, Werner R. Strategies for handover control in low Earth orbit satellite
systems ［C］. Proceedings of IEEE Vehicular Technology Conference (VTC),
Stockholm, Sweden, 1994.

［60］Zhao W, Tafarolli R, Evans B G. Combined handover algorithm for dynamic sat-
ellite constellations ［J］. Electronics Letters, 1996, 32 (7): 622 –624.

［61］Uzunalioglu H, Wei Yen. Managing connection handover in satellite networks
［C］. IEEE Global Telecommunications Conference, Phoenix, AZ, USA,
1997.

［62］Gkizeli M, Tafazolli R, Evans B. Modeling handover in mobile satellite diversity –
based systems ［C］. IEEE 54th Vehicular Technology Conference, Atlantic City,
NJ, USA, 2001.

［63］Glizeli M, Tafazolli R, Evans B. Performance analysis of handover mechanisms
for non – geo satellite diversity – based Systems ［C］. IEEE GLOBECOM, San
Antonio, TX, USA, 2001.

［64］Nguyen H N, Lepaja S. Handover management in low earth orbit satellite IP net-
works ［C］. IEEE GLOBECOM, San Antonio, TX, USA 2001.

［65］Pulak K. Chowdhury, Mohammed Atiquzzaman, Will Lvancic. Handover Schemes
in Satellite Networks: State – of – the – Art and Future Research Directions ［J］.
IEEE Communications Surveys & Tutorials, 2007, 8 (4): 2 –14.

［66］Chengsheng Pan, Hongwei Luo, Li Yang et al. LEO Satellite communication
system handover technology and channel allocation strategy ［J］. International
Journal of Innovative Computing, Information and Control, 2013, 9 (11):
4595 –4602.

［67］Bowei Yang, Yue Wu, Xiaoli Chu, et al. Seamless Handover in Software – Defined Satellite Networking [J]. IEEE Communications Letters, 2016, 20 (9): 1768 – 1771.

[68] Jinyong Jang, Minwoo Lee, Eunkyung Kim. Satellite beam handover detection algorithm based on RCST mobility information, World Academy of Science [J]. Engineering and Technology, 2011 (81): 779 – 785.

[69] Li Song, Ai – jun Liu, Yi – fei Ma. Adaptive Mobility Handoff Scheme for Multi – Beam GEO Mobile Satellite System [C]. 2008 4th IEEE International Conference on Circuits and Systems for Communications, Shanghai, China, 2008.

[70] Qureshi R, Dadej A. Adding Support for Satellite Interfaces to 802. 21 Media Independent Handover [C]. 2007 15th IEEE International Conference on Networks, Adelaide, SA, Australia, 2007.

[71] Russell J, Fang F, Broadband IP Transmission over SPACEWAY® Satellite with On – Board Processing and Switching [C]. 2011 IEEE Global Telecommunications Conference, Houston, TX, USA, 2011.

[72] Lloyd Wood, Yuxuan Lou, Opeoluwa Olusola. Revisiting elliptical satellite orbits to enhance the O3b constellation [J]. Journal of the British Interplanetary Society, 2014, 67 (3): 110 – 118.

[73] Ting Li, Jin Jin, Wei Li, et al. Research on interference avoidance effect of OneWeb satellite constellation's progressive pitch strategy [J]. International Journal of Satellite Communications and Networking, 2021, 39 (5): 524 – 538.

[74] Stephen R Pratt, Richard A Raines, Carl E Fossa, et al. Temple, An operational and performance overview of the IRIDIUM low earth orbit satellite system [J]. IEEE Communications Surveys, 1999, 2 (2): 2 – 10.

[75] Lipatov A A, Skorik E T, Fyodorova T M. New generation of geostationary mobile communication satellite – Thuraya [C]. 11th International Conference Microwave and Telecommunication Technology Conference Proceedings, 2001.

[76] Nicholson J, Gerstein B T. The Department of Defense's next generation narrowband satellite communications system [C]. The Mobile User Objective System (MUOS), MILCOM 2000 Proceedings, 21st Century Military Communications,

Architectures and Technologies for Information Superiority, Los Angeles, CA, USA, 2000.

[77] Tracy Allison J, Ganess Shiwmangal, Richard L Gobbi. et al. SATCOM – GIG integration roadmap development [C]. MILCOM 2009—2009 IEEE Military Communications Conference, Boston, MA, USA, 2009.

[78] Christopher M Hudson, Eric K Hall, Glenn D Colby. AISR Missions on Intelsat EpicNG Ku – Band [C]. 2014 IEEE Military Communications Conference, Baltimore, MD, USA, 2014.

[79] Alessandro Vanelli – Coralli, Giovanni E Corazza, Michele Luglio, et al. The ISICOM Architecture [C]. 2009 International Workshop on Satellite and Space Communications, Siena, Italy, 2009.

[80] Pan C, et al. Intelligent Reflecting Surface Aided MIMO Broadcasting for Simultaneous Wireless Information and Power Transfer [J]. IEEE Journal on Selected Areas in Communications, 2020, 38 (8): 1719 – 1734.

[81] Anthony Mallama. The Brightness of OneWeb Satellites, arXiv: 2012. 05100, Instrumentation and Methods for Astrophysics [EB/OL]. [2020 – 12 – 09]. https://arxiv. org/abs/2012. 05100.

[82] Aizaz U Chaudhry, Halim Yanikomeroglu. Laser Inter – Satellite Links in a Starlink Constellation [EB/OL]. [2021 – 2 – 26]. https://arxiv. org/abs/2103. 00056.

[83] Tong Duan, Venkata Dinavahi. Starlink Space Network – Enhanced Cyber – Physical Power System [J]. IEEE Transactions on Smart Grid, 2021, 12 (4): 3673 – 3675.

[84] Anthony Mallama. The Brightness of VisorSat – Design Starlink Satellites [EB/OL]. [2021 – 1 – 2]. https://arxiv. org/abs/2101. 00374.

[85] Takashi Horiuchi, Hidekazu Hanayama, Masatoshi Ohishi. Simultaneous Multicolor Observations of Starlink's Darksat by the Murikabushi Telescope with MITSuME [J]. The Astrophysical Journal, 2020, 905 (3): 1 – 10.

[86] Jonathan C McDowell. The Low Earth Orbit Satellite Population and Impacts of

the SpaceX Starlink Constellation ［J］. The Astrophysical Journal Letters，2020，892（2）：1 – 10.

［87］ 张更新，王运峰，丁晓进，等. 卫星互联网若干关键技术研究［J］. 通信学报，2021，42（8）：1 – 18.

［88］ Qureshi R，Dadej A. Adding Support for Satellite Interfaces to 802. 21 Media Independent Handover ［C］. 2007 15th IEEE International Conference on Networks，Adelaide，SA，Australia，2007.

［89］ Hu Y F，Prashant Pillai，Matteo Beriolli. Mobility Extension for Broadband Satellite Multimedia ［C］. 2009 International Workshop on Satellite and Space Communications，Siena，Italy，2009.

［90］ Shu Fu，Jie Gao，Lian Zhao. Integrated Resource Management for Terrestrial – Satellite Systems ［J］. IEEE Transactions on Vehicular Technology，2020，69（3）：3256 – 3266.

［91］ Xiangming Zhu，Chunxiao Jiang，Linling Kuang，et al. Cooperative Transmission in Integrated Terrestrial – Satellite Networks ［J］. IEEE Network，2019，33（3）：204 – 210.

［92］ Oltjon Kodheli，Alessandro Guidotti，Alessandro Vanelli – Coralli. Integration of Satellites in 5G through LEO Constellations ［C］. GLOBECOM 2017—2017 IEEE Global Communications Conference，Singapore，2017.

［93］ Alessandro Vanelli – Coralli，Giovanni E Corazza，Michele Luglio，et al. The ISICOM Architecture ［C］. 2009 International Workshop on Satellite and Space Communications，Siena，Italy，2009.

［94］ Bai T，Pan C，Deng Y，et al. Latency minimization for intelligent reflecting surface aided mobile edge computing ［J］. IEEE J. Sel. Areas Communication，2020，38（11）：2666 – 2682.

［95］ 赵瑾. 天地一体化网络虚拟化资源管理技术研究［D］. 西安：西安电子科技大学，2020.

［96］ Rajeev Gopal，Nassir BenAmmar. Framework for Unifying 5G and Next Generation Satellite Communications ［J］. IEEE Network，2018，32（5）：16 – 24.

［97］ Giovanni Giambene, Sastri Kota, Prashant Pillai. Satellite – 5G Integration: A Network Perspective ［J］. IEEE Network, 2018, 32 (5): 25 – 31.

［98］ Xingqin Lin, Stefan Rommer, Sebastian Euler, et al. 5G from Space: An Overview of 3GPP Non – Terrestrial Networks ［J］. IEEE Communications Standards Magazine, 2021, 5 (4): 147 – 153.

［99］ Guidotti A, et al. Architectures and Key Technical Challenges for 5G Systems Incorporating Satellites ［J］. IEEE Transactions on Vehicular Technology, 2019, 68 (3): 2624 – 2639.

［100］ Chongwen Huang, Sha Hu, George C Alexandropoulos, et al. Holographic MIMO Surfaces for 6G Wireless Networks: Opportunities, Challenges, and Trends ［J］. IEEE Wireless Communications, 2020, 27 (5): 118 – 125.

［101］ Guidotti A, Vanelli – Coralli A, Caus M, et al. Satellite – Enabled LTE Systems in LEO Constellations ［C］. 2017 IEEE International Conference on Communications Workshops (ICC Workshops), Paris, France, 2017.

［102］ Kota S, Giambene G, Kim S. Satellite component of NGN: Integrated and hybrid networks ［J］. Int. J. of Satellite Communications and Networking, 2011, 29 (3): 191 – 208.

［103］ Oltjon Kodheli, Alessandro Guidotti, Alessandro Vanelli – Coralli. Integration of Satellites in 5G through LEO Constellations ［C］. 2017 IEEE Global Communications Conference, Singapore, 2017.

［104］ Beatriz Soret, Israel Leyva – Mayorga, Maik Röper, et alLEO Small – Satellite Constellations for 5G and Beyond – 5G Communications ［J］. IEEE Access, 2019 (8): 184955 – 184964.

［105］ Konstantinos Ntougias, Constantinos B Papadias, Georgios K Papageorgiou, et al. Spectral Coexistence of 5G Networks and Satellite Communication Systems Enabled by Coordinated Caching and QoS – Aware Resource Allocation ［C］. 2019 27th European Signal Processing Conference (EUSIPCO), A Coruna, Spain, 2019.

［106］ 邬江兴. 网络空间拟态防御导论 ［M］. 北京: 科学出版社, 2018.

［107］ Xu K, Zhu L, Zhu M. Architecture and Key Technologies of Internet Address Security ［J］. Journal of Software, 2014, 25 (1)：78 –97.

［108］ Marias G F, Barros J. Security and privacy issues for the network of the future ［J］. Security & Communication Networks, 2012, 5 (9)：987 –1005.

［109］ Kent S, Lynn C, Seo K. Secure border gateway protocol (S – BGP) ［J］. IEEE JSAC, 2000, 18 (4)：582 –592.

［110］ Christos Stergiou, Kostas E Psannis, Byung – Gyu Kim, et al. Secure integration of IoT and Cloud Computing ［J］. Future Generation Computer Systems, 2018 (78)：964 –975.

［111］ Han D, Anand A, et al. XIA：Efficient Support for Evolvable Internetworking ［C］. The 9th USENIX Symposium on Networked Systems Design and Implementation (NSDI'12), San Jose, CA, USA, 2012.

［112］ Anand, Dogar F, Han D, et al. XIA：An Architecture for an Evolvable and Trustworthy Internet, Tenth ACM Workshop on Hot Topics in Networks (HotNets – X), ［C］. Cambridge, MA, USA, 2011.

［113］ Naylor D, Mukerjee M K, Agyapong P, et al. XIA：Architecting a More Trustworthy and Evolvable Internet ［J］. ACM SIGCOMM Computer Communication, 2014, 44 (3)：50 –57.

［114］ Raychaudhuri D, Nagaraja K, Venkataramani A. Mobility First：A Robust and Trustworthy Mobility Centric Architecture for the Future Internet ［J］. ACM SIGMobile Mobile Computing and Communication Review (MC2R), 2012, 16 (4)：2 –13.

［115］ Ghodsi A, Teemu K, Rajahalme J. Naming in content – oriented architectures ［C］. Proceedings of the ACM SIGCOMM Workshop on Information – centric Networking, Toronto, Ontario, Canada, 2011.

［116］ Naylor D, Mukerjee M, Steenkiste P. Balancing Accountability and Privacy in the Network ［J］. ACM SIGCOMM Computer Communication Review, 2014, 44 (4)：75 –86.

［117］ 陈钟，关志，孟宏伟，等. 未来网络体系结构及安全设计综述 ［J］. 信息

安全研究，2015，1（1）：9-18.

[118] 南相浩，陈钟．网络安全技术概论［M］．长沙：国防科学出版社，2003.

[119] 沈泽民，乔庐峰，陈庆华，等．一种多优先级变长调度星载 IP 交换机交换结构的设计［J］．电子学报，2014，42（10）：2045-2049.

[120] 翟立君．卫星 MPLS 网络关键技术研究［D］．北京：清华大学，2010.

[121] 张涛，张军，柳重堪．基于 MPLS 的移动卫星通信网络体系构架［J］．计算机工程，2006，32（13）：130-132.

[122] 牛雯．基于 MPLS 的卫星网络关键技术研究［D］．北京：北京邮电大学，2016.

[123] 袁梦珠．基于 SDN 的卫星网络关键技术研究［D］．成都：电子科技大学，2017.

[124] 吴昊，王帅，邓献策，等．面向天地一体化信息网络的星载交换技术发展现状与趋势［J］．天地一体化信息网络，2021，2（2）：1-10.

[125] 李煌．卫星宽带柔性转发器中交换系统的设计研究与硬件实现［D］．南京：南京理工大学，2015.

[126] Chengsheng Pan, Huanhuan Du, Qingli Liu. A routing algorithm for mpls traffic engineering in LEO satellite constellation network［J］. International Journal of Innovative Computing, Information and Control, 2013, 9（10）：4139-4149.

[127] Anton Donner, Matteo Berioli, Markus Werner, MPLS - Based Satellite Constellation Network［J］. IEEE Journal on Selected Areas in Communications, 2004, 22（3）：438-448.

[128] Ferrus R, Sallent O, Ahmed T, et al. Towards SDN/NFV - enabled satellite ground segment systems：End - to - End Traffic Engineering Use Case［C］. 2017 IEEE International Conference on Communications Workshops, Paris, France, 2017.

[129] Junaid Qadir, Beatriz Sainz - De - Abajo, Anwar Khan, et al. Towards Mobile Edge Computing：Taxonomy, Challenges, Applications and Future Realms［J］. IEEE Access, 2020（8）：189129-189162.

［130］ Mach P, Becvar Z. Mobile Edge Computing: A Survey on Architecture and Computation Offloading ［J］. IEEE Communication Surveys & Tutorials, 2017, 19 (3): 1628 – 1656.

［131］ Zhenjiang Zhang, Wenyu Zhang, Fan – Hsun Tseng. Satellite Mobile Edge Computing: Improving QoS of High – Speed Satellite – Terrestrial Networks Using Edge Computing Techniques ［J］. IEEE Network, 2019, 33 (1): 70 – 76.

［132］ Gupta H, Vahid DastjerdiA, Ghosh S K, et al. iFogSim: A toolkit for modeling and simulation of resource management techniques in the Internet of Things, Edge and Fog computing environments ［J］. Software: Practice and Experience, 2017, 47 (9): 1275 – 1296.

［133］ Lopes M M, Capretz M A M, Higashino W A, et al. MyifogSim: A simulator for virtual machine migration in fog computing ［C］. 10th IEEE/ACM International Conference on Utility and Cloud Computing, UCC 2017, Austin, TX, USA, 2017.

［134］ Mechalikh C, Taktak H, Moussa F. PureEdgeSim: A Simulation Toolkit for Performance Evaluation of Cloud, Fog, and Pure Edge Computing Environments ［C］. The 2019 International Conference on High Performance Computing & Simulation (HPCS 2019), Dublin, Ireland, 2019.

［135］ Inigo del Portillo, Bruce G Cameron, Edward F Crawley. A Technical Comparison of Three Low Earth Orbit Satellite Constellation Systems to Provide Global Broadband ［J］. Acta Astronautics, 2019, 159 (6): 123 – 135.

［136］ Younes Seyedi, Seyed Mostafa Safavi. On the Analysis of Random Coverage Time in Mobile LEO Satellite Communications ［J］. IEEE Communications Letters, 2012, 16 (5): 612 – 615.

［137］ Vishal Sharma, Dushantha Nalin, Jayakody K, et al. Osmotic computing – based service migration and resource scheduling in Mobile Augmented Reality Networks (MARN) ［J］. Future Generation Computer Systems 2020, 102 (1): 723 – 737.

[138] Muhammad Zakarya. Energy and performance aware resource management in heterogeneous cloud data centers [D]. University of Surrey, 2017.

[139] Jordi Vilaplana, Jordi Mateo, Ivan Teixidó, et al. An SLA and power – saving scheduling consolidation strategy for shared and heterogeneous clouds [J]. The Journal of Supercomputing, 2015 (71): 1817 – 1832.

[140] Dayarathna M, Wen Y, Fan R. Data Center Energy Consumption Modeling: A Survey [J]. IEEE Communications Surveys & Tutorials, 2016, 18 (1): 732 – 794.

[141] Atiewi S, Yussof S. Comparison between Cloud Sim and Green Cloud in Measuring Energy Consumption in a Cloud Environment [C]. 2014 3rd International Conference on Advanced Computer Science Applications and Technologies, Amman, Jordan, 2014.

[142] Christoph Mobius, Waltenegus Dargie, Alexander Schill. Power consumption estimation models for processors, virtual machines, and servers [J]. IEEE Transactions on Parallel and Distributed Systems, 2014, 25 (6): 1600 – 1614.

[143] Anton Beloglazov, Rajkumar Buyya, Young Choon Lee, et al. A taxonomy and survey of energy – efficient data centers and cloud computing systems [J]. Advances in Computers, 2011, 82 (2): 47 – 111.

[144] Luiz Andre Barroso, Urs Holzle. The case for energy – proportional computing [J]. Computer, 2007, 40 (12): 33 – 37.

[145] Junaid Shuja, Sajjad A Madani, Kashif Bilal, et al. Energy – efficient data centers [J]. Computing, 2012, 94 (12): 973 – 994.

[146] Stefanos Kaxiras, Margaret Martonosi. Computer architecture techniques for power – efficiency [J]. Synthesis Lectures on Computer Architecture, 2008, 3 (1): 1 – 7.

[147] Tom Guerout, Thierry Monteil, Georges Da Costa, et al. Energy – aware simulation with dvfs [J]. Simulation Modeling Practice and Theory, 2013 (39): 76 – 91.

[148] Chamara Gunaratne, Ken Christensen, Bruce Nordman, et al. Reducing the energy consumption of ethernet with adaptive link rate [J]. IEEE Transactions on Computers, 2008, 57 (4): 448 –461.

[149] Giorgio Luigi Valentini, Walter Lassonde, Samee Ullah Khan, et al. An overview of energy efficiency techniques in cluster computing systems [J]. Cluster Computing, 2013, 16 (1): 3 –15.

[150] James Pallister, Simon J Hollis, Jeremy Bennett. Identifying compiler options to minimize energy consumption for embedded platforms [J]. The Computer Journal, 2015, 58 (1): 95 –109.

[151] Tarandeep Kaur, Inderveer Chana. Energy efficiency techniques in cloud computing: A survey and taxonomy [J]. ACM Computing Surveys, 2015, 48 (2): 1 –46.

[152] Mohamed Abu Sharkh, Abdallah Shami. An evergreen cloud: Optimizing energy efficiency in heterogeneous cloud computing architectures [J]. Vehicular Communications, 2017, 9 (7): 199 –210.

[153] Wei Lin, Haoyu Wang, Yufeng Zhang, et al. A cloud server energy consumption measurement system for heterogeneous cloud environments [J]. Information Sciences, 2018, 468 (11): 47 –62.

[154] Wu W, Lin W, Peng Z. An intelligent power consumption model for virtual machines under CPU – intensive workload in cloud environment [J]. Soft Computing, 2017 (21): 5755 –5764.

[155] Fredy Juarez, Jorge Ejarque, Rosa M Badia. Dynamic energy – aware scheduling for parallel task – based application in cloud computing [J]. Future Generation Computer Systems, 2018, 78 (1): 257 –271.

[156] Minxian Xu, Rajkumar Buyya. BrownoutCon: A software system based on brownout and containers for energy – efficient cloud computing [J]. The Journal of Systems and Software, 2019, 155 (9): 91 –103.

[157] Walid Saad, Mehdi Bennis, Mingzhe Chen. A Vision of 6G Wireless Systems: Applications, Trends, Technologies, and Open Research Problems [J]. IEEE

Network, 2020, 34 (3): 134 – 142.

[158] Xu X, Pan Y, Lwin P P M Y, Liang X. 3D holographic display and its data transmission requirement [C]. 2011 International Conference on Information Photonics and Optical Communications, Jurong West, Singapore, 2011.

[159] Ioannis Tomkos, Evangelos Pikasis, Dimitrios Klonidis, et al. Toward the 6G Network Era: Opportunities and Challenges [J]. IT Professional, 2020, 22 (1): 34 – 38.

[160] Polyanskiy Y, Poor H V, Verdu S. Channel coding rate in the finite block length regime [J]. IEEE Transactions on Information Theory, 2010, 56 (5): 2307 – 2359.

[161] Ni J, Lin X, Shen X S, Efficient and secure service – oriented authentication supporting network slicing for 5G – enabled IoT [J]. IEEE Journal on Selected Areas in Communications, 2018, 36 (3): 644 – 657.

[162] Pratas N K, Pattathil S, Stefanovic C, et al. Massive machine – type communication (mMTC) access with integrated authentication [C]. 2017 IEEE International Conference on Communications (ICC), Paris, France, 2017.

[163] Helin Yang, Arokiaswami Alphones, Zehui Xiong, et al. Artificial Intelligence – Enabled Intelligent 6G Networks [J]. IEEE Network, 2020, 34 (6): 272 – 280.

[164] Yasser Al – Eryani, Ekram Hossain. The D – OMA Method for Massive Multiple Access in 6G: Performance, Security, and Challenges [J]. IEEE Vehicular Technology Magazine, 2019, 14 (3): 92 – 99

[165] Wang P, Xiao J, Ping L. Comparison of orthogonal and nonorthogonal approaches to future wireless cellular systems [J]. IEEE Veh. Techol. Mag. , 2006, 1 (3): 4 – 11.

[166] Yuanwei Liu, Xiao Liu, Xidong Mu, et al. Reconfigurable Intelligent Surfaces: Principles and Opportunities [J]. IEEE Communications Surveys & Tutorials, 2021, 23 (3): 1546 – 1577.

[167] Sarah Basharat, Syed Ali Hassan, Haris Pervaiz, et al. Reconfigurable Intelli-

gent Surfaces: Potentials, Applications, and Challenges for 6G Wireless Networks [J]. IEEE Wireless Communications, 2021, 28 (6): 184 – 191.

[168] Cunhua Pan, Hong Ren, Kezhi Wang, et al. Reconfigurable Intelligent Surfaces for 6G Systems: Principles, Applications, and Research Directions [J]. IEEE Communications Magazine, 2021, 59 (6): 14 – 20.

[169] Yu Lu, Linglong Dai. Reconfigurable Intelligent Surface Based Hybrid Precoding for THz Communications [J]. Intelligent and Converged Networks, 2022, 3 (1): 103 – 118.

[170] Chongwen Huang, Zhaohui Yang, George C Alexandropoulos, et al. Hybrid Beamforming for RIS – Empowered Multi – hop Terahertz Communications: A DRL – based Method [C]. 2020 IEEE Globecom Workshops, Taipei, Taiwan, 2020.

[171] Alexandros – Apostolos A Boulogeorgos, Angeliki Alexiou. Pathloss modeling of reconfigurable intelligent surface assisted THz wireless systems [C]. ICC 2021 – IEEE International Conference on Communications, Montreal, QC, Canada, 2021.

[172] Pradhan C, et al, Hybrid Precoding Design for Reconfigurable Intelligent Surface Aided mmWave Communication Systems [J]. IEEE Wireless Communications Letters, 2020, 9 (7): 1041 – 1045.

[173] Zuo J, et al. Intelligent Reflecting Surface Enhanced Millimeter – Wave NOMA Systems [J]. IEEE Communications Letters, 2020, 24 (11): 2632 – 2636.

[174] Mahyar Nemati, Jihong Park, Jinho Choi. RIS – Assisted Coverage Enhancement in Millimeter – Wave Cellular Networks [J]. IEEE Access, 2020, 8 (10): 188171 – 188185.

[175] Hongyang Du, Jiayi Zhang, Julian Cheng, et al. Millimeter Wave Communications With Reconfigurable Intelligent Surfaces: Performance Analysis and Optimization [J]. IEEE Transactions on Communications, 2021, 69 (4): 2752 – 2768.

[176] Ding Z, Vincent Poor H. A simple design of IRS – NOMA transmission [J].

IEEE Communications Letters, 2020, 24 (5): 1119 – 1123, .

[177] Aymen Khaleel, Ertugrul Basar. A Novel NOMA Solution with RIS Partitioning [J]. IEEE Journal of Selected Topics in Signal Processing, 2022, 16 (1): 70 – 81.

[178] Ding Z, et al. On the Impact of Phase Shifting Designs on IRS – NOMA [J]. IEEE Wireless Communication. Letter, 2020, 9 (10): 1596 – 1600, .

[179] Fu M, et al. Intelligent Reflecting Surface for Downlink Non – Orthogonal Multiple Access Networks [C]. 2019 IEEE Globecom Workshops, Waikoloa, HI, USA, 2019.

[180] Aymen Khaleel, Ertugrul Basar. A Novel NOMA Solution with RIS Partitioning [J]. IEEE Journal of Selected Topics in Signal Processing, 2022, 16 (1): 70 – 81.

[181] Chao Zhang, Wenqiang Yi, Yuanwei Liu, et al. Downlink Analysis for Reconfigurable Intelligent Surfaces Aided NOMA Networks [C]. 2020 IEEE Global Communications Conference, Taipei, Taiwan, 2020.

[182] Tianwei Hou, Yuanwei Liu, Zhengyu Song, et al. Reconfigurable Intelligent Surface Aided NOMA Networks [J]. IEEE Journal on Selected Areas in Communications, 2020, 38 (11): 2575 – 2588.

[183] Mu X, Liu Y, Guo L, et al. Exploiting intelligent reflecting surfaces in NOMA networks: Joint beamforming optimization [J]. IEEE Trans. Wireless Commun. , 2020, 19 (10): 6884 – 6898.

[184] Ni W, Liu X, Liu Y, et al. Resource allocation for multi – cell IRS – aided NOMA networks [J]. IEEE Transactions on Wireless Communications, 2021, 20 (7): 4253 – 4268.

[185] Ziyi Yang, Yu Zhang. Optimal SWIPT in RIS – Aided MIMO Networks [J]. IEEE Access, 2021, 9 (7): 112552 – 112560.

[186] Wu Q, Zhang R. Weighted sum power maximization for intelligent reflecting surface aided SWIPT [J], IEEE Wireless Commun. Lett. , 2019, 9 (5): 586 – 590.

[187] Tang Y, Ma G, Xie H, et al. Joint transmit and reflective beamforming design for IRS – assisted multiuser miso swipt systems [C]. ICC 2020—2020 IEEE International Conference on Communications (ICC), Dublin, Ireland, 2020.

[188] Pan C, Ren H, Wang K, et al. Intelligent reflecting surface enhanced MIMO broadcasting for simultaneous wireless information and power transfer [J]. IEEE J. Sel. Areas Commun. , 2020, 38 (8): 1719 – 1734.

[189] Wu Q, Zhang R. Joint active and passive beamforming optimization for intelligent reflecting surface assisted SWIPT under QoS constraints [J]. IEEE J. Sel. Areas Commun. , 2020, 38 (8): 1735 – 1748.

[190] Jia X, et al. Intelligent Reflecting Surface – Aided Backscatter Communications [C]. GLOBECOM 2020—2020 IEEE Global Communications Conference, Taipei, Taiwan, 2020.

[191] Jia X, et al. IRS – Assisted Ambient Backscatter Communications Utilizing Deep Reinforcement Learning [J]. IEEE Wireless Communications Letters, 2021, 10 (11): 2374 – 2378.

[192] Jiakuo Zuo, Yuanwei Liu, Liang Yang, et al. Reconfigurable Intelligent Surface Enhanced NOMA Assisted Backscatter Communication System [J]. IEEE Transactions on Vehicular Technology, 2021, 70 (7): 7261 – 7266.

[193] Cui M, Zhang G, Zhang R. Secure wireless communication via intelligent reflecting surface [J]. IEEE Wireless Communication Letter, 2019, 8 (5): 1410 – 1414.

[194] Yu X, Xu D, Schober R. Enabling secure wireless communications via intelligent reflecting surfaces [C]. 2019 IEEE Global Communications Conference (GLOBECOM), Waikoloa, HI, USA.

[195] Chen J, Liang Y, Pei Y, et al. Intelligent reflecting surface: A programmable wireless environment for physical layer security [J]. IEEE Access, 2019 (7): 82599 – 82612.

[196] Guan X, Wu Q, Zhang R. Intelligent reflecting surface assisted secrecy communication: Is artificial noise helpful or not? [J]. IEEE Wireless Communica-

tion Letter, 2020, 9 (6): 778 – 782.

[197] Yu X, Xu D, Sun Y, et al. Robust and secure wireless communications via intelligent reflecting surfaces [J]. IEEE J. Sel. Areas Communication, 2020, 38 (11): 2637 – 2652.

[198] Li S, Duo B, Yuan X, et al. Reconfigurable intelligent surface assisted UAV communication: Joint trajectory design and passive beamforming [J]. IEEE Wireless Communication Letter, 2020, 9 (5): 716 – 720, .

[199] Li S, et al. Reconfigurable Intelligent Surface Assisted UAV Communication: Joint Trajectory Design and Passive Beamforming [J]. IEEE Wireless Communication Letter, 2020, 9 (5): 716 – 720.

[200] Ma D, et al. Enhancing Cellular Communications for UAVs via Intelligent Reflective Surface [C]. 2020 IEEE Wireless Communications and Networking Conference (WCNC), Seoul, Korea (South), 2020.

[201] Zhang Q, Saad W, Bennis M. Reflections in the sky: Millimeter wave communication with UAV – carried intelligent reflectors [C]. 2019 IEEE Global Communications Conference (GLOBECOM), Waikoloa, HI, USA, 2019.

[202] Mu X, Liu Y, Guo L, et al. Intelligent reflecting surface enhanced multi – UAV NOMA networks [J]. IEEE Journal on Selected Areas in Communications, 2021, 39 (10): 3051 – 3066.

[203] Bodong Shang, Rubayet Shafin, Lingjia Liu. UAV Swarm – Enabled Aerial Reconfigurable Intelligent Surface (SARIS) [J]. IEEE Wireless Communications, 2021, 28 (5): 156 – 163.

[204] Shanfeng Huang, Shuai Wang, Rui Wang, et al. Reconfigurable Intelligent Surface Assisted Mobile Edge Computing With Heterogeneous Learning Tasks [J]. IEEE Transactions on Cognitive Communications and Networking, 2021, 7 (2): 369 – 382.

索 引

J

（王彦祥、毋栋、张若舒　编制）